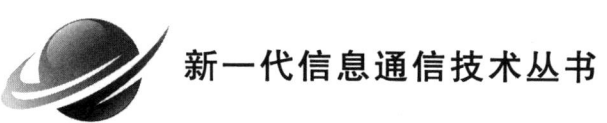
新一代信息通信技术丛书

通信导航一体化技术及应用

尹 露 编著

北京邮电大学出版社
www.buptpress.com

内 容 简 介

本书共分 6 章，系统性地介绍了通信导航一体化技术的发展背景、基本概念、演进历程及应用实例。第 1 章概述了位置服务的普及和卫星导航的局限性，为读者提供了对通信导航一体化技术的基本认识。第 2 章回顾了通信导航一体化技术的发展历程，强调了在移动通信网及其他网络中通信导航一体化的演进。第 3 章详细介绍了多种通信导航一体化的定位方法，如临近定位、三边定位、角度定位、指纹匹配定位及混合定位等，展示了技术的多样性和应用广度。第 4 章和第 5 章分别探讨了通信导航一体化的松耦合与紧耦合方法，阐述了不同技术整合模式的优势和挑战。最后，第 6 章通过具体案例，展示了通信导航一体化技术在实际应用中的广泛前景和实际效益，突出了其在现代社会中的重要性和潜力。

本书适合通信与导航技术领域的科研工作者和工程技术人员，电子信息相关专业的高校师生，从事卫星导航和无线通信系统设计的技术管理者以及具备基础科学知识的爱好者阅读参考。

图书在版编目（CIP）数据

通信导航一体化技术及应用 / 尹露编著. -- 北京：北京邮电大学出版社，2025. -- ISBN 978-7-5635-7602-9

Ⅰ. TN927；TN967.1

中国国家版本馆 CIP 数据核字第 2025FN2792 号

策划编辑：姚　顺　　责任编辑：满志文　　责任校对：张会良　　封面设计：七星博纳

出版发行：北京邮电大学出版社
社　　址：北京市海淀区西土城路 10 号
邮政编码：100876
发 行 部：电话：010-62282185　传真：010-62283578
E-mail：publish@bupt.edu.cn
经　　销：各地新华书店
印　　刷：保定市中画美凯印刷有限公司
开　　本：787 mm×1 092 mm　1/16
印　　张：13.25
字　　数：278 千字
版　　次：2025 年 8 月第 1 版
印　　次：2025 年 8 月第 1 次印刷

ISBN 978-7-5635-7602-9　　　　　　　　　　　　　　　　　　　　　　定价：69.90 元

・如有印装质量问题，请与北京邮电大学出版社发行部联系・

前言

位置是人们生产生活中必不可少的一类信息。从人类早期通过天象确定自己的方位，到现在可利用卫星导航精确地获取自己的位置，人类一直不断地探索更高性能的定位方法。虽然卫星导航可以在室外实现高精度定位，但其信号易受遮挡和干扰，难以满足自动驾驶、高精物联、智慧农业等新兴领域对位置服务越来越高的需求。随着通信技术的快速发展，利用已有的通信系统进行定位，可有效弥补卫星导航的不足，实现"通信即可导航"，因此通信导航一体化技术已成为未来定位技术发展的必然趋势。本书深入探讨了通信导航一体化的关键技术及典型融合应用，旨在为读者提供一个全面的视角，理解这一领域的原理、现状与未来展望。

通信导航一体化是一个复杂但极具潜力的领域，涵盖了从基础理论到实际应用的多个方面。本书详细介绍了通信导航一体化的关键技术和应用实例，展示了这一技术如何在多个行业中提供创新的解决方案。从智能反射面到智慧交通，从低空经济到低轨卫星等未来场景，通信导航一体化技术正在重新定义位置服务的概念和应用。本书共分6章，每章详细介绍了通信导航一体化的不同方面，旨在为读者提供深入的理论基础与实践指导。

第1章 绪论：介绍了位置服务的需求和必要性，卫星导航的局限性，以及通信导航一体化的基本概念。这一章为读者铺垫了对通信导航一体化技术背景与核心问题的基本认识。

第2章 通信导航一体化的演进：讲述了通信导航一体化在移动通信网及其他网络中的演进过程。本章回顾了通信导航一体化技术的发展历程，帮助读者理解现代通信导航一体化技术的起源与发展。

第3章 通信导航一体化常见定位方法：详细介绍了多种通信导航一体化的定位方法，包括临近定位、三边定位、角度定位、指纹匹配定位及混合定位。这些方法的介绍为理解技术的多样性和应用广度提供了基础。

第4章 通信导航一体化的松耦合：分析了松耦合策略中的各种技术，如小区识别码定位、指纹匹配定位、通信与定位信息的相互增强、信道估计、组合导航和协同定位。

第 5 章 通信导航一体化的紧耦合：探讨了通信导航一体化紧耦合系统的设计，包括系统架构、信号体制设计、干扰评估与资源分配。紧耦合策略表现出更高的技术整合水平和更优的性能。

第 6 章 通信导航一体化的应用：介绍了通信导航一体化技术在实际应用中的几个案例，如基于智能反射面的室内外定位、隧道定位、航路导航和低轨卫星定位场景。通过这些实例，本章展示了通信导航一体化技术的广泛应用前景和实际效益。

通过这 6 章的阐述，我们希望能够启发读者对通信导航一体化技术的深刻理解和兴趣。无论是通信或导航技术的专业人员、研究者还是对高新技术有广泛兴趣的普通读者，本书都将提供宝贵的知识和新颖的视角，帮助读者更好地理解和把握通信导航一体化技术的现状和未来走向。

本书由尹露编著，在本书的编写过程中，王傲松、房曼玉、宋天助等提供了支持和帮助，对此表示衷心感谢。同时感谢曹佳盟、蒋天润、马玉峥、戴石胜、郭文芳等给本书的编写提供了大量素材；感谢张硕、何添龙、乔杉等参与了本书部分文字的编辑、校对和图表录入等工作。

因作者水平有限，书中的不妥之处在所难免，请读者批评指正。

作　者

目 录

第 1 章 绪论 1

  1.1 无处不在的位置服务 1

  1.2 卫星定位的局限性 2

  1.3 通信导航一体化概念 3

第 2 章 通信导航一体化的演进 5

  2.1 移动通信网的通导一体化进程 5

    2.1.1 1G 网络定位技术 6

    2.1.2 2G 网络定位技术 7

    2.1.3 3G 网络定位技术 14

    2.1.4 4G 网络定位技术 18

    2.1.5 5G 网络定位技术 20

  2.2 其他网络的通信导航一体化进程 24

第 3 章 通信导航一体化常见定位方法 27

  3.1 临近定位 27

  3.2 三边定位 28

  3.3 角度定位 30

  3.4 指纹匹配定位 31

  3.5 混合定位 33

第 4 章 通信导航一体化的松耦合 35

  4.1 小区识别码定位技术 35

4.2 指纹匹配定位技术 37
4.2.1 RSSI 指纹定位 37
4.2.2 CSI 指纹定位 37
4.2.3 射频模式匹配定位 38
4.2.4 指纹定位的发展方向 39
4.3 通信与定位信息的相互增强 39
4.3.1 A-GNSS 40
4.3.2 地基增强 41
4.3.3 星基增强 42
4.4 信道估计 44
4.4.1 基于导频的信道估计 45
4.4.2 信号角度估计与多径识别 45
4.5 组合导航 48
4.6 协同定位 55

第 5 章 通信导航一体化的紧耦合 69
5.1 通信导航一体化系统架构设计 69
5.1.1 5G 定位架构 69
5.1.2 5G 定位流程 72
5.1.3 边缘云架构 73
5.2 通信导航一体化信号体制设计 84
5.2.1 5G 定位参考信号 84
5.2.2 共频带定位信号 87
5.2.3 MS-NOMA 信号 91
5.3 通信导航间干扰的评估 92
5.3.1 定位信号对通信信号的干扰 92
5.3.2 通信信号对定位信号的干扰 94
5.4 通信导航的资源分配 97
5.4.1 通信与定位之间的功率资源分配 97
5.4.2 通信与定位之间的资源消耗对比 146

第 6 章 通信导航一体化的应用 150
6.1 通信导航一体化在智能反射面中的应用 150
6.1.1 基于智能反射面的新型定位架构 151

6.1.2 基于用户位置与 IRS 波束联合优化的非视距定位方法 …… 153
6.1.3 智能反射面定位技术研究展望 …… 160
6.2 通信导航一体化在隧道定位中的应用 …… 161
6.2.1 LCX 定位模型 …… 162
6.2.2 多孔区分算法 …… 163
6.2.3 两阶段 LCX 定位方法 …… 164
6.2.4 LCX 定位算法性能评估 …… 171
6.2.5 利用多根 LCX 进行定位 …… 176
6.3 通信导航一体化在航空中的应用 …… 179
6.3.1 航空中通信导航一体的需求 …… 179
6.3.2 航空通信导航一体信号体制 …… 180
6.3.3 跨频道测量算法 …… 182
6.3.4 仿真结果及分析 …… 185
6.4 通信导航一体化在低轨卫星定位中的应用 …… 187
6.4.1 基于低轨卫星通信导航一体化框架 …… 188
6.4.2 基于低轨卫星通信导航共生系统的资源分配 …… 190

参考文献 …… 199

第1章
绪　论

1.1　无处不在的位置服务

随着移动互联网的广泛应用,位置服务(Location Based Service,LBS)产业发展迅猛,定位导航技术也在不断更新。位置服务的起源可追溯至20世纪70年代,随着移动通信与互联网时代的开启,其市场需求量迎来爆发式增长。LBS通过将移动设备的位置与上下文信息相结合,通过无线网络为用户提供个性化的增值服务以满足其特定需求,其特征包括移动性和普遍性,同时兼具个性化。为了实现LBS,需充分发挥各种定位技术的作用,深入挖掘与用户实际位置相关的信息,以实现位置信息与用户感兴趣的其他数据的深度耦合。当前,LBS已成为诸多行业亟须把握的有力增长点,是移动互联网中最具渗透性和带动性的应用服务之一,甚至被誉为"颠覆现实世界"的应用。

目前,LBS的应用领域已深入到人类生活的方方面面且仍在不断地丰富,包括导航、目标追踪、应急管理、市场营销(如基于位置的广告)、体育分析、娱乐游戏,以及各种新兴领域如共享交通工具、医疗保健、社交媒体等。不管在哪一个特定的应用领域,LBS应用都能促进位置信息和用户或决策者之间的真实互动。例如,在LBS应用的帮助下,共享汽车可提供基于用户行程的拼车服务,为人们的出行带来了极大的便利;智慧商超为购物者提供到达所需产品的导航、商品精准配送和智能停车管理等方面的服务,提升了消费者的购物体验;智能制造系统可实现对工业场景中人、工具或材料等的准确定位,以此改善制造流程,减少生产闲置时间,并实时处理生产中的各类事件,实现对生产过程的精细化管理。

自2020年全球新冠疫情暴发以来,LBS应用在疫情风险防控方面也发挥了举足轻重的作用。在严峻的防疫形势下,利用位置服务精准掌握人员流调信息是有效阻断病毒传播的重要手段之一。国内多所研究机构利用群智位置感知与大数据智能融合分析等技术,先后推出了多种科技防疫平台,尽可能准确地寻找密切接触者,有效避免了疫情的二次爆发。

据统计资料显示,2023年全球LBS市场规模高达2 326.33亿元,预计2029年将达到8 175.41亿元,在预测期间内呈现23.3%的复合增长率[1]。在庞大的LBS市场需求下,也加速了对室内泛在高精度定位需求的提升。调研数据显示,全球室内定位市场规模在2023年达到109亿美元,预计到2028年年底将达到298亿美元,其间复合年增长率为22.3%;中国室内地图行业市场规模在2023年达到了74.01亿元。可见,在LBS庞大的市场需求下,室内定位未来发展空间将更为广阔,有望在中国国民经济发展方面产生更为深远的影响。

未来,在人工智能、大数据分析和物联网等新型技术的不断发展下,位置服务行业应用的深度和广度将会得到持续拓展。未来异构化服务应用的融合发展,如虚拟现实、增强现实、全息远程呈现、工业4.0和机器人技术等,将推动生产形态和社会组织方式等产生深刻变革。这为未来LBS应用打开了新的机遇,也对其提出了前所未有的挑战——需要不断提高定位精度,以弥合LBS与未来市场需求之间的差距,解决市场需求和技术挑战之间的矛盾,为社会经济的发展创造更大价值。

1.2 卫星定位的局限性

在今天,卫星定位技术应用广泛,且与人们的生活息息相关。我国的北斗卫星定位系统是全球四大卫星定位系统之一①,自2020年7月31日正式开通以来,已在我国交通、减灾救灾、农业和民航等领域发挥重要作用,对社会发展和国防建设具有巨大的市场和应用前景——在交通领域,北斗系统可用于智慧交通和行人、车辆导航,提高交通安全和效率;在减灾救灾领域,北斗系统提供实时通信定位服务,帮助救援人员及时抵达灾区,同时也用于灾害监测和预警,减少灾害损失;在农业领域,北斗系统可用于农机自动驾驶,节省劳动力和资源,提高生产效率;在民航领域,北斗系统可用于航线规划和飞机自我起降,提高飞行安全性和机场运行效率。总的来说,北斗卫星定位系统在多个领域的应用都为社会发展和人民生活带来了巨大的便利和效益。

卫星定位具有覆盖广、全天候和精度高等特点,具有其他的位置时间服务无可比拟的优势。但是导航卫星均为中轨或高轨卫星,通常信号最高落地电平为-160 dBW左右,信号幅度低于噪声幅度。卫星定位信号落地电平低,导致接收机在城市峡谷、树木遮挡、

---

① 全球四大卫星定位系统包括:我国的北斗导航系统,美国的全球定位系统(Global Positioning System, GPS),俄罗斯的格罗纳斯(GLONASS)系统,欧洲的伽利略(Galileo)系统。这4个系统均可以覆盖全球,它们与一些区域和增强定位系统可统称为全球导航卫星系统(Global Navigation Satellite System, GNSS)。

室内等环境下无法正常工作。同时,定位信号易受到电离层、对流层干扰,在复杂环境下各种障碍物对信号的遮蔽、反射,也会使定位信号存在多径效应,导致定位精度和可靠性受到很大影响。因此,卫星导航系统难以独立实现全域高精度定位。

1.3 通信导航一体化概念

卫星定位系统为用户提供连续实时 PNT(Positioning Navigation and Timing,定位导航和授时)服务的同时,在复杂环境下仍存在很大的局限性。为此,学术界与工业界研究开发了多种技术手段,对卫星定位系统进行增强或补充,例如惯性导航、地磁定位、低轨卫星导航增强等。其中通信导航一体化系统由于覆盖广、额外布设成本低、精度高等优势,得到了广泛关注以及大量研究。

通信导航一体化是指通过一定的技术方法,使某一系统同时具备满足一定性能需求的通信和定位能力,简称"通导一体化"。通俗意义上讲,通导一体化可被理解为将导航服务与通信服务在一定程度上进行融合,从而实现两种服务互相增强、互相补充的效果。由于带宽、功率、波束、算力等物理资源是有限的,因此通导一体化实质是使通信与导航在有限资源下融合共生。我们可以参考自然界中的共生关系来解释通导一体化系统,其中共生是指两个或多个生物体相互依存并相互受益。在共生关系中,参与的生物体可以是同种或不同种之间的个体。共生可以分为3种主要类型:

(1) 互利共生(Mutualistic Symbiosis):互利共生是指两个或多个生物体之间相互受益的关系。每个生物体都从这种关系中获得某种利益,例如食物、保护、传播等。一个典型的例子是蜜蜂和花朵之间的关系,蜜蜂通过收集花粉和花蜜获得食物,同时在传粉过程中帮助花朵繁殖。

(2) 寄生共生(Parasitic Symbiosis):寄生共生是一种一方受益而另一方受损的关系。寄生者(寄生生物)从寄主(被寄生生物)中获取营养和资源,并对寄主造成伤害。寄生共生关系在自然界中很常见,例如寄生虫与宿主动物之间的关系。

(3) 共生共存(Commensal Symbiosis):共生共存是指一方从关系中获益,而对另一方没有明显影响的关系。一种典型的例子是食肉动物的跟踪鸟,它们跟随大型哺乳动物,以便从它们的活动中更容易地获得食物。

共生关系在自然界中非常常见,并且在生态系统的稳定和生物多样性中起着重要作用。这种相互依存和相互受益的关系有助于生物体适应和生存,并对生态系统的平衡和功能发挥重要作用。类比于大自然的共生,在通导一体化中同样存在这3种共生关系。

通信和导航之间的互利共生体现在它们之间可实现相互增强——其中通信链路可以使用宽带技术来传输更多的数据,从而更快地传输定位导航所需的数据信息,以提高定位的效率和准确性；同时定位系统可以辅助波束赋形和其他技术来增强通信系统的性能，提高数据传输速率、信道容量和信号质量。此外，定位系统还可以提供精确的时钟同步和坐标信息，帮助通信系统实现高精度协同传输和接收。通信和导航之间的寄生共生体现在将两个不同领域之间的技术进行深度融合——一方面，将定位信号融入（寄生）到通信信号之中会占用通信信号的资源，从而影响通信链路的数据传输速率和容量；另一方面，在定位为主要目的的系统中，将通信信号融入（寄生）到定位信号之中会占用定位信号的资源，从而影响定位系统的测距、测角精度。为解决在通信信号与定位信号进行融合时两者间的相互影响，需要在信号体制设计层面认真考虑，保证定位或通信功能的加入不会对另一功能造成太大影响，从而达到通信和导航的共生共存，实现真正的通导一体化。

有读者可能已经发现，上文中"定位"和"导航"经常交叉出现，有可能已经给读者带来了一些混乱。事实上，"定位"和"导航"的含义并不相同——"定位"是指利用一定技术手段计算出人或物在空间中位置坐标的过程；而"导航"是指通过确定位置、方向和路径，引导人或物从一个位置移动到另一个位置的过程。直观上可以认为"定位"给出了人或物的坐标，"导航"利用该坐标和目标坐标来指导人或物的行进。但是在日常表达中，人们经常混用这两个词汇，例如"通信定位一体化"和"通信导航一体化"通常含义相同。因此，本书中也不特意区分两者，而是根据大众的表达习惯，使用了"通信导航一体化"这个词，且在其他内容的表述中也没有特意区分两者的区别。

第 2 章
通信导航一体化的演进

通信和导航的融合经历了从松耦合到紧耦合的发展过程：例如，利用 AM/FM 广播信号或早期的 Wi-Fi、蓝牙等系统进行定位时，定位功能完全基于已有的通信资源，严格来讲还不算真正意义上的通导一体化，最多可认为是算法和算力层面的通导一体化；之后的 2G、3G 等移动通信网络中虽然没有专用的定位信号，但它们的协议支持小区识别码、A-GNSS(Assisted Global Navigation Satellite System，辅助全球导航卫星系统)等技术来提高定位性能；到现在的 4G、5G 等系统在信号体制设计之初就考虑了定位性能，做到了通信信号和定位信号共生共存，实现了通信与导航更深层次的耦合。

2.1 移动通信网的通导一体化进程

移动通信系统是全球使用范围最广、人数最多的通信系统，它是全球范围内最常见和最受欢迎的通信方式，被数以亿计的人们广泛使用。早在 20 世纪 70 年代蜂窝通信概念提出之初，就有学者研究了利用蜂窝网对车辆进行定位[2]，当时提出的车辆定位方法主要利用信号强度和角度估计进行数据处理——由于信号强度随着基站和车辆之间的距离增加而减弱，因此可使用信号强度来估计两者间的距离；同时，使用定向天线来估计接收到最强信号的方向，从而确定车辆的位置。由于这些估计的准确性受到信号传播路径阴影损耗的影响，而该损耗值往往随着信道环境波动较大，因此估计精度通常较差。而且由于早期的蜂窝系统没有考虑定位功能，还需要开发出额外的定位算法，并定期收集车辆的位置数据，以便在下次定位时实现时序滤波以降低测量噪声的影响。最后，定位过程中信号搜索范围的选择也是关键，因为询问过远的蜂窝站点可能是无效的，且上次连接的基站本次可能不再可见。

在移动互联网普及以前，大众对室内定位需求并不迫切，而室外位置服务需求基本可以由卫星导航提供，因此出于商业因素，通信运营商对定位功能并不感兴趣。另外，早期的移动通信系统带宽资源有限,也难以实现高精度定位。"迫使"通信系统加入定位功能的最主要因素是美国联邦通信委员会(Federal Communications Commission,FCC)在1996年提出的E911(E为Enhanced的缩写,表示"增强的")法案,该法案要求通过在每部手机中使用GPS或类似技术,或者通过在蜂窝基站之间进行三角测量来实现"基于网络"的定位服务。该法案提出了技术和准确性要求:使用"基于手持设备"技术的运营商必须在67%的呼叫中报告手持设备位置精度在50 m以内,以及在90%的呼叫中报告位置精度在150 m以内;使用"基于网络"技术的运营商必须在67%的呼叫中报告位置精度在100 m以内,以及在90%的呼叫中报告位置精度在300 m以内[3]。

2.1.1　1G网络定位技术

20世纪中期开始研发的第一代蜂窝模拟移动通信系统(1G)在20世纪80年代得到商用。它由许多独立开发的系统组成,第一代采用的是模拟技术,它的标准也被称为模拟标准。1G的主要技术有北美制定的AMPS(Advanced Mobile Phone System,高级移动电话系统)、北欧国家公共电话网络运营商联合制定的NMT(Nordic Mobile Telephony,北欧移动电话),以及在英国等地使用的TACS(Total Access Communication System,全接入通信系统)。基于第一代技术的移动通信系统只限于提供语音服务,这也是历史上移动电话首次可供普通民众使用。

AMPS系统由贝尔实验室发明,并于1982年首次在美国安装使用,其系统结构如图2-1所示。在所有移动电话系统中,一个地理区域被划分为多个蜂窝小区,这就是这些设备有时被称为"蜂窝电话"的原因。在AMPS系统中,小区直径为10～20 km,相较于数字系统,每个小区使用一组特定的频率,这些频率不会被任何相邻的小区使用。蜂窝系统之所以能大幅度超越以往系统的容量,关键在于采用了相对更小的小区以及在相

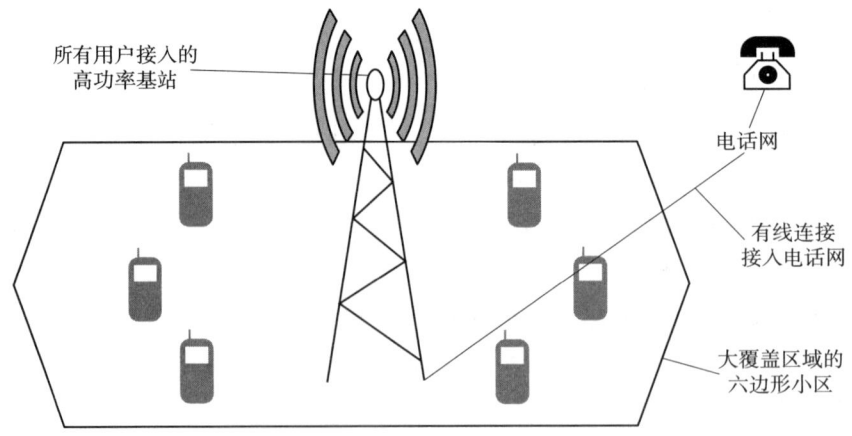

图2-1　AMPS系统结构图

邻小区中重复使用了一些传输频率,从而大幅增加了系统容量。另外,较小的小区也意味着需要较低的功率,这使得信号基站和手持设备更小、更便宜[4]。

在 1G 时代,并没有统一的、标准化的定位方法,因为 1G 系统的设计初衷主要是为了提供语音服务而非定位服务。因此,为实现定位功能需要单独加装专用的定位设备,例如加入 GPS 接收机。虽然 GPS 系统在 1G 后期已经投入使用,但集成一个 GPS 接收机到模拟手机中存在成本、尺寸、复杂性和功耗等问题。这些因素使得无线服务提供商不愿意将 GPS 作为手持设备或车载电话的主要定位技术。与此同时,随着社会对紧急响应服务的需求日益增长,准确的定位技术变得至关重要。

虽然 1G 系统并未考虑定位功能,但同期行业内仍有一些创新通过探索多种方法来提高定位准确性。其中,TruePosition 公司开发的基于到达时间差定位(Time Difference of Arrival,TDOA)的方法①成为一个里程碑[5],它标志着利用现有蜂窝网络基础设施进行精确定位的初步实践尝试。此方法的思路是通过分析从不同基站接收到信号的时间差来确定用户的位置,这种方式相较于传统的信号强度和到达角度测量,能更有效地减少多径效应的干扰。通过在美国新泽西州进行的大规模现场试验,该技术证明了其在 AMPS 系统中的可行性和有效性,虽然平均定位误差高达 180 m,但其为 1G 系统提供了一种新的定位解决方案。

基于 1G 系统的定位技术研究,也为后续的数字移动通信系统,如 GSM(Global System for Mobile Communication,全球移动通信系统)和 CDMA(Code Division Multiple Access,码分多址)等第二代(2G)和第三代(3G)移动通信技术的定位服务奠定了基础。

2.1.2　2G 网络定位技术

第二代移动通信出现于 20 世纪 90 年代早期,其特点是在无线链路上引入了数字传输。虽然其首要服务目标仍然是语音,但是数字传输使得第二代移动通信系统也能提供有限的数据服务。最初存在几种不同的 2G 技术,包括由众多欧盟国家联合制定的 GSM、D-AMPS(Digital AMPS,数字高级移动电话系统)、由日本提出并且仅在日本使用的 PDC(Personal Digital Cellular,个人数字蜂窝),以及稍后发展出来的基于 CDMA 的 IS-95 技术。随着时间的推移,GSM 从欧洲扩展到世界,并逐渐成为第二代技术中的绝对主导。正是由于 GSM 的成功,第二代系统把移动电话从一个小众用品变成了一个世界上大多数人使用的、成为生活必需品一部分的通信工具。

GSM 系统采用了当时更先进的空口接入技术,即频分多址(Frequency Division

---

① 本章中出现的各类定位方法,如 TDOA 等,在第 3 章均有详细的原理性说明。

Multiple Access,FDMA)和时分多址(Time Division Multiple Access,TDMA)混合接入技术,各载频之间 200 kHz 的带宽优于先前的 1G 系统,在大幅提高通信速率的同时,也为实现更精确的定位提供了技术基础,因为新的调制方式和更大的带宽可有效降低干扰并为基于到达时间(Time of Arrival,TOA)和到达时间差(TDOA)的定位方法提供更高的测量精度。

GSM 系统主要由 3 个核心部分构成:移动台、基站子系统和网络子系统,每个部分都承担着独特且互补的功能,共同确保了 GSM 网络的顺畅运行和服务质量,其结构如图 2-2 所示。

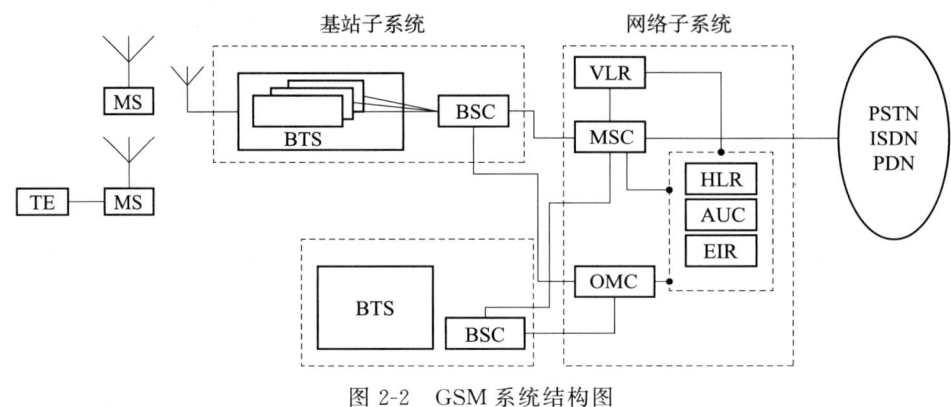

图 2-2　GSM 系统结构图

移动台是指用户手中的移动电话或终端设备,它是用户接入 GSM 网络的直接接口。通过移动台,用户能够进行语音通话、发送短消息以及使用其他多种基于 GSM 网络的服务。移动台不仅是通信的终端点,也是实现移动性和无缝接入不同服务的关键部件。

基站子系统(Base Station Subsystem,BSS)作为 GSM 架构中的一个重要部分,负责处理无线信号的传输和接收。它包括基站控制器(Base Station Controller,BSC)和多个基站收发台(Base Transceiver Station,BTS)。基站控制器管理着它所控制的所有基站的资源,负责呼叫建立、维持、释放以及移动性管理等核心功能。基站通过覆盖特定的地理区域,可直接与移动台通信,提供无线接入网络。通过精密的设计,BSS 支持了呼叫的无缝切换和频率的高效使用,确保了通信的连续性和稳定性。

网络交换子系统(Network Switched Subsystem,NSS)是 GSM 系统的中枢,负责整个网络的运营管理。它包括移动服务交换中心(Mobile Switching Center,MSC)、归属位置寄存器(Home Location Register,HLR)、访问者位置寄存器(Visitor Location Register,VLR)等关键元素。移动服务交换中心是实现电话交换和控制 GSM 网络内部呼叫的核心,而归属位置寄存器和访问者位置寄存器则存储有关用户身份、位置信息和安全凭证的关键数据,支持用户认证、定位和漫游服务。网络子系统通过高效的信息处理和智能的网络管理,保障了服务的质量和网络的安全性。

值得注意的是，GSM 提供了一套标准化的定位服务（Location Service，LCS）流程，允许用户根据特定的服务质量要求（如准确性、周期性和响应时间）进行定位，并支持了一系列从简单的导航辅助到复杂的基于位置服务的应用。这些服务可以由网络、用户或第三方提供，展现了 GSM 技术在满足多样化市场需求方面的灵活性。为了实现定位服务功能，需要在 GSM 网络中增加必要的物理和逻辑功能模块，并设计相关的信令协议、接口和操作程序，以便以一种标准的格式提供定位服务。

图 2-3 为 LCS 功能图，描述了 LCS 用户和 LCS 服务提供商在公共陆地移动网（Public Land Mobile Network，PLMN）内的交互过程，PLMN 利用 LCS 服务器内的各种 LCS 部件为 LCS 用户提供定位信息[6]。

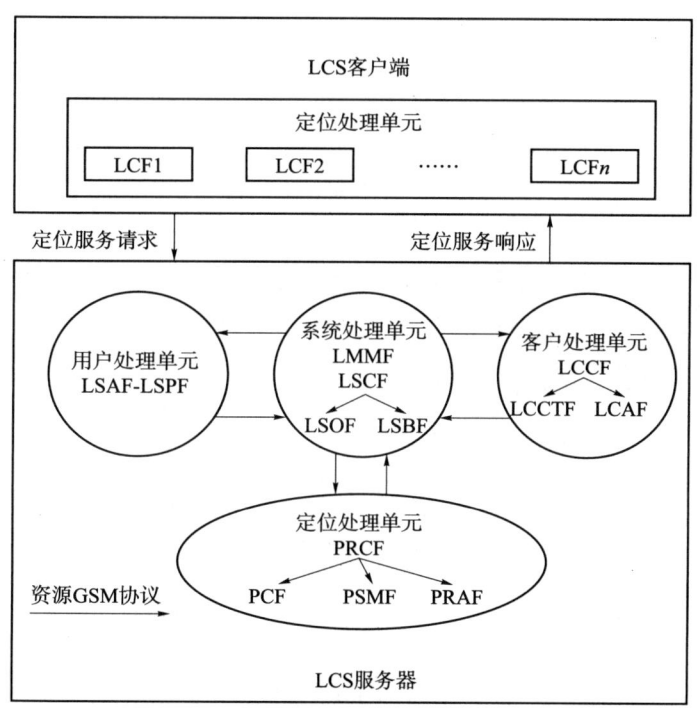

图 2-3 LCS 功能图

由图 2-3 可见，LCS 功能主要由 LCS 客户端和 LCS 服务器两大模块完成。LCS 客户端是一个逻辑功能实体，一个或多个移动端（Mobile Station，MS）可向 PLMN 内的 LCS 服务器提出定位请求，该实体内拥有一个或多个处理 LCS 用户定位请求的 LCS 部件。LCS 服务器内则包含多种定位逻辑功能部件，例如 LCCF（Location Client Control Function，位置客户端控制功能）、LCAF（Location Client Authorization Function，位置客户端授权功能）等客户处理部件，LMMF（Location Measurement Management Function，位置测量管理功能）、LSCF（Location Serving Control Function，位置服务控制功能）、LSBF（Location Service Billing Function，位置服务计费功能）、LSOF（Location Service

Operation Function,位置服务操作功能)等系统处理部件,LSAF(Location Service Application Function,位置服务应用功能)、LSPF(Location Service Policy Function,位置服务策略功能)等用户部件,PRCF(Positioning Resource Control Function,定位资源控制功能)、PRAF(Positioning Resource Authorization Function,定位资源授权功能)、PCF(Positioning Control Function,定位控制功能)、PSMF(Positioning Service Management Function,定位服务管理功能)等定位部件。

与一般 GSM 网络相比,具有 LCS 功能的 GSM 网络主要增加了网关移动定位中心(Gateway Mobile Location Center,GMLC)、移动定位中心(Serving Mobile Location Center,SMLC)以及两种定位测量单元(Location Measurement Unit,LMU),同时定义了相应的接口。具有 LCS 功能的 GSM 网络逻辑结构如图 2-4 所示。

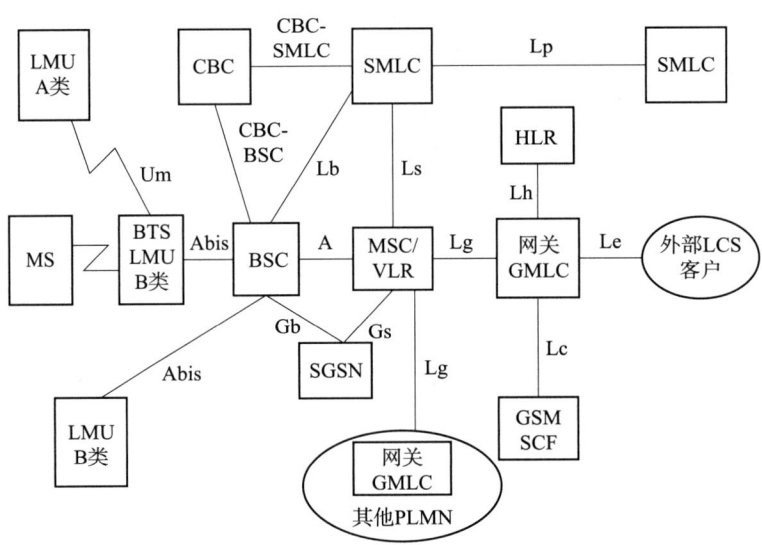

图 2-4 具有 LCS 功能的 GSM 网络结构

图中,GMLC 是外部 LCS 客户访问 GSM 网络的第一个节点,GMLC 有可能要求由 Lh 接口从 HLR 取得路径信息,完成注册后,GMLC 由 Lg 接口向 VMSC(Visited Mobile Switching Center)发出定位请求,并接收其返回的定位信息。SMLC 拥有多种支持 LCS 的功能模块,管理、协调和组织各种与移动台位置估计有关的资源,以完成对移动台的定位并估计定位的准确率。GSM 网络有两种类型的 SMLC,一类是基于 NSS,支持 Ls 接口的 SMLC;另一类是基于 BSS,支持 Lb 接口的 SMLC。

LMU 可为一种或多种定位方法提供所需的信号测量值,包括 MS 与基站间的距离测量值和用于计算该 MS 位置的辅助测量数据,如基站的位置坐标和各基站间的时间同步信息。在 3GPP(3rd Generation Partnership Project,第三代合作伙伴计划)中为 GSM 定义了两类 LMU,A 类通过普通 GSM 空口接入,B 类则通过 Abis 接口接入。

在定位技术方面,2G 网络相比 1G 网络有了显著的进步,主要体现在以下几个方面。

(1) 更强的信号处理能力：2G网络的数字信号处理为更准确的定位技术奠定了基础。数字信号比模拟信号更不易受到干扰，提高了信号的质量和处理的灵活性。

(2) 基于到达时间差(TDOA)的定位技术：2G网络支持更精确的时间测量，通过测量信号从手机到达不同基站的时间差异，可以更准确地计算出手机的位置。

(3) 基于小区识别码(Cell-ID)的定位：在2G网络中，可以通过手机当前连接基站的ID号来查询基站的地理位置，从而估算手机的位置。尽管2G网络中这种方法的精度很低，但它对于提供基本定位服务非常有效。

(4) 辅助GPS(A-GPS，Assisted-GPS)技术：A-GPS通过结合GPS和蜂窝网络数据来提供更快和更准确的定位。虽然这主要在后期的2G手机上实现，但它首次将通信和定位在系统层面进行了深度融合，标志着通信导航一体化技术的一个重要进步。

(5) 网络测量报告(Network Measurement Report，NMR)：在GSM系统中，手机可以收集和报告周围基站的信号强度信息，这些信息可用于改善定位的准确性。

下面详细介绍2G系统中3种重要的定位方法。

1. 时间提前量(Timing Advance，TA)定位法

TA定位法由基站发送特定的无线脉冲给MS，MS再返回给基站，通过测量信号的往返时间估算MS的位置。该方法利用GSM网络现有的TA参数对移动台进行定位估计，MS的TA参数可由服务BTS获得。当MS处于空闲状态时，可采用寻呼或要求MS发出紧急呼叫等方式获得；当MS处于专用状态时，服务BTS可直接检测TA参数，检测的TA参数和服务小区ID将送到SMLC进行定位估计。受限于GSM脉冲信号的宽度，TA的定位精度仅为550 m左右，因此TA定位法常被用作辅助定位，其他定位方法失败时可用该方法作为一种近似估计。

图2-5为基于BSS的SMLC发出的TA定位流程，SMLC首先向目标MS所在的服务BSC发出一条BSSMAP-LE连接信息，该信息中的BSSLAP APDU参数含有TA请求；BSC将测量的TA值(TA响应)返回SMLC，TA响应包含服务小区和多个相邻小区检测的最新测量值，SMLC根据这些测量值、服务小区ID等其他参数估计目标MS的位置。

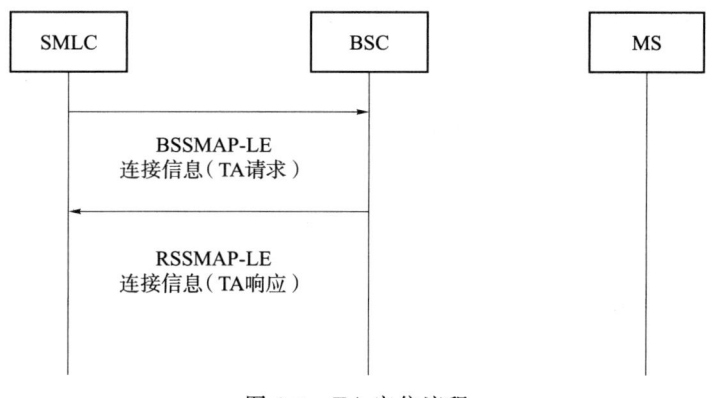

图2-5 TA定位流程

2. 上行链路 TOA 定位法

上行 TOA 定位法通过在 3 个以上的 LMU 测量接收到的 MS 发射已知信号的到达时间，实现对 MS 的定位估计。MS 发射的已知信号是使其执行异步切换的接入触发信号，该方法需要在 MS 的临近位置设置 LMU 以准确测量触发信号的 TOA。LMU 的时钟偏差可采用 GPS 参考时钟或由固定位置设置的参考测量单元测量的 RTD(Real Time Differential,实际时间偏差)来确定。由于各测量单元的地理坐标为已知,因此通常采用三边测量法,即通过 3 个或更多已知位置的圆的交点来确定目标位置。

接收到对 MS 的定位请求后,SMLC 首先确定进行 TOA 测量的 LMU,设置正确的接收频率,再强制 MS 执行异步切换,在业务信道上用特定功率发射 70 个(320 ms)接入触发。通过在 LMU 中对接收到的触发信号进行积分,增加 TOA 检测灵敏度、检测概率和测量准确度;应用天线分集、跳频等技术提供抗多径能力,以提高准确测量信号视距 (Line of Sight,LOS)分量的能力。

当某一 LCS 应用需要 MS 的位置信息时,需首先向 SMLC 发出定位请求,提供 MS 的 ID 和要求的准确度,SMLC 由此确定测量 LMU。LMU 将测量的 TOA 及相应的准确度参数送到 SMLC 后,SMLC 根据 TOA、LMU 位置坐标、RTD 参数得到 MS 的估计位置,再将 MS 位置估计及准确度估计返回 LCS 应用。图 2-6 为 2G 系统中 TOA 定位程序。

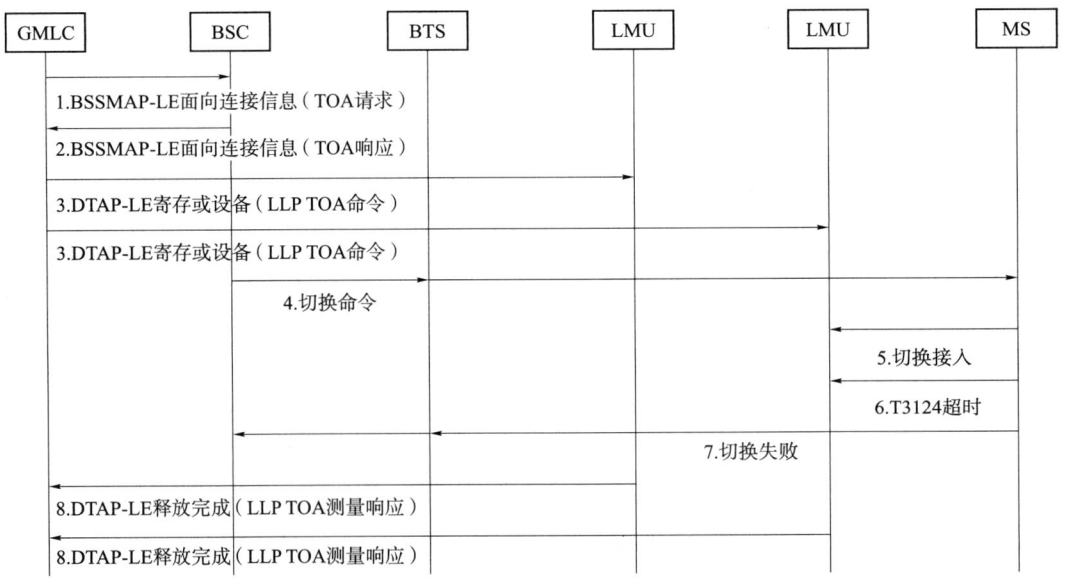

图 2-6　2G 系统中 TOA 定位程序

3. 增强观测时间差(Enhanced Observed Time Difference,E-OTD)定位法

E-OTD 定位法由 MS 在下行链路对相邻 BTS 触发信号的 TDOA 进行测量。对于同步 BTS,可以对正常和虚拟触发进行测量;当 BTS 不同步时,网络还需要测量 BTS 之

间的相对或绝对时间偏差(Relative Time Delay,RTD 或 Absolute Time Delay,ATD),以得到实际由地理位置产生的时间偏差。3 个以上不同 BTS 进行 E-OTD 测量,就能确定目标 MS 的位置,MS 的位置计算既可以在网络 SMLC(MS 辅助),也可以在 MS 自身(基于 MS)进行。

采用 E-OTD 定位法时,需要对 GSM 设备进行两个基本的改进——首先要改进 MS,使其可以进行高精度的 TDOA 的测量,并且这种测量还需要采用多径抑制算法以提高测距精度。另外,MS 里还要设置一个称为定位函数的特殊函数,此函数可以精确确定 TDOA 及其他一些可能的信号参数;另一项改进则是为了满足网络同步的需要,一般可以通过两种手段进行改进:第一种是对网络进行相对精确的同步,可以通过多种方法实现,例如在每个基站使用 GPS 授时接收机;另一种是给 MS 提供有关网络同步的信息,可以使用一个特殊的监测接收机来实现,这种接收机可以测量不同基站间的时间差,并通过 GSM 的短消息业务(Short Messaging Service,SMS)或寻呼业务(Paging Service,PS)把这些时间数据传送给移动台。图 2-7 为 E-OTD 定位程序。

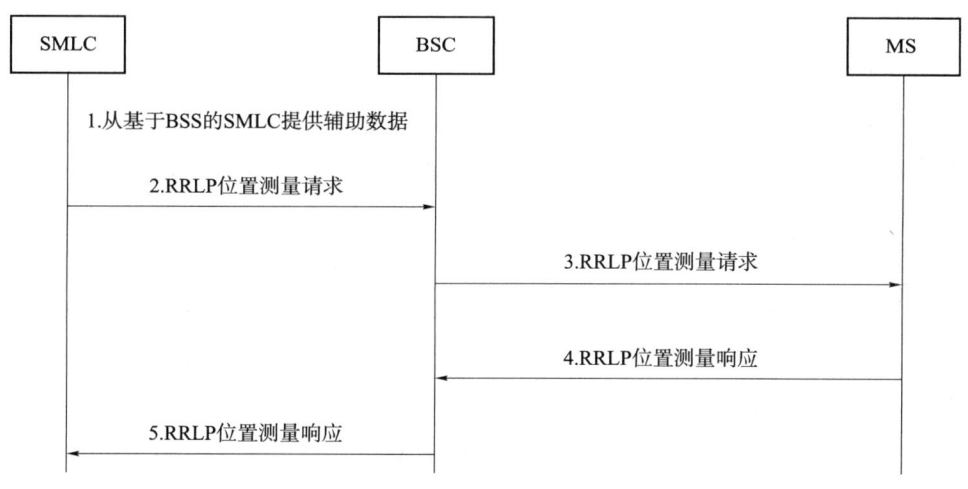

图 2-7 E-OTD 定位程序

为了进一步发展和标准化 GSM 定位技术,电信产业协会(Telecommunications Industry Association,TIA)的 T1、P1 小组与欧洲电信标准化协会(European Telecommunications Standards Institute,ETSI)紧密合作,负责开发了覆盖定位监测服务的技术规范。这一合作过程涵盖了从定义服务要求和特性,到确定网络架构和定位机制,再到制定协议的全面工作,确保了 GSM 定位服务的持续进步和兼容性。随着不同的定位流程和提案在 T1 标准机构中的讨论,GSM 定位技术初步体现了移动通信网络与导航技术一体化的趋势。这些技术和服务的融合不仅加强了移动通信网的通信功能,也为用户提供了更加丰富和精准的位置信息,推动了基于位置服务的创新和多样化的应用。

综上所述,在移动通信技术的早期发展阶段(即 1G 和 2G 时期),虽然面临着技术和硬件的限制,但在定位技术方面仍取得了一定进展。这一时期的研究主要集中在利用现有的网络特性来提高定位的准确性和可靠性。特别是在 GSM 系统中,通过对物理层的深入研究和对现有测量技术的改进,研究人员成功地提高了移动电话的定位能力。同时,这一时期也见证了基于网络的无线定位技术的发展,其中基于到达时间差(TDOA)的定位方法,不仅为后续更高级移动通信系统的定位技术提供了重要的技术基础,也为未来移动通信网的通导一体化提供了宝贵的经验和知识。尽管这一时期的定位技术与后来的 3G、4G 等定位技术相比有所局限,但它们为移动通信网定位的发展奠定了坚实的基础,对于理解和设计未来的移动通信网的通导一体化具有长远的意义。

2.1.3 3G 网络定位技术

1999 年,国际电信联盟(International Telecommunication Union,ITU)确定了国际移动通信 2000(IMT-2000)框架规范,以定义 3G 蜂窝网络的国际标准。图 2-8 所示为 UE(User Equipment,用户设备)定位功能的一般架构,UE 定位实体之间的通信利用了 UTRAN〔Universal Mobile Telecommunications System(UMTS)〕Terrestrial Radio Access Network,通用移动通信系统陆地无线接入网〕接口(Iub、Iur)的消息传递能力。服务无线网络控制器(Serving Radio Network Controller,SRNC)通过 Iu 接口从核心网(Core Network,CN)接收经过认证的用户设备的定位请求;无线网络控制器(Radio Network Controller,RNC)管理 UTRAN 资源(包括 Node B[①]、LMU)、UE 和计算功能,以估计 UE 的位置并将结果返回给 CN。SRNC 也可能出于自身目的利用 UE 的定位功能,例如基于位置信息的通信小区切换,这也是利用定位辅助通信的一个典型应用。图 2-8 为 3G 定位架构。

在 3GPP TS25.305 中定义的 3G 定位方法有 Cell-ID 定位、具有网络可配置的下行链路空闲周期(Idle Periods in DownLink,IPDL)的 OTDOA(Observed Time Difference of Arrival 观测到达时间差)定位和 A-GPS 定位。

1. 基于 Cell-ID 的定位

在 Cell-ID 定位中,通过获取服务小区的 ID 号,可以查询小区位置,从而估计 UE 位置。小区和基站的信息可以通过寻呼、位置区更新、小区更新、URA 更新或路由区更新来获得,这种方法也是从 2G 继承过来的。

基于 Cell-ID 的定位信息可以表示为使用小区的小区标识、服务区域标识,或与服务小区相关的位置坐标。当使用地理坐标作为位置信息时,UE 的位置估计可以是服务小区内的固定地理位置(例如,基站的位置)、服务小区覆盖区域的地理中心,或小区覆盖区

---

① Node B 是 3G 网络中的一种基站设备,通常泛指 3G 基站。

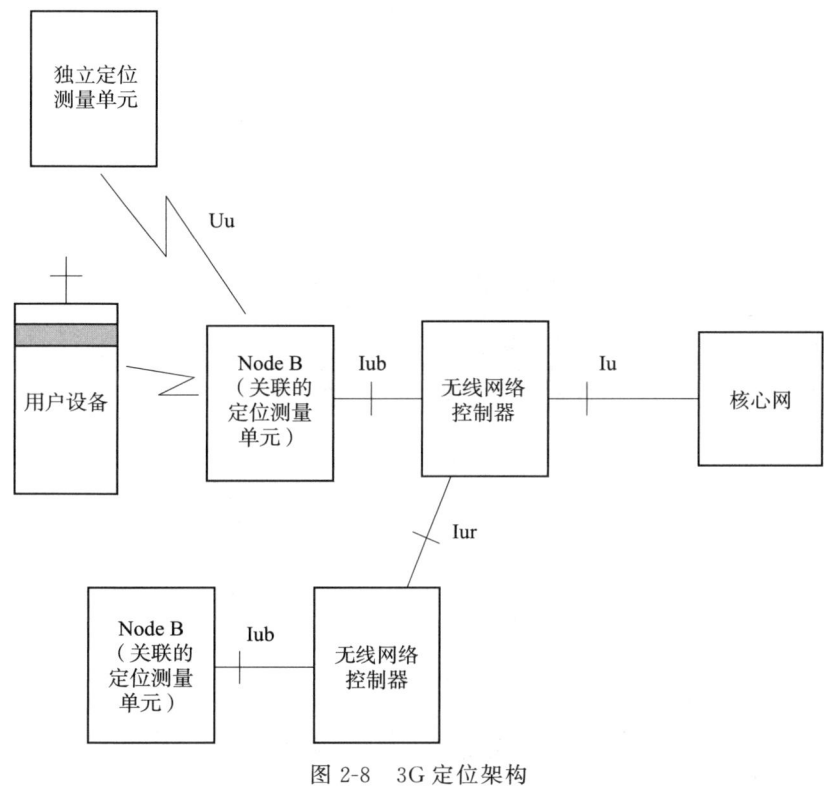

图 2-8 3G 定位架构

域内的某个其他固定位置。通过将小区特定的固定地理位置信息与其他可用信息结合，如 FDD(Frequency-Division Duplex，频分双工模式)中的信号 RTT(Round-Trip Time，往返时间)或 TDD(Time-Division Duplex，时分双工模式)中的 Rx 时间偏差测量和 UE 的先验时间信息，也可以获得更精确的地理位置。

在基于 Cell-ID 的定位方法中，SRNC 确定提供给 UE 覆盖的小区标识。根据目标 UE 的运行状态确定 Cell-ID，将 Cell-ID 映射到相应的服务区域标识(Serving Area Identification，SAI)，以返回给 CN 中的 LCS 使用。Cell-ID 定位的一般流程如图 2-9 所示。

2. OTDOA-IPDL 定位

OTDOA-IPDL 最简单的情况是不包含空闲期的情况。在这种情况下，该方法可以简单地被称为 OTDOA。OTDOA 通过观测 UE 到两个 Node B 间信号 TDOA，得到 UE 到两个 Node B 的距离差，并通过多个 TDOA 观测值形成的双曲线交点来计算 UE 位置。当 UE 距离某个 Node B 较近时，其可能由于远近效应无法测量到远处 Node B 的信号，因此利用 IPDL 机制，通过在某个时隙关闭除要测量的 Node B 信号以外的 Node B，来实现对远处 Node B 信号的有效测量。UE 对这些空闲时隙的支持是可选的，在 UE 中支持空闲时隙意味着，当空闲期可用时，其 OTDOA 性能将得到提升。OTDOA-IPDL 定位方法涉及由 UE 和 UTRAN LMU 对 UTRAN 帧定时进行的测量，这些测量数据随后被发送到 SRNC，在那里计算出 UE 的位置。

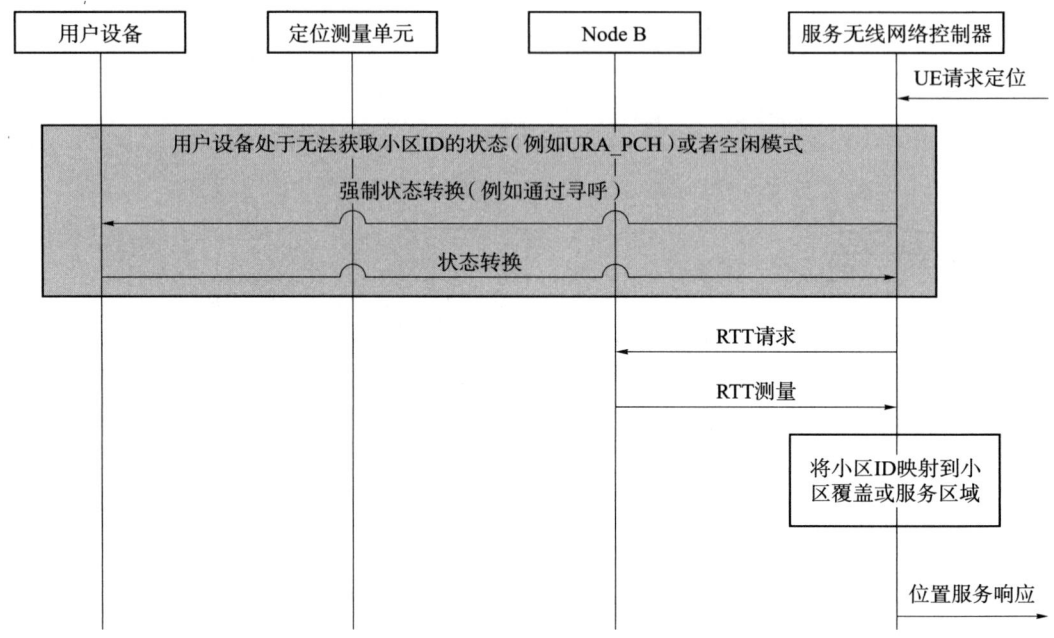

图 2-9　Cell-ID 定位的一般流程

OTDOA 方法可以在两种模式下进行：UE 辅助的 OTDOA 和基于 UE 的 OTDOA。这两种模式的区别在于执行位置解算的地点有所不同：在 UE 辅助模式下，UE 测量几个小区的到达时间差，并将测量结果发送给网络，SRNC 执行位置计算；基于 UE 模式下，UE 进行测量并执行位置计算，注意此时还需要位置解算所必需的额外信息（如基站的位置等）。当来自 CN 的 LCS 应用发起定位信息请求时，用于 UE 定位的 OTDOA 信令如图 2-10 所示。

当 SRNC 收到来自 CN 的经过认证的定位请求后，SRNC 会评估请求及 UE 和 UTRAN 的能力。如果条件允许，SRNC 将指示 UE 进行 OTDOA 定位测量，这通常在 UE 处于连接模式（CELL_DCH 状态）时进行，然后 UE 将测量结果和相关时间戳返回给 SRNC。如果 OTDOA 测量结果不足以确定位置，SRNC 可能还会要求从 UE 获取额外的往返时间（FDD 模式）或接收时间偏差（TDD 模式）的测量值。最后，SRNC 基于 OTDOA、往返时间或接收时间偏差的测量数据进行位置计算，计算结果包括位置坐标、估计精度和估计时间。最终，SRNC 将位置估计结果发送回 CN。

由于 UE 定位的测量过程会受到众多噪声的影响，例如信号噪声、周围环境导致的信号折射（多径与非视距）、设备分辨率等，这些因素都会导致测量结果的不确定性，从而产生定位误差。为了尽量减少 UE 定位误差，需要尽可能为 UE 提供多个 OTDOA 测量，以及 FDD 中的 RTT 和 TDD 中的 Rx Timing Deviation 等辅助数据。因此，标准的

UE定位方法不应仅依赖对某一基站信号的单一测量,UE还应提供尽可能多小区的TDOA测量。

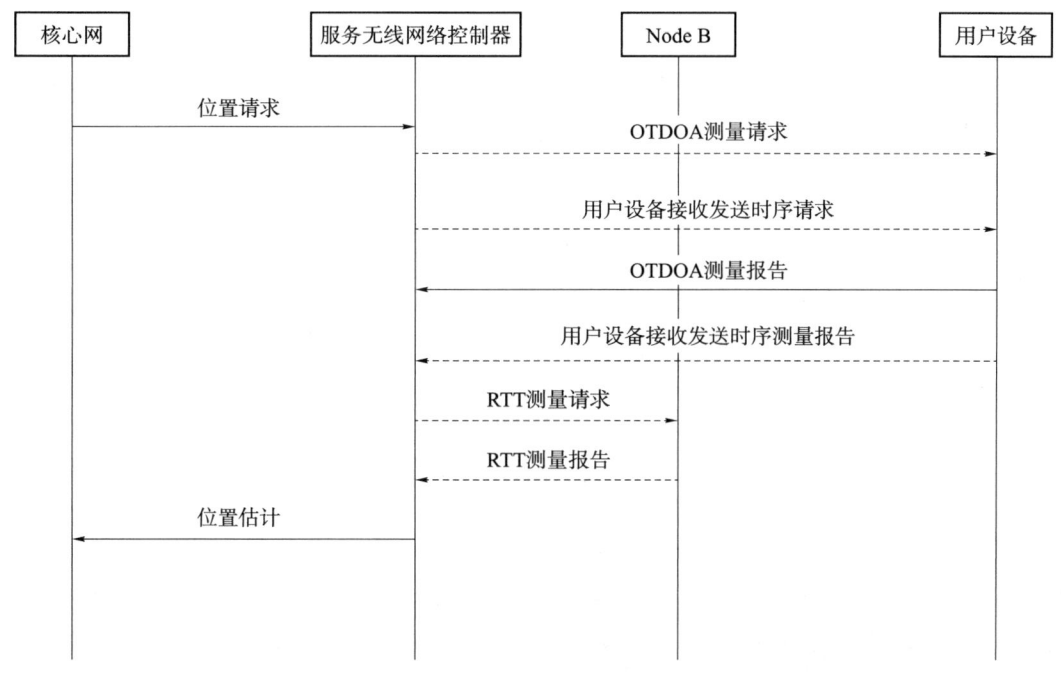

图 2-10　UE 定位的 OTDOA 信令

为了实现 OTDOA 测量,SRNC(对于 UE 辅助方法)或 UE(对于基于 UE 方法)中的计算过程需要准确知道 Node B 的位置,Node B 的位置信息通常可以用卫星导航系统得到。需要注意的是,Node B 的位置实际应该是基站发射天线的相位中心,而非基站设备建筑的位置,而且天线的多样性、波束成形的使用等因素都可能导致天线相位中心随时间发生变化,定位过程也需要考虑这些情况。另外,为了实现 OTDOA 测量,还必须知道下行链路传输的 RTD 以执行位置解算。如果 UTRAN 基站间没有同步,随着各自时钟的漂移,RTD 会随时间变化,因此需要定期进行 RTD 估计,以实现精确的位置解算。

3. 网络辅助 GPS 定位方法

由于北斗、GPS 等卫星信号落地电平很低,导致卫星导航信号的捕获速度很慢,且导航电文速率也很低,因此卫星导航的首次定位时间(Time To First Fix,TTFF)很长。利用移动通信网来辅助卫星定位,可以有针对性地给 UE 发送利于提高其信号捕获速度的辅助信息,并利用高速通信网发送定位所需的导航电文,可以有效提升卫星导航性能,具体包括:利用通信网络中存储的星历以及小区的概略位置和时间等信息,可以较为准确地预测卫星导航信号的搜索窗口,从而提升卫星信号的捕获速度;同时,由于每颗卫星的搜索单元变少了,因此 UE 可以利用有限的计算资源去"集中精力"搜索更微弱的卫星信号,从而提高 UE 的捕获灵敏度,这样在低信噪比时,即使在 UE 无法有效解调出卫星信号导航电文的情况下，也可能得到足够的定位观测量；同时，还可以使 UE 消耗更少的电量，这是由于卫星导航的启动时间快，当不需要时可以处于空闲模式。网络辅助 GPS 方法的信令流程如图 2-11 所示。

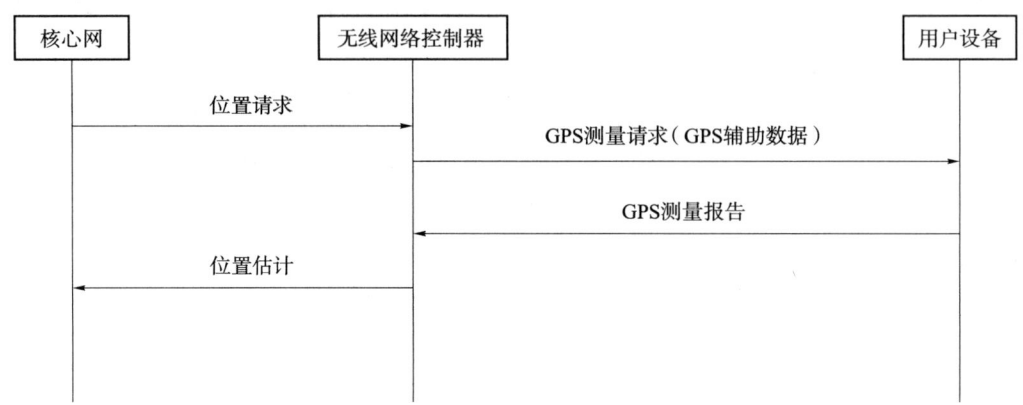

图 2-11　网络辅助 GPS 方法的信令流程

当 SRNC 接收到来自 CN 的某个应用程序对 UE 定位信息的认证请求后，SRNC 会评估 UE 和网络的能力。基于 UE 的能力，SRNC 向 UE 发送 GPS 辅助信息，这些信息可能包括 GPS 的参考时间、卫星 ID、多普勒频率、搜索窗口、卫星星历和时钟校正等参数。如果 UE 没有足够的辅助数据来进行测量，它应向 SRNC 发出指示并请求额外的辅助数据。

综上所述，继 1G 和 2G 时期在移动通信定位技术方面的初步探索之后，3G 阶段见证了利用移动通信信号进行定位的显著进步。但是，1G～3G 中定位功能的实现主要依赖于通信过程中本身所需要的导频或者控制信号，并非定位专用信号，因此定位精度往往比较低，这也促进了 4G 系统中定位参考信号的出现。

2.1.4　4G 网络定位技术

由于 1G～3G 系统并没有设计专门用于定位的参考信号，在此期间利用移动通信信号定位的研究数量远少于其他定位系统，1G～3G 系统的定位性能也十分有限，3G 定位精度最高只能达到数十米量级。在随后的 4G 系统发展过程中，3GPP 在 Release 9 中首次引入了专门用于定位的定位参考信号（Positioning Reference Signal，PRS），旨在利用无线电接入网的信息来精确确定 UE 的地理位置。该信号是一组经过正交相移键控（Quadrature Phase Shift Keying，QPSK）调制的 Gold 伪随机序列，并将 PRS 所映射到的资源单元根据梳状结构排列，并不占用全部带宽，如图 2-12 所示，经正交频分复用（Orthogonal Frequency Division Multiplexing，OFDM）调制后由基站播发，终端可在本地产生相同的序列并进行相关运算，根据相关峰的位置确定信号的到达时刻。

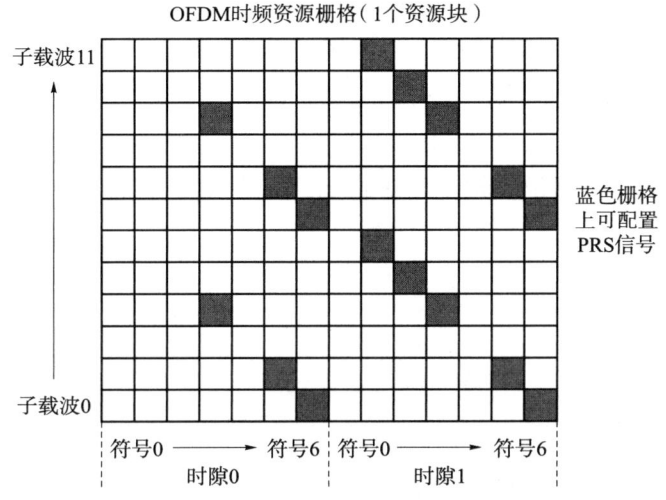

图 2-12　LTE 网络中 1 个资源块内可映射 PRS 信号的资源单元

PRS 信号通过基站广播,用户设备利用这些信号通过相关计算确定到达时间差,从而帮助计算其位置。在 3GPP 定位架构中,位置计算的关键任务由 E-SMLC(Evolved Serving Mobile Location Centre,演进的服务移动位置中心)或 SUPL SLP(Secure User Plane Location Server Platform,安全用户面定位服务平台)完成,两者共同工作以确保精准的定位。在 4G 网络中,3GPP 标准进一步明确了位置服务的架构,并提出了两种主要的架构变体:控制面(Control Plane,CP)和用户面(User Plane,UP)。在控制面架构中,定位相关的信令通过蜂窝网络的控制信道进行传输,这种方法在实际操作中有着较高的标准化要求(针对 LTE 系统的控制面解决方案可以参见 3GPP TS 36.501)。在控制面方案中,所有定位事件的启动信令及相关信令都经过控制信道,确保定位信息的传输和处理。相较之下,用户面架构则通过用户承载信道来传输定位信令,并且通过直接的 TCP/IP 连接与位置服务器进行通信,从而避免了传统电信网络中的中间环节。这种方式不仅提高了定位服务的效率,也增强了系统的灵活性,尤其是在支持不同空中接口技术(如 GSM、UMTS、LTE 等)时,具有较强的适应性。

4G 定位架构简化示意图如图 2-13 所示。在上述两种架构中,位置服务的关键网络元素是位置服务器。对于控制面定位,位置服务器是 E-SMLC;而在用户面定位中,位置服务器是 SUPL SLP。通过这些服务器,定位请求可以被处理和响应,并为目标设备提供定位数据。控制面解决方案中的定位过程通常涉及多个步骤,例如从终端获取测量值、提供辅助数据,并计算最终位置。与此不同,用户面架构则允许终端与 SUPL 服务器直接通信,简化了定位信令的传递过程。通过这些标准化的架构,4G 网络能够高效地提供精确的定位服务。

相比于之前几代移动通信网络,4G 网络具有更高的数据速率,为了满足高数据速率的需求,3GPP 在 Release 10 中发布了高级长期演进技术(LTE-Advanced,LTE-A)的标准,这种演变定义了由宏小区和小小区组成的异构网络,还引入了载波聚合(Carrier Aggregation,CA)、协调多点(Coordinated Multipoint,COMP)和多输入多输出(Multiple-Input Multiple-Output,MIMO)传输等多种新特性,这些新技术的引进不仅提升了通信性能,还对进一步提升定位精度起到了关键作用。

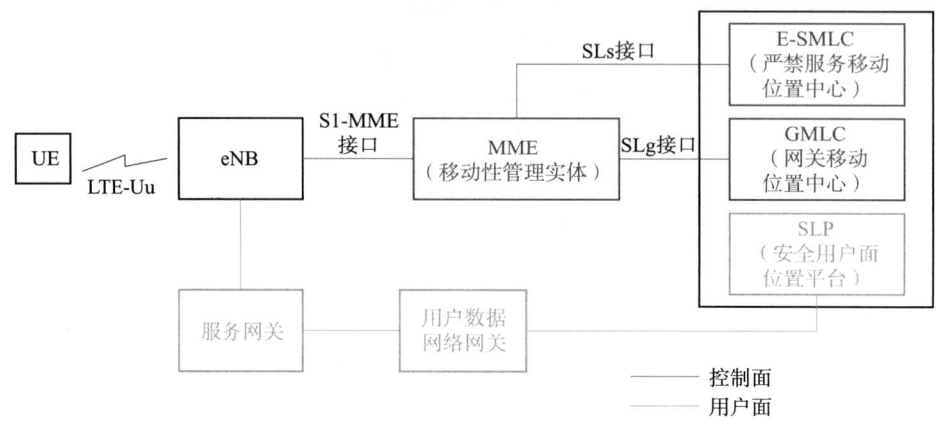

图 2-13　4G 定位架构简化示意图①

4G 网络虽然比之前的移动通信网络更加注重定位功能并设计了专用的定位信号,但是由于信号带宽最大仅为 20 MHz 并且基站间距在百米级,因此定位精度仍然较低。4G 定位精度无法突破米级需求。随着 5G 的到来,毫米波、MIMO、波束赋形等技术为定位性能的提升带来了新的机遇,5G 的理论定位精度也已突破米级,达到亚米甚至厘米级,相关研究数量呈井喷式爆发。

2.1.5　5G 网络定位技术

随着工业物联网和位置服务应用的发展,5G 通信系统对 UE 的定位性能提出了比 4G 更严格的要求。例如,3GPP TS 22.261 为此专门定义了 7 个定位性能级别,5G 定位服务的性能需求包括水平和垂直精度、速度精度、定位服务可用性、定位服务延时、首次定位时间等[7]。其中,水平和垂直精度描述的是需要定位的 UE 的位置估计值相对于它的实际位置的精度,是最重要的评估指标,通常使用概率门限作为评估标准,如表 2-1 所示;定位速度要求在 99% 服务区内,定速精度优于 0.5 m/s;角度方面,三维方向的精度需优于 5°;定位服务延时在大多场景下要求低于 1 s,注意其指的是无线层的延时,不是端到端的延时;首次定位时间要求小于 30 s,某些特殊用例要求小于 10 s。

---

① 图中 eNB 是 eVoloved Node B 的缩写,译为演进的 Node B,指 4G 基站。

表 2-1 5G 定位服务的性能需求

定位服务等级	精度（95%可信度）		定位服务可用性/%	定位服务延时	覆盖、使用环境和 UE 速度		
	水平精度/m	垂直精度/m			5G 定位服务区/(km/h)	5G 增强定位服务区/(km/h)	
						室外和隧道	室内
1	10	3	95	1 s	室内：最高 30 室外：最高 250	—	最高 30
2	3	3	99	1 s	高铁：最高 500 其他车辆：最高 250	密集市区：最高 60 公路沿线：最高 250 高铁沿线：最高 500	最高 30
3	1	2	99	1 s	高铁：最高 500 其他车辆：最高 250	密集市区：最高 60 公路沿线：最高 250 高铁沿线：最高 500	最高 30
4	1	2	99.9	15 ms	—	—	最高 30
5	0.3	2	99	1 s	室外（农村）：最高 250	密集市区：最高 60 公路和高铁沿线：最高 250	最高 30
6	0.3	2	99.9	10 ms	—	密集市区：最高 60	最高 30
7	0.2	0.2	99	1 s	室内和室外（农村、城市、密集市区）：最高 30		

为了满足 5G 通信系统对高精度定位的需求，5G 系统在设计时不仅支持依赖于 5G 无线接入技术（RAT-dependent，Radio Access Technology）的定位技术，还同时支持独立于 5G 无线接入技术（RAT-independent）的定位技术[8]。具体来说，RAT-dependent 和 RAT-independent 是 5G 定位技术中的两大分类，前者依赖于无线接入技术的信号资源，后者则独立于特定接入技术，通常通过其他无线技术（如 GNSS、Wi-Fi 等）实现定位。与传统的 4G LTE 网络相比，基于 5G NR（New Radio）信号的 RAT-dependent 定位技术在多个方面展现出独特的优势。首先，5G NR 相比 4G LTE 支持更大的载波信号带宽，低于 6 GHz 频段可支持高达 100 MHz 的带宽，而毫米波频段（高于 6 GHz）支持高达 400 MHz 的带宽；其次，5G NR 系统支持更大规模的天线阵列技术，如 Massive MIMO 技术，这为提高定位精度提供了技术保障。这些技术优势使得 5G NR 的 RAT-dependent 定位技术在定位精度、响应速度和抗干扰能力上均具有明显的提升，能够更好地满足 5G 通信系统对定位精度和可靠性的高要求[9,10]。

3GPP Release 16 完成了基于 5G NR 信号的第一个正式版本的标准化工作，定义了 5G 定位参考信号（PRS）、定位测量量和定位上报等相关流程及接口信令，支持 6 种基于 5G NR 的 RAT-dependent 定位技术。与 4G 的 PRS 相比，5G PRS 支持更大的频带宽度，能够提供更精细的时间分辨率和更强的信号调度能力。此外，与 4G PRS 的固定配置相比，5G NR 的 PRS 在配置和灵活性方面具有显著的提升，5G PRS 能够根据不同的网络环境、定位需求和场景灵活配置,包括在不同频段下配置不同带宽的信号。这使得5G定位技术能够根据需求动态调整,从而提升在复杂环境中的定位精度。

5G DL PRS 资源在时域上为多个连续的 OFDM 符号,频域上占用多个连续的 PRB (Physical Resource Block,物理资源块),并且以梳状的方式支持多个不同 DL PRS 资源在不同的子载波上复用。DL PRS 序列为伪随机序列,其生成序列的初始值是 PRS 序列 ID、时隙索引和符号索引的函数。通过高层配置 DL PRS 的频域起始 PRB 和带宽,其中起始 PRB 配置参数的粒度是一个 PRB,带宽配置的粒度是 4 个 PRBs,可配置的最小带宽为 24 个 PRBs,最大带宽为 272 个 PRBs,一个 DL PRS 资源集合中的所有 PRS 资源有相同的起始 PRB 和带宽[11]。

DL PRS 资源的资源单元(Resource Element,RE)的图样在时域上也是交错的。应用中首先配置 DL PRS 资源中的第一个符号频率域的 RE 偏置,接下来符号的相对 RE 偏置为相对于第一个符号的频率域 RE 的偏置,具体相对 RE 偏置的数值由 DL PRS 资源占用的 OFDM 符号个数、DL PRS 资源的梳状值(comb size)和 DL PRS 符号索引决定,其中 DL PRS 资源的 OFDM 符号个数可以灵活配置为 2、4、6 和 12 符号,支持梳状值为 2、4、6 和 12。

DL PRS 还可以支持周期性发送,具体支持的周期值为:$2\mu\{4,5,8,10,16,20,32,40,64,80,160,320,640,1\,280,2\,560,5\,120,10\,240\}$ 个时隙,其中 $\mu=0,1,2,3$ 分别对应于 15 kHz、30 kHz、60 kHz 和 120 kHz 子载波间隔,一个 DL PRS 资源集合中的所有 PRS 资源有相同的周期。

此外,5G PRS 在天线阵列的支持上也更具灵活性。5G NR 网络支持大规模 MIMO 技术,这使得 PRS 信号可以通过更多的天线发送和接收,进一步提升定位精度,尤其是在高密度用户场景下。相比于 4G LTE,5G 的天线配置更加多样,可以支持多达几百个天线单元,这种多样化配置使得 5G 定位系统在处理高精度需求时能够更加高效和精准。具体来讲,5G NR 支持 DL PRS 的多波束扫描操作,一个 DL PRS 资源集合所包含的每个 DL PRS 资源可分别采用不同的下行波束发送,每个终端接收最优下行发送波束的 DL PRS 资源,进行相应的测量上报,如图 2-14 所示。

5G NR 的 PRS 还支持更复杂的测量和信号处理模式。例如,支持上行和下行时间差以及角度偏差等测量技术,进一步提高了定位的精度和鲁棒性。相比之下,4G 的 PRS 主要依赖于较为简单的定位方法,无法适应 5G 系统中更为复杂的网络需求和多样化的应用场景。

为了获取比 3GPP Release 16 更高的定位精度和更低的定位延时,3GPP Release 17 研究了影响高精度定位的因素,并且完成了消除 UE 和基站收/发定时误差、非视距/多径影响、提升 UL-AoA(Up-Link Angle of Arrival,上行到达角定位)和 DL-AoD(Down-Link Direction of Arrival,下行发射角定位)的定位精度的标准化工作。

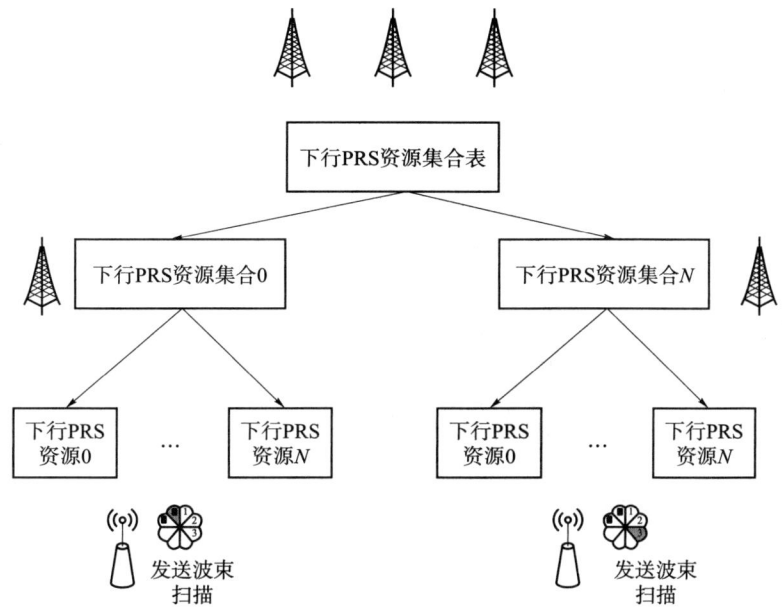

图 2-14　DL PRS 发送配置结构

NR 定位中涉及多种定位方法,其信令流程各不相同。以执行下行时间差定位(DL-TDOA)和下行发射角定位(DL-AoD)方法为例,在 NR 定位过程中,首先由 LMF 向 gNB② 发起位置请求,gNB 随后将该请求转发给 UE。UE 接收到请求后,开始收集所需的信号信息,如 DL-TDOA 和 DL-AoD 数据,并将这些信息回传给 gNB。gNB 将收集到的信息发送给 LMF。LMF 接收到信息后,利用这些数据计算 UE 的位置,并将位置信息反馈给请求定位的实体。这个过程包括了多个步骤,涉及不同的网络元素和信号传输,确保了定位信息的准确性和实时性。图 2-15 为 NR 定位基本架构[12,13]。

随着通信技术的不断发展,移动通信网的通导一体化迈向更深层次的融合。通导一体化不仅推动了通信技术本身的革新,也极大地提升了定位系统的精度和服务范围。进入 5G 时代,通信网的带宽、频谱资源、天线技术及网络架构得到大幅提升,使得定位精度达到了亚米级甚至更高,同时,定位与通信资源的协同优化也成为关键研究方向。

当前,5G 通导一体化的实现不仅仅是基于 5G NR 定位技术的应用,更是通过深度融合移动通信网、卫星导航、传感器网络等多个系统的优势,形成一个多元化、智能化的定位框架。不同技术和网络之间的协同与资源共享仍面临一定的挑战和困难。未来,随着 6G 时代的到来,通信导航融合将进一步向更加智能化、网络化和自动化的方向发展,预计将实现更加精准的实时定位和更加高效的资源调度,尤其在智能交通、自动驾驶、无人机等领域将发挥重要作用。

---

② gNB 是 the next Generation Node B 的缩写,译为下一代 Node B,指 5G 基站。

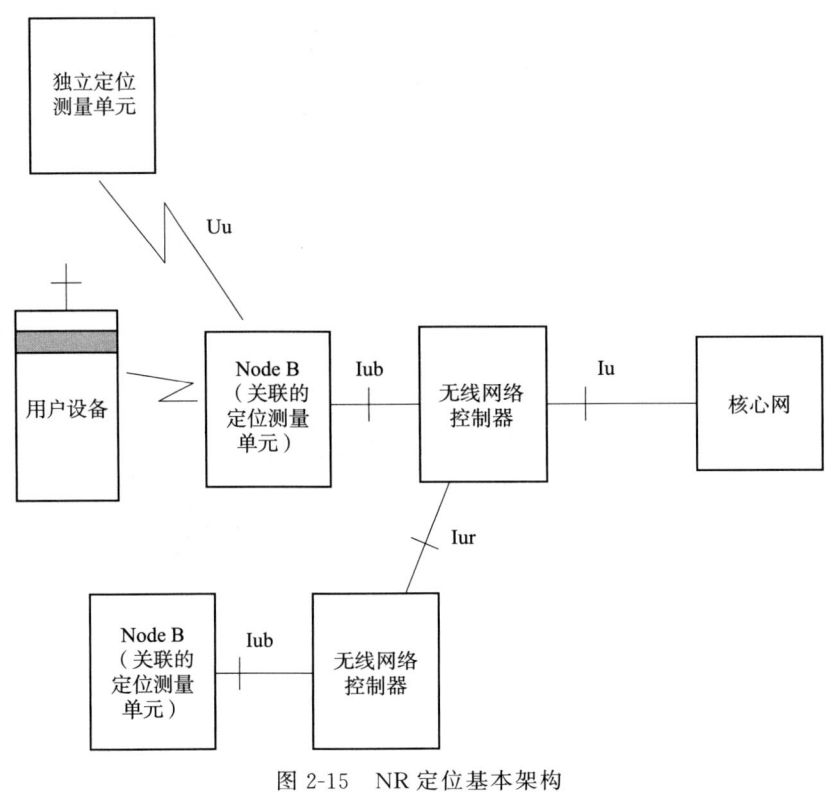

图 2-15 NR 定位基本架构

2.2 其他网络的通信导航一体化进程

通信导航一体化(以下简称通导一体化)不仅在移动通信系统中得到突破进展,其他领域也在积极探索通导一体化技术。无论应用场景如何,通导一体化的核心都在于将通信系统与定位导航系统结合起来。虽然应用中使用的通信信号或系统的整体架构可能有所不同,但它们的基本原则和目标都是相同的,都可以通过设计更为先进的信号体制、通信协议和实现更加精确的时间同步来实现通导一体化。

例如,在水下通导一体化过程中,水下环境对电磁波的衰减极为显著,这一特性给水下目标的通信与定位带来了一系列技术挑战。在水中,电磁波的传播效率远低于空气中,尤其是在海水这种高盐度的环境下,电磁波的衰减更加剧烈。这导致常规的基于无线电的通导一体化技术在水下变得几乎不可行,因为信号在短距离内就会大幅度衰减,无法实现有效的传输。因此,水下通信导航一体化必须依赖于其他传播介质(如声波)来进行。此外,水下环境的复杂性,包括水流、温度层、盐度变化等因素,会对声波的传播产生极大的影响,进一步增加了通信和定位的困难;声波在不同水温和盐度的水体中传播速度也不尽相同,这可能导致信号传播路径的改变,加上声波在海底和水面之间的反射,也会产生水下的多路径效应。在这种情况下,即使终端与信源之间是视距,也可能会产生类似非视距的效果,使得信号处理变得更为复杂,从而影响定位精度。

因此,水下通信与定位需要克服电磁波在水中的高衰减性质,同时也要解决声波传播所特有的一系列问题。这要求研究更为先进的通信协议、信号处理技术,以及精准的传感器技术,以确保在这种极具挑战的环境中实现可靠的通信和精确的定位。为此,有研究人员结合船载测距仪、海面的无线电遥控浮标、海底应答器阵、无线电基站等设备构成水下通导一体化系统,采用多频方式进行水下信号传输,以降低定位信号与通信信号的干扰[14]。这种方法的核心在于使用不同的频率来传输不同类型的信号(如定位信号和通信信号),从而减少它们之间的相互干扰,通过这种方式,系统可以更有效地同时处理导航和通信任务,提高系统的可靠性。还有研究团队通过将通信和定位信息融合在同一个数据包中来实现水声测距与通信一体化,这种技术不仅可以提高数据传输的效率和速度,还可以简化数据处理流程,同时减少由于定位信号和通信信号分开传输而可能产生的信号干扰,对于多无人水下航行器(Unmanned Underwater Vehicle,UUV)协同定位至关重要,因为它允许通过水声测量来实现位置信息的精确传递和通信[17]。然而,这种一体化方法也带来了系统设计和实现的复杂性,需要精确的时钟同步和复杂的信号处理算法来确保数据包中的信息准确无误。

在自然光领域,也有利用可见光通信(Visible Light Communication,VLC)技术结合光定位技术的研究。在这类自然光通导一体化系统中,可以通过 LED 灯等光源发送调制的光信号来传输数据,同时接收设备通过分析接收到的光信号的变化(如强度、相位、角度等)来确定自身位置。例如,文献[15]介绍了一种名为 VIPAC(Visible Light Integrated Positioning and Communication,可见光通导一体化)的框架,旨在将可见光定位和通信整合为一个统一的系统,以提高感知服务的定位任务和通信服务的信道估计任务的性能。该研究首先提出了一个多任务学习架构,该架构包括一个稀疏感知的共享网络和两个面向任务的子网络,这样设计可以充分利用可见光信道的固有稀疏特性,从而在两个任务之间实现互利。此外,有学者提出集成可见光定位和通信(Visible Light Positioning and Communication,VLPC)系统[16],该研究针对 VLPC 系统的随机定位误差,提出了一种针对集成 VLPC 网络的功率分配方案,通过引入伯恩斯坦型不等式和条件风险价值法,将定位误差的概率约束转化为确定性形式,进而将功率分配问题近似为凸半定规划问题,以求得解决方案,为可见光通信和定位技术的集成提供了新的理论支持和实际应用方向。

此外,还可以利用超声波将定位和通信进行一体化。例如有学者开发了一种高精度音频定位技术,该技术能够实现精确的测距和定位,并广泛覆盖大型场景[17]。这项技术特别注重对声波信号传播特性的建模,通过优化音频信号以减少噪声干扰,同时兼容大众智能手机和定位标签,无须改变智能手机硬件配置。这项技术不仅在理论上有所突破,还在实际应用中得到了验证,显示了其广泛的应用潜力。

有学者在 X 射线通导一体化领域也开展了研究,由于 X 射线脉冲导航(X-ray Pulsar-based NAVigation,XPNAV)与 X 射线通信(X-ray Communication,XCOM)在信号、探测设备及功能等多个方面存在着相似性和紧密联系,为两种技术的融合提供了可能,可以将 XPNAV 与 XCOM 的技术优势相结合,通过创新设计信号体制为深空探测任务提供更高性能的通信和导航服务[19]。

在其他网络领域,虽然通导一体化的发展尚未达到移动通信网的成熟度,但这些技术的探索和实施正逐步推进。各种网络环境中通导一体化的应用展现出了巨大的潜力和前景,特别是在提高系统效率和功能性方面。尽管存在一些挑战和限制,这一领域的技术创新仍在不断发展,预示着未来可能的技术突破和广泛应用。

第 3 章
通信导航一体化常见定位方法

在通导一体化系统中,虽然位置解算过程既可在终端侧完成也可在网络侧完成,但采用的基本定位方法和技术都是相同或相似的,即都是通过检测终端和多个固定位置的收发机之间传播信号的特征参数(如信号强度、传播时间或时间差、入射角等)来估计出目标终端的位置。常用的定位方法有以下几种。

3.1 临近定位

临近定位是一种基于移动通信基站的位置信息进行终端设备位置估计的方法。该方法主要通过测量信号强度,以寻找离终端设备最近的移动通信基站。这种近似的定位方法通过将最近基站的位置作为终端设备位置的近似值,为不具备 GNSS 支持的设备提供一种低成本、低功耗的定位解决方案,邻近定位示意图如图 3-1 所示。典型的临近定位方法包括 CID(Cell-ID,小区识别码)、E-CID(Enhanced CID,增强型 CID)等技术[20]。

CID(Cell-ID,小区识别码):CID 是一种基于小区识别码的临近定位技术。在该方法中,每个移动通信小区都被分配一个唯一的 CID。终端设备通过测量与周围基站的信号强度,可以识别所处小区的 CID。这个 CID 可以通过预先建立的小区与位置映射表,近似估算终端设备的位置。

E-CID(Enhanced CID,增强型 CID):E-CID 是对 CID 的改进版本。与 CID 相比,E-CID 引入了更多的信息以提高定位精度。

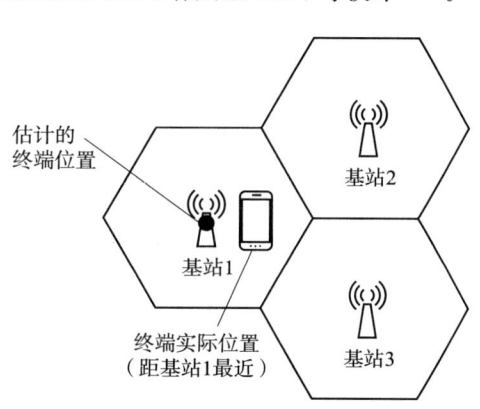

图 3-1 邻近定位示意图

除了考虑小区识别码外,E-CID 还综合了邻近小区的信号强度、基站的物理位置等因素。这种综合信息的引入有助于更准确地估算终端设备的位置,且其不要求 UE 专门为定位目的而提供额外的测量。

在应用方面,临近定位主要适用于对定位精度要求相对较低的场景,如城市中的位置服务、社交媒体应用等。然而,其精度受到信号强度测量误差的影响,在高精度要求的应用场景中,可能需要结合其他定位技术或引入更多辅助信息以提升准确性。

3.2 三边定位

三边定位是一种通过测量终端与基站之间的距离,并应用几何解算,以获取终端设备位置估计的定位方法。在三维定位场景中,至少需要测量 3 组终端与基站间的距离,因此被称为三边定位。三边定位示意图如图 3-2 所示。

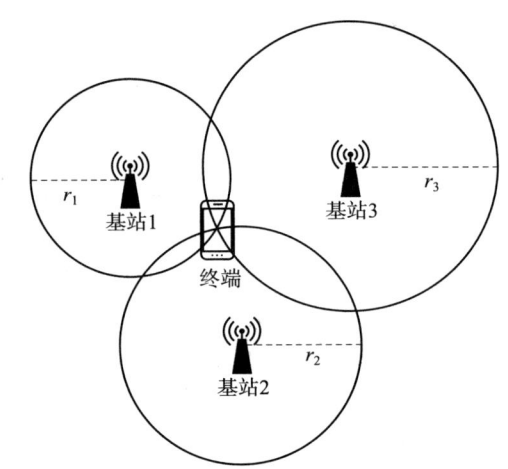

图 3-2 三边定位示意图

由于基站的位置通常是已知的,因此只要能测量出终端与基站间的距离,就可以根据两点间距离公式列出方程组,当存在 3 组终端与不同基站间的测量值时,3 个测量方程即可求得终端的三维坐标,如式(3-1)所示。

$$\begin{cases} T_{1,传播}c = r_1 = \sqrt{(x_1-x_u)^2+(y_1-y_u)^2+(z_1-z_u)^2} \\ T_{2,传播}c = r_2 = \sqrt{(x_2-x_u)^2+(y_2-y_u)^2+(z_2-z_u)^2} \\ T_{3,传播}c = r_3 = \sqrt{(x_3-x_u)^2+(y_3-y_u)^2+(z_3-z_u)^2} \end{cases} \quad (3-1)$$

实际应用中,由于终端与基站间的钟差也是未知的,因此上述方程组还需要增加一个表示该钟差的未知数 δt_u,这样,终端就需要至少看到 4 个基站才能进行定位,如式(3-2)所示。

第3章 通信导航一体化常见定位方法

$$\begin{cases} \rho_1 = \sqrt{(x_1-x_u)^2+(y_1-y_u)^2+(z_1-z_u)^2}+\delta t_u \\ \rho_2 = \sqrt{(x_2-x_u)^2+(y_2-y_u)^2+(z_2-z_u)^2}+\delta t_u \\ \rho_3 = \sqrt{(x_3-x_u)^2+(y_3-y_u)^2+(z_3-z_u)^2}+\delta t_u \\ \rho_4 = \sqrt{(x_4-x_u)^2+(y_4-y_u)^2+(z_4-z_u)^2}+\delta t_u \end{cases} \tag{3-2}$$

上述方法通常称为 TOA,广泛应用于卫星导航的位置解算,此时式中基站的位置坐标用卫星位置坐标替换即可,其坐标值可由卫星导航的星历和测量得到的信号发射时间得到。在移动通信网中,TOA 定位技术在 2G 系统中得到了一定程度的应用,但由于其对时间同步的高要求以及在大规模网络中实施困难,3G、4G 和 5G 系统倾向于采用 TDOA(Time Difference of Arrival)技术,其通过测量终端与基站间信号到达的时间差来计算终端位置,如图 3-3 所示。

与 TOA 算法相比,TDOA 不需要加入专门的时间戳,此时基站相当于焦点,上述距离差即为双曲线的长轴,当存在多组测量值时,双曲线的交点即为终端位置,其数学形式如式(3-3)所示。

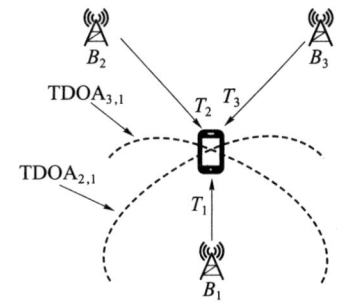

图 3-3 TDOA 定位方法示意图

$$\begin{cases} d_2-d_1=(t_2-t_1)\times c \\ d_2-d_1=(t_2-t_1)\times c \\ \vdots \\ d_m-d_1=(t_M-t_1)\times c \end{cases} \tag{3-3}$$

式中,$d_i = \sqrt{(x-x_i)^2+(y-y_i)^2+(z-z_i)^2}$ 代表接收终端与基站 i 之间的真实距离,(x,y,z) 代表未知的终端坐标,(x_i,y_i,z_i) 代表已知的基站 i 坐标,c 是电磁波在空间中传播的速度。

无论是 TOA 还是 TDOA,都需要 TRP(Transmission-Reception Point,传输接收点)间进行严格的时间同步,如果不具备该条件,还可利用 RTT(往返时间)方法进行定位。RTT 通过测量信号从发送端到接收端再返回发送端的总时间来计算距离(信号往返时间除以 2 乘以光速)。实际应用中,需要获得多个 RTT 测量值,进行几何解算来确定终端位置。相对于 TOA 和 TDOA,RTT 定位方法的主要优点是不要求各 TRP 之间的时间完全同步,但其主要代价是 RTT 定位所需的系统资源(主要是时频资源)和实现复杂度基本上相当于同时支持上下行定位,且由于 RTT 需要终端和 TRP 之间进行多次信号交互,导致功耗较高。同时,RTT 也面临一些与 TOA 和 TDOA 同样的问题,例如,如何让尽量多的相邻 TRP 准确地测量 UE 发送的上行参考信号。

上述定位模型为实现三边定位提供了多样化的途径,模型的选择取决于具体的定位场景、系统配置和应用需求。三边定位在通导一体化系统中扮演着重要的角色,然而在实际应用中,需要综合考虑时钟同步、环境影响等多方面因素,以提高三边定位的精度和可靠性。

3.3　角度定位

角度定位是一种基于测量终端与基站之间的信号到达或离开方向的定位方法,通过几何解算实现对终端设备的位置估计。在图 3-4 所示的示意图中,展示了角度定位的基本原理。

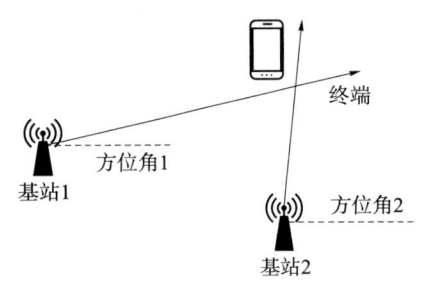

图 3-4　角度定位示意图

角度测量通常需要使用天线阵列,如果信号发射端是单天线而接收端是多天线,可以测量信号的到达角(Angle of Arrival,AoA)或到达方向(Direction of Arrival,DoA);反之,如果发射端是多天线而接收端是单天线,可以测量信号的出发角(Angle of Departure,AoD)或出发方向(Direction of Departure,DoD)。

通过测量终端与基站之间的信号角度,利用三角测量等几何解算方法,可以推算出终端设备的位置。这种方法的优势在于不需要精确的时钟同步,但需要天线阵列的支持。

相较于三边定位等其他方法,角度定位在一些场景下具有独特的优势。它在无须高精度时钟同步的同时,能够提供对终端位置较为准确的估计。另外,如果将其与距离测量相结合,则可实现单基站定位,这在复杂室内环境下是很有必要的,因为室内终端经常难以看到足够的直射径基站。然而,角度定位的精度受到天线阵列布局、信号多径效应等因素的影响,尤其是多径对角度测量的影响比对距离测量的影响大得多,例如墙面的反射可能仅会导致 10% 左右的测距误差,但可能会导致完全反相的角度误差,因此在实际应用中需要对这些因素进行妥善处理。

角度定位在移动通信、雷达、室内定位等领域都具有广泛的应用。随着天线技术和信号处理技术的不断发展,角度定位方法的精度和可靠性也在不断提升。未来,角度定位有望在更多复杂场景下得到应用,为通导一体化系统提供更多定位选择。总体而言,角度定位作为一种基于信号到达或离开方向的定位方法,在特定场景和要求下展现出良好的性能,但其应用仍需综合考虑信号环境、天线布局等多方面因素。

3.4 指纹匹配定位

"位置指纹"把实际环境中的位置和某种"指纹"联系起来,一个位置对应一个独特的指纹。这个指纹可以是单维或多维的,比如待定位设备接收或者发送信息或信号的一个或多个特征,最常见的特征是信号强度(Received Signal Strength,RSS)和信道状态信息(Channel State Information,CSI)。位置指纹可以是多种类型的,任何对区分位置有帮助的特征都能被用来作为位置指纹。比如某个位置上通信信号的多径结构、某个位置上是否能检测到接入点或基站、某个位置上检测到的来自基站信号的 RSS、某个位置上通信时信号的往返时间或延迟,这些都能作为一个位置指纹,或者也可以将其组合起来作为位置指纹。

在通导一体化系统中,该技术通过建立"指纹"数据库,将信号的强度、信道状态信息、信号延时等特征与具体位置相对应,实现对终端设备位置的准确定位。如果待定位设备是在发送信号,由一些固定的接收设备感知待定位设备的信号或信息然后给它定位,这种方式常常称为远程定位或者网络定位。如果是待定位设备接收一些固定发送设备的信号或信息,然后根据这些检测到的特征来估计自身的位置,这种方式可称为自身定位。待定位移动设备通常会把它检测到的特征发送给网络中的服务器节点,服务器可以利用它所能获得的所有信息来估计移动设备的位置,这种方式可称为混合定位。在所有的这些方式中,都需要把感知到的信号特征拿去匹配一个数据库中的信号特征,这个过程可以看作一个模式识别的问题。指纹匹配定位架构示意如图 3-5 所示。

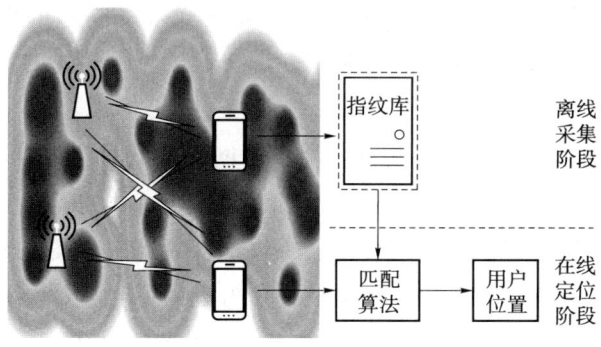

图 3-5 指纹匹配定位示意图

使用位置指纹进行定位通常有两个阶段:离线阶段和在线阶段。在离线阶段,为了采集各个位置上的指纹,构建一个数据库,需要在指定的区域进行烦琐的勘测,采集好的数据有时也称为训练集。在在线阶段,系统将估计待定位的移动设备的位置。接下来对这两个阶段进行更详细的描述。

位置和指纹的对应关系的建立通常在离线阶段进行。最典型的场景如图 3-6 所示，假设地理区域被一个矩形网格所覆盖，这个场景中是 4 行 8 列的网格（共 32 个网格点），2 个 AP(Access Point,接入点)。这些 AP 本来是用来通信的，此时我们利用其发射的通信信号来做定位。在每个网格点上，通过一段时间的数据采样得到来自各个 AP 的特征值，此例中我们假设特征值是 AP 的平均 RSS。为了特征数据可以覆盖到尽可能多的情况，采集的时候可以移动设备的朝向和角度，从而丰富每个网格点的特征。为了分析简便，此例中我们假设一个网格点上的指纹是一个二维的向量 $\rho = [\rho_1, \rho_2]$，其中 ρ_i 是来自第 i 个 AP 的平均 RSS，当然我们也可以记录 RSS 样本的分布，或者其他的统计参数（如标准差）作为指纹。

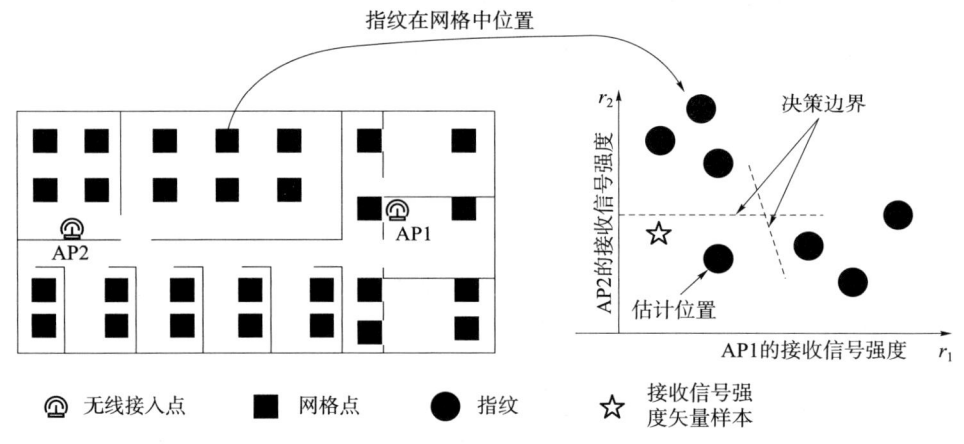

图 3-6 基于 Wi-Fi 信号强度的位置指纹法、RSS 空间中的欧氏距离

这些二维的指纹是在每个网格点所示的区域采集到的，这些网格点坐标和对应的指纹可以组成一个数据库，经常称这个过程为标注阶段，图 3-6 右边的小图展示的是有 2 个 AP 时指纹特征的二维分布，在更一般的场景下，假设有 N 个 AP，那么指纹 ρ 是一个 N 维的向量。

尽管 RSS 样本的坐标点是实际物理空间中的网格点，但位置指纹在信号空间中不一定很有规律的分布。例如，有些信号向量即使在物理空间中离得很远，在信号空间中却有可能很近，可以理解为两个相距很远的位置，收到各 AP 的 RSS 向量可能是相似的，这时就会增加定位出错的概率。上述情况是很容易出现的，例如以两个 AP 为圆心画圆，那么两个交点处的平均 RSS 向量应该是相同的；多径、人流走动等因素也会使 RSS 发送剧烈波动，从而影响特征向量。因此，指纹采集应包含尽量多的特征信息，并根据环境特点对不同区域的指纹特征进行加权处理。

在在线阶段，某移动设备处于上述区域中，但是它并不知道自身的位置，而且它也不太可能正好处于网格点上。假设这个移动设备测量到了来自各个 AP 的 RSS，即图 3-6 中两个 AP 的 RSS，记为 $r = [r_1, r_2]$。注意这里只是一次或短时间内多次测量的平均

RSS,而离线阶段测得的 RSS 是相对长时间的平均 RSS。然后这组 RSS 向量的测量值会被传输到网络中,在指纹库中找到和 r 最匹配的指纹 ρ,一旦找到了最佳的匹配,那么移动设备的位置就被估计为这个最佳匹配的指纹所对应的位置。

总的来说,由于信号特征的独特性,指纹定位能够适应不同环境条件下的定位需求,并且相对于其他方法具备较好的稳定性。其优势在于利用现有通信设备即可提供相对高精度的定位服务,因此指纹定位在复杂室内环境、大型商场、智能家居等场景中有较多应用。但其缺点也很明显,例如 RSS 指纹匹配必须在知道发送信号强度和信道衰落模型的情况下,才能利用接收信号强度值来估计待测标签与基站之间的距离,要想获得准确的测距值就需要知道信道的参数,而信号强度随距离的衰落变化受信道特性的影响很大,由于室内环境的复杂多变,以及多径和非视距等因素都会使相同距离有不同的损耗,导致 RSS 不能提供非常精确的位置估计。此外,环境变化也会引起指纹库的失效,例如房间的重新布局,这也为指纹库的后期维护带来了额外成本,限制了指纹定位的应用。

随着 5G 技术、物联网和人工智能的发展,指纹定位将面临更多机遇和挑战。发展趋势包括对更复杂信号特征的利用、算法优化以提高匹配速度和精度,以及对大规模部署和动态环境下的适应性等方面的研究。总体而言,指纹定位作为一项具有广泛应用前景的技术,在通导一体化系统中为实现高精度、实时定位提供了重要的解决方案。

3.5 混合定位

混合定位是指利用多种定位方法相结合,通过充分发挥各种定位技术的优势来提高整体定位系统的性能。这种方法旨在克服单一定位方法在特定条件下的局限性,实现更稳健、精准的位置估计。注意本节介绍的混合定位主要指不同定位方法的混合使用,与常见的不同定位系统的组合/融合定位不是同一个概念,但两者从效果上看具有一定的相似性。以下从不同方面对混合定位进行介绍。

1. 多方法融合

混合定位的核心思想是将多种不同的定位方法融合在一起,包括但不限于三边定位、角度定位、指纹定位等。这些方法可以在空间、时间、频域等多个维度上相互补充,形成一个更为全面的定位体系。

2. 优势互补

不同的定位方法在不同的环境和场景中表现出各自的优势。例如,三边定位适用于开放区域,而指纹定位在复杂室内环境中具有较好的性能。混合定位充分利用这些优势,通过适时地切换或融合不同的方法,使得整体系统在各种情况下都能够保持高精度和鲁棒性。

3. 容错与鲁棒性提升

混合定位能够提高系统的容错性。当某一种定位方法在某些情况下性能下降时，其他方法可以弥补其不足，从而确保系统在复杂环境中的可靠性，这对于定位准确性要求严格的场景，如自动驾驶、室内导航等，具有重要意义。

4. 动态权重调整

混合定位系统通常具备动态权重调整的能力。根据实时环境变化，系统可以智能地调整不同定位方法的权重，以适应不同的工作条件。这种智能调整可以通过模型预测、机器学习等方法实现，使得混合定位系统更加灵活并具有较强的适应性。

5. 硬件与算法结合

混合定位既包括了硬件层面的传感器融合，也涉及算法层面的信息融合。硬件方面，可以利用不同类型的传感器，如GNSS、5G、惯性传感器等；而算法方面，需要设计合适的融合策略，使得各种信息能够有机地结合在一起。

6. 应用场景

混合定位在众多应用场景中得到了广泛应用。在室内导航中，通过融合三边定位和指纹定位，可实现更高精度的位置估计；在智能交通中，混合定位为自动驾驶提供了更为可靠的定位服务；在物联网中，混合定位为设备提供了更为准确的位置信息。

尽管混合定位在提高定位精度和鲁棒性方面具有一定的优势，但仍然面临一些挑战。硬件成本、能耗、算法融合的复杂性等问题仍需要进一步研究。未来，混合定位有望结合更多先进的传感器技术、机器学习方法，实现更为高效、智能的位置估计。混合定位作为一种整合多种定位方法的智能策略，为通导一体化系统提供了强大的支持。通过充分利用各种方法的优势，混合定位不仅提高了定位的准确性和鲁棒性，也为各种现代应用场景中的位置服务提供了可靠的解决方案。随着技术的不断进步，混合定位有望在更多领域发挥重要作用。

第4章
通信导航一体化的松耦合

通导一体化中通信和导航的耦合程度直接影响着通信与定位的性能,为了在通导一体化系统中有效获取必要的信息并实现准确的定位,不同的耦合程度需采用不同的技术手段。在早期通信系统的设计中,由于并未充分考虑到定位需求,因此通导一体化系统仅能通过已有信号或信息以一定的定位技术进行位置估算。典型的方法包括小区识别码定位技术、指纹定位技术和定位结果层面的组合定位。像这种无须对已有通信或导航系统进行根本性改造的情况,可理解为通导一体化的松耦合。松耦合的优点是无须对已有系统进行大规模改造,建设和使用成本极低,但缺点是通信和导航并没有从设计之初就融合到一起,两者性能往往无法达到最优。

本节将针对通导一体化系统的松耦合,从早期的小区识别码定位和指纹定位技术,到之后的信息增强和信道估计,再到组合导航和协同定位,进行系统的介绍和讨论。通过深入挖掘这些技术方法,我们旨在为通导一体化系统的设计和应用提供深入理解,并对未来的技术发展和改进提出有价值的见解。在当前技术背景下,通导一体化系统的松耦合设计仍是一个值得深入研究的领域,我们期望通过本节的介绍,为该领域的研究者和从业者提供有益的参考和启示。

4.1 小区识别码定位技术

通导一体化中的小区识别码(Cell-ID)技术作为最广泛应用的定位方法之一,在移动通信系统中扮演着至关重要的角色。其在蜂窝通信系统中的应用简单而直观,然而,其耦合部分涉及众多复杂的技术问题与挑战。在本书3.1节已经介绍了CID和E-CID定位的原理,本节将介绍其优化方法、对核心网络资源的影响以及在实际网络中的应用。

小区识别码定位技术是蜂窝通信系统中应用最广泛、复杂度最低的定位方法之一。在该技术中,每个基站都被分配一个唯一的小区识别码,通过识别用户所处附近基站的小区号,位置服务平台可根据小区号获取基站的经纬度坐标,从而估计用户的位置。然而,该方法的精度受到蜂窝小区的半径、形状以及终端距基站的距离等因素的制约。

在早期蜂窝系统中,由于基站间距较大,CID 方法的定位精度相对较低。为提高定位精度,可以通过估算终端与基站间的距离来进行辅助定位。例如,Borenovic 提出了在 2G 系统中利用 TA 辅助 CID 的定位方法,并引入了改进的增强型 E-CID TA 技术[21];Borkowski 研究了利用 Round Trip Time(RTT,往返时间)技术辅助 CID 定位,并通过软切换技术进一步提高定位精度[22]。然而,获得所需小区识别码需要通过信令与核心网络进行交互。当定位并发数增多时,大量信令交互会占用核心网络资源,可能导致网络堵塞。为解决这一问题,Hongman Wang 提出了一种基于信号监测的 CID 定位方法,通过从信号监控系统获取 Cell-ID,避免了基于位置的服务与核心网络之间的过多交互,从而有效减轻了网络资源的压力[23]。

在实际应用中,对于符合 3GPP Release 15 标准的基站,可利用 4G 信号测量的 LTE E-CID 信息进行定位,即利用 LTE RRM(Radio Resource Management,无线资源管理)测量估计 UE 位置。Release 16 NR 标准增加了 NR E-CID 功能,可利用 UE 提供的 NR RRM 测量来估计 UE 位置。可用于 NR E-CID 的 RRM 测量包括同步参考信号接收功率(SS-RSRP)、同步参考信号接收质量(SS-RSRQ)、信道状态信息参考信号接收功率(CSI-RSRP)、信道状态信息参考信号接收质量(CSI-RSRQ)(参见 TS 38.215)。NR E-CID 采用基于网络的定位方式,即 UE 将获取的 RRM 测量量上报给 LMF,由 LMF 利用上报的 RRM 测量量及其他已知信息(例如各小区收发点的地理坐标)来解算 UE 的位置。

3GPP 标准并没有定义 NR E-CID 采用的具体算法,常用的方法是由 UE 所上报的 RRM 测量量结合假设的信道路径损耗模型推导出 UE 与发送参考信号的 TRP 之间的距离,然后由 TRP 的地理坐标、UE 与 TRP 的距离以及 TRP 参考信号发送方向解算出 UE 的位置。由于假设的信道路径损耗模型与真实的信道路径损耗有差异,以及 RRM 测量量有误差,推导的 UE 和 TRP 之间的距离与 UE 和 TRP 之间真实距离的误差一般较大,因此 E-CID 定位的精度一般较低。值得一提的是,LTE E-CID 测量量包括定时提前量 TADv(参见 TS 36.214),TADv 有两个 Type:Type1 为 eNB Rx-Tx 时间差和 UE Rx-Tx 时间差之和;Type2 为 eNB Rx-Tx 时间差。利用 TAD 可估算 UE 与服务小区 TRP 之间的距离,用于 LTE E-CID 定位解算。Release 16 NR E-CID 的测量量中不包括定时提前量,而 Release 17 NR E-CID 的测量量包括定时提前量 TADv(参见 TS 38.215),但只有 gNB Rx-Tx 时间差。

尽管小区识别码技术在通导一体化系统中取得了显著的成就,但其在定位精度和网络资源消耗方面仍存在挑战。未来的发展方向可能包括更加精确的蜂窝小区划分,以及对小区识别码更为智能的获取与利用。同时,通过引入新的通信技术和信号处理算法,有望进一步提高小区识别码技术的定位精度,并减少对核心网络资源的依赖。

4.2 指纹匹配定位技术

在 3.4 节中,我们已经介绍了指纹定位技术的基本原理。本节将结合通信系统,讨论该技术在通导一体化中的应用。基于信号强度和信道状态的定位方法自 2G、3G 时代起就受到了学者的关注。随着移动互联网以及 Wi-Fi、蓝牙等设备的普及,这种方法得到了更广泛的应用,并已成为 LTE 定位协议附件 A 的一个重要部分。相较于其他定位方式,指纹定位技术具有明显的优势:信号强度和信道状态参数易于获取,且无须对通信设备进行任何更改,从而很容易实现通导一体化。

4.2.1 RSSI 指纹定位

由于 RSSI 可以利用大部分已有的无线设备直接获得,因此被广泛地应用到各种指纹定位系统中。根据信号阴影衰减模型可知:随着发射节点和接收节点之间距离的增加,接收信号强度值会不断衰减。但由于 RSSI 的粗粒度以及高度易变性,使其无法在多径丰富的室内环境中实现精确定位。

除了直接将 RSSI 作为指纹特征,还可以利用 RSSI 反推终端与基站间的距离,进而再根据多边定位法等定位方法来计算未知节点的位置。基于 RSSI 测距的定位算法包括 3 个阶段:

(1) 测距阶段:锚节点和未知节点发送信号,接收机测量信号的 RSSI,利用信号衰减模型和 RSSI 值估计未知节点和锚节点之间的距离。

(2) 定位阶段:利用第一步得到的距离信息,通过三边定位、多边定位、极大似然估计、最小二乘等方法获取未知节点的位置。

(3) 优化阶段:利用网络拓扑信息,锚节点和邻居节点等信息设置约束条件,通常采用组合优化算法进行优化。

4.2.2 CSI 指纹定位

RSSI 存在一些缺点,例如多径传播会使 RSSI 幅度波动,导致衰落而不再随传播距离增加而单调递减。另外,RSSI 测量的是信号多径传播的叠加效果,并不能逐一区分多条信号传播路径。近年来,随着 OFDM 和 MIMO 技术在主流的无线通信网中得到大量的应用,可将调制信号通过多个子载波进行传输,这样就可以获得每个子载波信道的频率响应信息(Channel Frequency Response,CFR),CSI 可以看作 CFR 的一种离散采样的形式。与 RSSI 相比，CSI 包含了每个子载波的幅度和相位信息，能够提供更细粒度的信息，可以为每个位置创建一个包含多维信息的更加精准的位置指纹。由于 CSI 的上述优势，基于 CSI 的指纹定位系统受到了广泛关注。

能够体现 CSI 定位优势的一个典型案例是，当信号存在多径时，其多径传播在时域上表现为延时扩展，带来的影响是选择性衰落，利用信道的冲击响应通常可代表这一信息，如图 4-1 所示。直观上看这是由于信道中有不同延时的路径，通过不同路径的信号在接收端叠加增强或削弱，使不同频率的信号发生不同的衰减。例如当两路多径信号到达接收端的时间差恰好为某频率的半周期时，则对应频率的信号在接收端会发生明显衰减；如果正好是整数倍的周期，则对应频率的信号是叠加增强的。因此可以看到，信号的多径信息被包含在了信道的冲击响应里，而我们通常可以用 CFR 从幅频特性和相频特性来分别描述信道对信号传播的影响，借助特定信号的 CFR，我们可以计算不同多径的传播特征，从中分析出对定位有用的信息，从而在建立特征库时就纳入环境对特征值的影响。

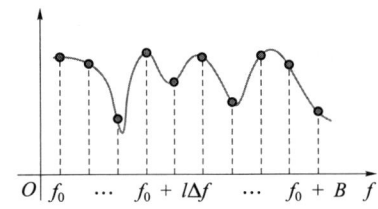

图 4-1　信道频域响应示意图

CSI 与 CFR 一样，都从频域描述信道对传输信号的影响，CSI 可以看作 CFR 的一种离散采样的形式，采样的频率点为 OFDM 对应的不同载波频率。它们的差异在于，CFR 作为一般化的参数可以描述任意频率处的信道影响，而 CSI 通常用于 OFDM 系统中描述各个子信道的信道属性，即信道增益矩阵中每个元素的值。假设发送端装备 M 根天线，接收端装备 N 根天线，通信时使用 K 个子载波，则每次采样得到 CSI 矩阵的元素数量为 $M \times N \times K$，每个元素以复数形式出现，对应每个子载波的幅度和相位。

4.2.3　射频模式匹配定位

可以一起运用 CSI 和 RSSI 作为定位的指纹，这样我们就能有效地利用现有的通信网络进行精准定位，并在复杂的无线网络环境中有效地捕获并解析空间信息。移动通信网中的射频模式匹配(Radio Frequency Pattern Matching，RFPM)定位技术就是运用了上述思想，其在 3GPP R10 版本的标准中被包含在了 UMTS 中。RFPM 技术包括以下几个关键步骤。

信号数据收集：在特定区域内，收集无线电频率信号的相关数据，如信号强度、信道状态信息等。

指纹库构建：将收集到的信号数据与具体地理位置相对应，形成一个指纹数据库。

实时定位匹配：当需要定位时，采集当前环境中的无线信号，并将这些数据与指纹库中的数据进行匹配。

位置估算:通过比较和分析,确定最匹配的位置指纹,进而推断出设备的大致位置。

RFPM 技术的优点在于它能够在不需要额外硬件支持的情况下,利用现有的通信网络进行定位,这在室内或卫星导航信号不佳的环境中尤为有用。通导一体化的松耦合进程中,RFPM 是一个利用通信技术实现定位的优秀案例,它展示了如何在不改变现有通信设备的前提下,通过智能分析无线信号的特征来实现精准定位。

4.2.4 指纹定位的发展方向

指纹定位突破了传统定位技术的局限,为室内和复杂环境下的定位提供了一种有效的解决方案。然而,指纹定位也有其局限性,例如,不同定位设备在相同环境下可能产生有差异的指纹信息,可能导致定位结果的偏差;环境变化也可能导致指纹数据的变化,需要定期更新指纹库以保持准确性。为了克服这些挑战,研究人员已经采用了如非线性最小均方、权重最小均方、最大似然估计、凸优化等算法来提高指纹定位的准确性,并不断拓展其在各种应用场景中的应用潜力。

随着人工智能技术的发展,指纹定位技术在通导一体化中的融合将持续深化,本质上可把指纹定位理解为模式识别或图像处理的一个分支,只不过特征值都是跟位置相关的量。指纹定位未来的发展方向可能包括更加智能的噪声滤波和环境适应算法,以进一步提高指纹定位的准确性和稳定性。随着 5G 和更高级别通信技术的不断发展,指纹定位技术还有望在更多场景中发挥关键作用,为通导一体化提供更为全面的解决方案。

4.3 通信与定位信息的相互增强

在信息层面,通信与定位可以相互增强,使两者或其中一个系统的性能得到提升,经常简称为信息增强[20]。信息增强是一种融合技术,促成了通信与导航系统间的协作,它的核心在于,在两个系统各自保持原有工作架构的同时,开启它们之间的信息流通,进而实现互补和性能增强。在通信与导航一体化的松耦合过程中,信息增强扮演了至关重要的角色,主要体现在以下两个方面:

(1) 定位系统利用通信系统传输增强信息:定位系统(如 GNSS)接收通信系统传输的增强信息(如误差改正数、完好性信息等),帮助其提高信号接收灵敏度、首次定位时间和定位精度等性能。例如,辅助全球卫星导航系统(Assisted GNSS,A-GNSS)就是通过通信网络发送辅助信息给 GNSS 接收机,以提升 GNSS 在城市环境下的定位性能。

(2) 通信系统利用定位信息:通信系统可以利用从定位系统获得的精确位置信息来

优化其网络组网和运营。例如，通过精确的位置信息可以更有效地规划网络覆盖区域，提升通信网的效率和服务质量。

信息增强技术之所以重要，是因为它允许两个本质上不同的系统（通信和导航）相互利用对方的数据和能力，从而提高它们各自以及整体的性能和效率。在实际应用中，定位对通信的增强通常更为简单直接，但通信对定位的增强，需要配合一系列软硬件改造升级。例如，对于通信网对 GNSS 的信息增强，其实现通常涉及地面监测站，通过地面监测站来计算误差改正数或完好性信息，然后将这些数据通过天基或地基通信链路播发给用户。最终，用户接收到这些增强信息后，不仅能够实现更精确的定位，还能享受到更可靠的导航服务。这对于现代技术环境中的多种应用场景（如车辆导航、航空导航、智能手机定位等）来说至关重要。下面列举 3 个典型的定位信息增强系统。

4.3.1 A-GNSS

GNSS 的全称是全球导航卫星系统（Global Navigation Satellite System），它泛指所有的卫星导航系统，包括全球的、区域的和增强的，如美国的 GPS、俄罗斯的 GLONASS、欧洲的 Galileo、中国的北斗卫星导航系统，以及相关的增强系统。此外，GNSS 还涵盖在建和以后要建设的其他卫星导航系统。而 A-GNSS 是一种利用外界信息辅助接收机捕获信号和定位的技术。通过这种技术，可以显著提高接收机在复杂环境中的定位精度和效率。当应用于北斗系统时，它被称为辅助北斗，通常缩写为 A-Beidou，还有一些应用于特定卫星系统的名称，例如"GPS"的"A-GPS"和"伽利略"的"A-Galileo"等。

在卫星导航系统中，接收机的概略位置、概略时间、可见卫星序列及其时钟校正参数、星历、多普勒频移估计、码相位延时估计等信息对提升接收机性能至关重要。通常这些信息需要通过卫星链路下发给用户，或由用户通过复杂计算后得到。然而，在 A-GNSS 系统中，上述信息可通过高速的通信网而不是缓慢的定位卫星链路向定位设备播发，大幅缩减了信息获取时间，从而提升了包括首次定位时间、捕获跟踪灵敏度在内的多个性能指标。另外，各种误差校正数据（例如电离层延时校正）也可以通过通信网一并发送，这有利于大幅提升接收机的定位精度。

A-GNSS 示意图如图 4-2 所示，下面分别从首次定位时间和捕获跟踪灵敏度两个角度说明 A-GNSS 对定位性能提升的原理。

（1）A-GNSS 对首次定位时间（TTFF）性能的提升：由于导航卫星发送的信号极其微弱，因此定位所需的导航电文速率很慢（例如 GPS L1 C/A 信号的电文速率仅为 50 bit/s），接收机需要大约 30 s 才能把定位所需电文接收完整。同时，弱信号还会导致接收机在实时解调卫星信号的过程中具有较高的误码率，一旦出现误码，很可能需要下个信号周期（即再等 30 s）才能把信号接收完整。这在城市峡谷等复杂环境中更为突出，

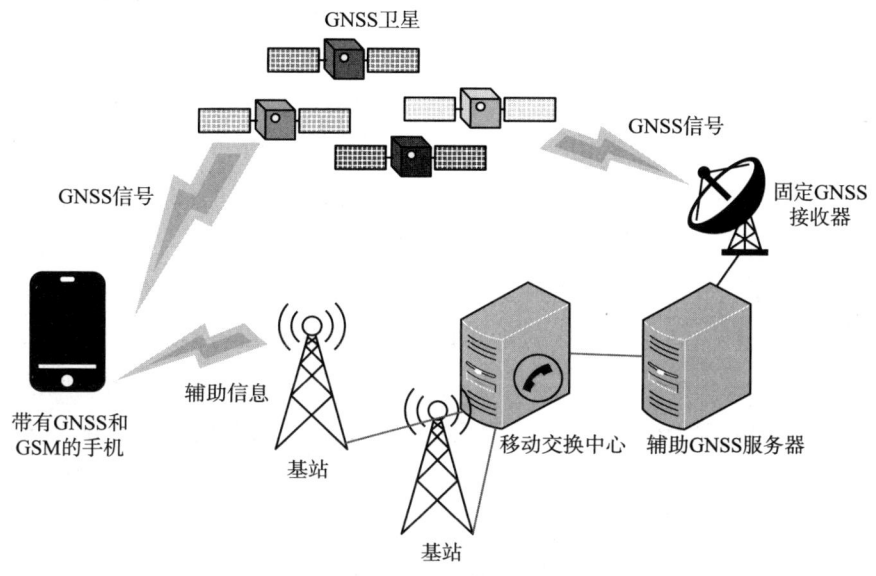

图 4-2 A-GNSS 示意图

因为复杂的环境会导致更低的信噪比和更强的多径干扰,从而使接收机的首次定位时间过长,恶劣情况下甚至会因收不到足够的导航电文而无法完成定位。如果通过高速的通信网把上述信息发送给接收机,就可以解决上述问题,从而大幅加快首次定位时间。

(2) A-GNSS 对捕获跟踪灵敏度性能的提升:卫星信号的捕获是一个卫星号、多普勒频移、码相位的三位搜索过程,该搜索需要遍历所有可能的单元,往往需要消耗大量时间。接收机可通过增加大量相关器并行搜索来减小搜索时间,但代价是消耗大量的硬件资源。如果可以通过通信网向接收机播发可见卫星号、多普勒频移估计和码相位延时估计等信息,便可有效减少搜索单元个数,从而加快卫星信号的搜索速度。另外,由于搜索单元个数大幅减小,搜索时间也大幅降低,因此有限的硬件相关器可以有更多时间对微弱的卫星信号进行长时间积分,以大幅增强接收机的捕获和跟踪灵敏度。

A-GNSS 使普通手机可以高效地接收 GNSS 信号,对 GNSS 大规模应用起到了至关重要的作用,也是通导一体化发展过程中具有里程碑意义的技术之一。

4.3.2 地基增强

随着自动驾驶技术的快速发展,高精度定位技术在汽车领域的应用变得尤为重要。例如,L3 级别的自动驾驶需要达到分米级精度,而 L4 级以上的自动驾驶则需求厘米级精度。为了实现这一目标,除了车辆自身的传感器外,外部高精度定位系统的支持也成为必不可少的部分。除此以外,航空导航和精密农业等新兴领域也对分米级甚至厘米级的定位提出了需求。

为了使卫星导航系统实现高精度定位,需要在地面设立一系列的参考站,捕获来自卫星的原始信号,然后计算出针对这些信号的误差改正数,并通过各种通信手段将这些改正信息传输给用户。如果这些信息通过地面的通信网播发给用户,则可称其为地基增强系统(Ground Based Augmentation System,GBAS)。由于该系统能够提供比传统GNSS更为精确的定位服务,特别适用于对定位精度要求极高的应用场合,因此地基增强已成为提高GNSS定位性能的关键技术之一。

地基增强系统通常使用地面互联网、无线电台或移动通信网络来传输这些改正信息。这种传输方式的优势在于能够迅速且有效地将改正信息分发给广大用户,覆盖范围可以从局部地区扩展到整个国家。例如,国家北斗地基增强网、千寻地基增强网和各省市级的北斗地基增强网,都是实现地基增强的典型案例。这些网络通过部署大量的地面参考站,持续监测并计算出与卫星轨道误差、卫星钟差以及大气延迟(包括电离层和对流层延迟)相关的改正数据。

特别地,北斗地基增强系统是按照"统一规划、统一标准、共建共享"的原则建设的,它包括基准站、通信网络系统、国家数据综合处理系统、行业数据处理系统、数据播发系统和应用终端六大分系统。这套系统能够在全国范围内提供实时的米级、分米级、厘米级至后处理毫米级的高精度定位服务。

地基增强系统的主要挑战在于建立和维护一个广泛的地面参考站网络。这些参考站需要高度精确的时间同步和持续的运行维护,以确保所提供的改正信息准确可靠。此外,地基增强系统的有效性也受到其覆盖范围的限制,因此通常需要根据特定的地理和环境条件来优化参考站的分布。

4.3.3 星基增强

星基增强系统(Satellite Based Augmentation System,SBAS)通过地球同步轨道(Geostationary Orbit,GO)卫星或中地球轨道卫星(Medium Earth Orbit,MEO)搭载卫星导航增强信号转发器,可以向用户播发星历误差、卫星钟差、电离层延迟等多种修正信息,实现对原有卫星导航系统定位精度的改进,从而成为各航天大国竞相发展的手段。目前,全球已经建立起了多个 SBAS 系统,如我国的 BDSBAS(BeiDou Satellite Based Augmentation System,北斗星基增强系统)、美国的 WAAS(Wide Area Augmentation System,广域增强系统)、俄罗斯的 SDCM(System for Differential Corrections and Monitoring,差分校正和监测系统)、欧洲的 EGNOS(European Geostationary Navigation Overlay Service,欧洲地球静止导航重叠服务)、日本的 MSAS(Multi-functional Satellite Augmentation System,多功能卫星增强系统)以及印度的 GAGAN(GPS Aided GEO Augmented Navigation,GPS 辅助静地轨道增强导航系统)。

上述 SBAS 系统的工作原理大致相同。首先,由大量分布极广的差分站(位置已知)对导航卫星进行监测,获得原始定位数据(伪距、卫星播发的相位等)并送至中央处理设施(主控站),后者通过计算得到各卫星的各种定位修正信息,通过上行注入站发给 GEO 卫星,最后将修正信息播发给广大用户,从而达到提高定位精度的目的。SBAS 系统原理示意如图 4-3 所示。

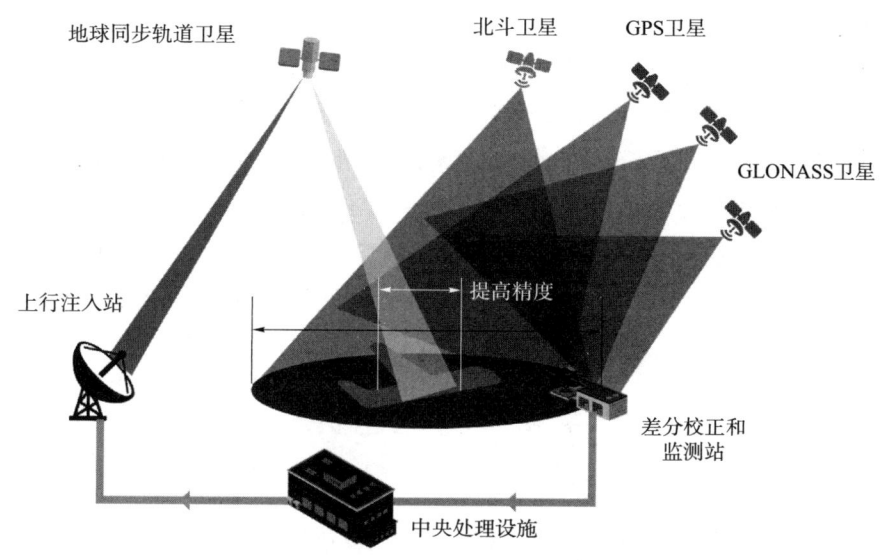

图 4-3　SBAS 系统原理示意图

下面通过对 WAAS 系统的介绍来说明 SBAS 的主要应用[24]。WAAS 是美国联邦航空局(Federal Aviation Administration,FAA)为民用航空的飞行及其精确着陆阶段所开发的高精度导航系统。该系统能够在数千公里范围内提供至多 2.5 m 的差分定位精度,并确保服务的完整性与连续性。WAAS 作为 FAA 推出的 SBAS 系统,旨在为国家空域系统(National Airspace System,NAS)内所有的飞行阶段提供水平及垂直导航支持,但不包括第二类和第三类的精密进近服务。WAAS 主要面向航空用户,通过空中信号使其在精确进近阶段能够进行导航,此信号提供 3 个主要服务:①GPS 和地球同步卫星信号的完整性数据;②GPS 和 GEO 卫星的差分校正信息,以提高定位精度;③测距能力,以增强系统的可用性和连续性。

WAAS 为提高导航精度提供了两种主要的误差改正数据:一种是与用户位置无关的,用于修正 GPS 信号中的卫星轨道位置(星历)和时钟误差;另一种是针对特定区域的电离层误差改正数,这些改正数是基于 WAAS 服务区内不同地点(形成网格图)的数据计算得出。用户接收机会根据所在位置对应的网格点处的值来处理接收到的 GPS 信号,每个网格点的值对应的卫星位置因用户而异,所以在处理数据时需考虑 GPS 卫星相对于用户在天空中的位置。这两组改正数据的结合使用显著提升了定位精度。

此外,WAAS 不仅对航空界有益,还可为公路、铁路和航海等其他所有交通运输方式带来优势。例如,在车辆导航中,WAAS 能将 GPS 的水平定位精度从 10～12 m 提升至 1～2 m。这种提升不仅能明确区分车道,还能精确判断车辆在道路上的位置,对于多车道的识别尤为关键。

星基增强系统代表了导航技术领域的一个重要突破,它通过利用通信卫星的广播信道实现了卫星导航信号的大范围增强和广播。这种方式的核心优势在于,它不依赖于地面通信基础设施,因此能够实现广泛的覆盖范围,尤其适用于偏远或地理环境复杂的区域。然而,星基增强系统在没有区域增强的条件下,例如在尚未被充分覆盖的地区,其精密单点定位的收敛过程可能较长。这意味着要达到最高的定位精度可能需要一段时间,这对于需要即时精确定位的应用可能构成挑战。此外,不同的星基增强系统往往需要使用专用的接收机。这种专用性可能导致跨不同系统的兼容性和互操作性问题,限制了这些系统在不同设备和应用中的通用性。由于不同服务提供商可能采用不同的技术标准和协议,用户可能需要为每个系统配备专用的硬件和软件,增加了使用成本和复杂性。

4.4 信道估计

信道估计是无线通信系统中的一个关键技术,旨在精确估计无线信号在经过传输信道时的变化,这些变化可能包括信号的衰减、延时、相移以及由多径传播和环境噪声等因素引起的失真。信道估计的目标是从接收到的信号中提取出这些变化的信息,从而能够准确地恢复原始信号。这个过程通过将接收信号与发射的参考信号(通常是导频信号)进行比较,以此估计出信道的特性。信道估计是实现高效通信的基石,尤其在 MIMO 这样的复杂通信系统中显得尤为关键。注意到信道参数中的延时、角度等信息可以用来解算用户位置,因此信道估计方法也可作为一种定位方法来使用。早期由于通信系统带宽和天线规模的限制,信道估计的精度有限,随着通信技术的发展,目前通过信道估计在大带宽和大规模阵列天线下已经可以实现亚米级甚至厘米级精度的定位,在通导一体化中具有很好的应用前景。

信道估计根据是否用到导频信息来划分,主要分为非盲信道估计、半盲信道估计和盲信道估计。非盲信道估计依赖于预先定义的已知信号,即导频信号,来估计信道的特性。这种方法的主要优点在于它的复杂度相对较低,且精度较高,缺点是需要额外的频谱资源来传输导频信号,降低了频谱效率;盲信道估计不依赖于任何导频信号,仅利用接收信号的统计特性来估计信道参数,它的优点是不需要额外的频谱资源,但缺点是计算复杂度高,对信道的统计特性要求严格,精度较低;半盲信道估计结合了非盲和盲信道估计的优点,先利用少量导频信号进行初步估计,再通过盲估计方法进一步优化非盲信道估计。由于定位往往需要精确的延时与角度估计,因此在大多数场景中均采用非盲信道估计。

4.4.1 基于导频的信道估计

在信道估计过程中,导频信号(参考信号)扮演着至关重要的角色,它们是一组已知的信号,被内嵌于传输的数据中,用于帮助接收端进行信道估计。在信道中,这些导频信号会和其他数据信号一样经历各种变化,如衰减、相移和噪声。接收端通过解码这些已知的导频信号,可以比较其与原始导频信号之间的差异,从而估计出信道的特性。在不同的通信系统中,这些导频信号通常以特定的模式被周期性地插入。

在实际应用中,信道估计不仅是在单个频率点上的测量,而是在多个频率点上进行。这要求信道矩阵在不同频率点上重构,以准确地反映信道在整个带宽上的特性。这种估计通常涉及对信道系数的计算,然后利用后处理算法(如最小均方误差)对信道估计值进行优化,从而获得更准确的信道模型。此外,噪声的估计也是信道估计过程的一个重要部分,通常是通过比较测量到的信道系数和平均信道系数来进行。

移动通信系统先后引入了多种导频信号,以支持更高级的功能和性能。理论上,这些导频信号基本都能用于定位,但限于导频信号的长度、带宽、本身用途等,常用于定位的主要有定位参考信号(PRS)和探测导频信号(Sounding Reference Signal,SRS),两者分别用于下行和上行定位。其中 PRS 是专门为定位设计的,而 SRS 则兼具通信和定位功能,在本书第 5 章将会对这两种信号进行详细介绍。除了这两种广泛用于定位的参考信号,也有文献将信道状态信息测量导频信号(Channel State Information Reference Signal,CSI-RS)、小区参考信号(Cell-specific Reference Signals,CRS)、解调参考信号(Demodulation Reference Signal,DMRS)等用于定位。

4.4.2 信号角度估计与多径识别

利用阵列天线,通过分析信号在不同天线单元上的相位差或时间差,可有效估计出信号的入射或发射方向,结合多个信标的角度或延时估计,就可以计算出终端的位置。另外,如何正确识别并消除多径是定位系统中不可忽视的挑战。多径信道是指信号在传播过程中,由于地形、建筑物或其他物体的反射、折射或散射,导致同一信号从多个路径同时到达接收端。接收到的信号不仅包含来自目标方向的直接信号,还包括多个经过不同传播路径的反射信号分量。多径效应会导致信号衰减、失真、延时扩展等问题,从而降低定位精度和通信质量。在定位系统中,多个反射信号的到达时间和方向可能重叠,给目标定位带来困难。因此,为了准确估计信道特性并提高定位精度,有效的多径信道估计成为一个关键技术问题。而利用阵列天线,就可以对多径信号进行精确建模和识别,可以有效改善系统的性能,尤其是在复杂的城市环境或室内环境中。

多径信道估计的主要目的是通过接收的信号提取出有用的多径信息,从而对多径信道进行精确建模。常见的信道估计方法包括时域估计方法、频域估计方法以及基于阵列的信号处理方法。时域和频域方法通常通过分析信号的延时和频率特性来估计信道,但在复杂多径环境下,精度往往有限。基于阵列的信号处理方法,特别是MUSIC(Multiple Signal Classification,多重信号分类)和 ESPRIT(Estimation of Signal Parameters via Rotational Invariance Techniques,借助旋转不变技术估计信号参数)算法,利用了信号空间和噪声空间之间的正交性和信号子空间的旋转不变性,通过将信号的协方差矩阵进行特征值分解,从噪声子空间和信号子空间中提取多径信息,从而在多径环境中有效分离出信道的特征,因此广泛应用于多径信道估计中。下面分别介绍这两种算法。

(1) MUSIC 算法

MUSIC 算法利用了信号子空间和噪声子空间的正交性,从接收数据的协方差矩阵分离出信号子空间和噪声子空间,构成空间扫描谱,实现信号的参数估计,通过谱峰的搜索,进行测向[25,26]。假设有一个由多个天线阵列组成的阵列系统,如图 4-4 所示。

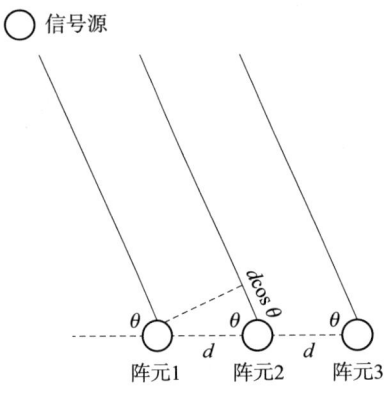

图 4-4 多天线阵列系统

其接收到的信号可以表示为

$$X = \sum_{i=1}^{M} a(\theta_i) s_i + N \qquad (4\text{-}1)$$

式中,X 是接收到的信号矩阵,大小为 $N \times T$,N 是阵列元素的数量,T 是采样时间。$a(\theta_i)$ 是第 i 个信号源的阵列响应向量(即阵列的导向矢量,表示信号到达阵列的方向),s_i 是第 i 个信号源的幅度,N 是接收噪声矩阵,通常假设噪声是高斯白噪声。

MUSIC 算法的实现过程:

首先,计算接收到的信号矩阵 X 的样本协方差矩阵 R:

$$R = \frac{1}{T} X X^{\mathrm{H}} \qquad (4\text{-}2)$$

式中,T 是时间样本数,H 表示共轭转置。协方差矩阵 R 反映了接收到的信号之间的相关性。

对协方差矩阵 R 进行特征值分解,得到特征值和特征向量:

$$R v_i = \lambda_i v_i \qquad (4\text{-}3)$$

式中,λ_i 是协方差矩阵的特征值,v_i 是对应的特征向量。根据特征值的大小,将特征向量分为信号子空间和噪声子空间。包含较大特征值对应的特征向量为信号子空间,代表信号的能量。包含较小特征值对应的特征向量为噪声子空间,代表噪声的能量。

假设信号源的数量为 M，则信号子空间包含前 M 个特征向量，噪声子空间包含剩余的特征向量。MUSIC 算法的核心思想是利用噪声子空间的正交性。假设阵列响应向量 $a(\theta)$ 对应一个信号源的方向 θ，则 MUSIC 谱函数可以表示为

$$P(\theta)=\frac{1}{\boldsymbol{a}^{\mathrm{H}}(\theta)\boldsymbol{E}_N\boldsymbol{E}_N^{\mathrm{H}}a(\theta)} \tag{4-4}$$

式中，$\boldsymbol{E}_N$ 是噪声子空间的矩阵，其列向量为噪声子空间的特征向量。$a(\theta)$ 是信号的阵列响应向量（即阵列导向矢量），它与信号的到达方向 θ 相关。$P(\theta)$ 是 MUSIC 谱函数，用于识别信号源的方向。MUSIC 谱函数 $P(\theta)$ 在信号源的方向上会有谱峰，通过搜索谱峰的最大值，可以找到信号源的到达方向（DOA）。具体步骤是通过对 θ 进行扫描，计算不同方向上的谱值，最终选取谱值最大的方向作为信号的到达方向。

(2) ESPRIT 算法

与 MUSIC 算法类似，ESPRIT 也是基于阵列的信号处理技术，但它具有计算量较小、实现简便等优势。ESPRIT 算法的核心思想是利用阵列阵元之间的旋转不变性，通过特征值分解和矩阵运算来估计信号的到达方向[25]。依旧假设有一个由多个天线阵列组成的阵列系统，如图 4-4 所示。接收信号形式以及从接收到的信号矩阵中提取出信号子空间和噪声子空间的方法与 MUSIC 算法相同。对协方差矩阵进行特征分解，将其分解为信号子空间 $\boldsymbol{U}_s$ 和噪声子空间 $\boldsymbol{U}_n$：

$$\boldsymbol{R}=\boldsymbol{U}_s\boldsymbol{\Sigma}_s\boldsymbol{U}_s^{\mathrm{H}}+\boldsymbol{U}_n\boldsymbol{\Sigma}_n\boldsymbol{U}_n^{\mathrm{H}} \tag{4-5}$$

式中，$\boldsymbol{\Sigma}_s$ 和 $\boldsymbol{\Sigma}_n$ 分别是信号子空间和噪声子空间对应的特征值对角矩阵。

为了利用阵列的旋转不变性，ESPRIT 算法将阵列分为两个子阵列。这两个子阵列通常通过选择相邻的阵列元素来构建。例如，假设阵列有 N 个阵元，可以将前 $N-1$ 个阵元作为第一个子阵列，其信号子空间为 E_x；后 $N-1$ 个阵元作为第二个子阵列其信号子空间为 E_y。

根据旋转不变性，两个子阵列的信号子空间满足以下关系：

$$E_y=E_x\boldsymbol{\Phi} \tag{4-6}$$

式中，$\boldsymbol{\Phi}$ 是信号相位变化矩阵，与待估计的参数相关。

结合上述关系，可以得到

$$E_x^{\mathrm{H}}E_y=E_x^{\mathrm{H}}E_x\boldsymbol{\Phi} \tag{4-7}$$

进一步化简为

$$\boldsymbol{\Psi}=E_x^{\mathrm{H}}E_y \tag{4-8}$$

式中，$\boldsymbol{\Psi}$ 的对角线元素为 $\boldsymbol{\Phi}$ 的特征值。

通过求解 $\boldsymbol{\Psi}$ 的特征值，可以得到信号源的到达方向。首先对 $\boldsymbol{\Psi}$ 进行特征值分解，得到特征值 λ_i。然后根据特征值计算信号源的方位角：

$$\theta_i=\arcsin\left(\frac{\lambda_i}{2\pi d/\lambda}\right) \tag{4-9}$$

式中，d 是阵元间距，λ 是信号波长。

在了解了MUSIC算法和ESPRIT算法之后,再将这些信号角度估计技术应用于通信与导航一体化松耦合系统,这些算法的高精度角度估计功能对于优化系统的波束成形和信号接收质量也是有益的,可有效提升系统在复杂环境中的定位精度和通信效率。

4.5 组合导航

单一的定位技术往往受到多种限制,尤其在城市环境中,由于卫星信号易受楼宇和桥梁等障碍物的阻挡,单一卫星导航系统的定位精度和鲁棒性会受到严重影响;基站、Wi-Fi等系统在复杂环境下具有更好的信号覆盖,但无线信号质量易受环境影响;惯导具良好的稳定性,但其连续测量时误差会累积,影响整体定位精度。由于不同技术有各自的优势和局限性,因此,可以将不同的定位系统的测量值或定位结果相互融合,形成多源组合导航系统,以便根据环境条件和可用技术的优势,动态选择最合适的定位方法;或者将多种方法进行融合,获得更准确、更可靠的定位结果。

在实际应用中,我们可以将5G、Wi-Fi等通信系统的测量值或定位结果相互融合,或将其与其他系统(如卫星定位等)的测量值或定位结果组合,由于这类组合导航对现有系统无须做出较大改变,因此很容易实现通导一体化的松耦合。

在组合导航中经常使用卡尔曼滤波器,下面介绍一下卡尔曼滤波原理。

考虑一个马尔可夫过程:

$$\boldsymbol{\Phi}_k = \boldsymbol{A}\boldsymbol{\Phi}_{k-1} + n_{P,k} \tag{4-10}$$

式中,$\boldsymbol{\Phi}$表示系统的状态矩阵,$\boldsymbol{A}$是系统的状态转移矩阵,n_P表示过程噪声,k表示历元时刻。测量方程为

$$\boldsymbol{\Phi}_{m,k} = \boldsymbol{C}\boldsymbol{\Phi}_k + n_{\Phi,k} \tag{4-11}$$

式中,$\boldsymbol{C}$是测量矩阵,n_Φ是测量噪声。假设n_P和n_Φ是高斯噪声,初始概率密度函数符合高斯分布,那么卡尔曼滤波过程为

$$一步预测:\hat{\boldsymbol{\Phi}}_k = \boldsymbol{A}\breve{\boldsymbol{\Phi}}_{k-1} \tag{4-12}$$

$$预测噪声协方差:P_{KF,k|k-1} = \boldsymbol{A}P_{KF,k-1}\boldsymbol{A}^{\mathrm{T}} + P_P \tag{4-13}$$

$$卡尔曼增益:K_k = P_{KF,k|k-1}\boldsymbol{C}^{\mathrm{T}}(\boldsymbol{C}P_{KF,k|k-1}\boldsymbol{C}^{\mathrm{T}} + P_\Phi)^{-1} \tag{4-14}$$

$$最优估计:\breve{\boldsymbol{\Phi}}_k = \hat{\boldsymbol{\Phi}}_k + K_k(\boldsymbol{\Phi}_{m,k} - \boldsymbol{C}\hat{\boldsymbol{\Phi}}_k) \tag{4-15}$$

$$更新协方差:P_{KF,k} = (I - K_k\boldsymbol{C})P_{KF,k|k-1} \tag{4-16}$$

下面介绍一种基于可信度的多源定位数据融合方法[27]。该方法通过联邦卡尔曼滤波器对多系统进行融合,联邦卡尔曼滤波器由N个子滤波器和1个主滤波器构成,如图4-5所示。子滤波器分别对不同系统的定位结果进行卡尔曼滤波,得到局部最优估

计 X_i 及局部误差协方差矩阵 P_i，其中 i 表示第 i 个子系统；主滤波器将 X_i、P_i 与全局状态信息 X_M、P_M 进行融合，得到全局最优估计 X 及全局估计误差 P；最后主滤波器将 X、P 反馈给各子滤波器，同时利用信息分配因子 β_i 分别对各子滤波器进行加权。

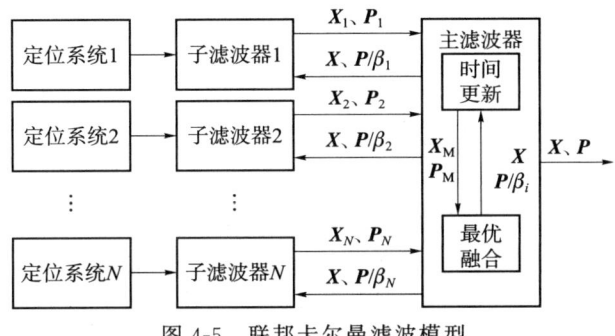

图 4-5 联邦卡尔曼滤波模型

采用融合-反馈模式联邦卡尔曼滤波器，信息融合过程可分为信息分配、时间更新、测量更新及信息融合 4 个过程。信息分配过程是在 N 个子滤波器和主滤波器之间分配系统信息：

$$\left.\begin{aligned} \boldsymbol{P}_{i,k} &= \beta_i^{-1} \boldsymbol{P}_k \\ \boldsymbol{Q}_{i,k} &= \beta_i^{-1} \boldsymbol{Q}_k \quad (i=1,2,\cdots,N) \\ \widehat{\boldsymbol{X}}_{i,k} &= \widehat{\boldsymbol{X}}_k \end{aligned}\right\} \tag{4-17}$$

式中，下标 k 表示状态更新历元，Q 表示过程噪声协方差矩阵，β 表示信息分配因子，并满足信息守恒定理：

$$\sum_{i=1}^{N} \beta_i = \boldsymbol{I} \tag{4-18}$$

式中，I 表示单位矩阵。时间更新过程对各子滤波器及主滤波器的状态信息进行更新：

$$\boldsymbol{X}_k = \boldsymbol{A}\boldsymbol{X}_{k-1} + \boldsymbol{V}_{k-1} \tag{4-19}$$

$$\boldsymbol{P}_{k|k-1} = \boldsymbol{A}\boldsymbol{P}_{k-1}\boldsymbol{A}^{\mathrm{T}} + \boldsymbol{Q} \tag{4-20}$$

式中，V 表示过程噪声。测量更新只在各子滤波器中进行：

$$\boldsymbol{P}_k = (\boldsymbol{P}_{k|k-1}^{-1} - \boldsymbol{C}^{\mathrm{T}}\boldsymbol{R}^{-1}\boldsymbol{C})^{-1} \tag{4-21}$$

式中，R 表示测量噪声协方差矩阵，最后将各子滤波器得到的局部最优滤波进行信息融合，得到全局最优滤波：

$$\begin{cases} \widehat{\boldsymbol{X}} = \boldsymbol{P} \sum_{i=1}^{N} \boldsymbol{P}_i^{-1} \widehat{\boldsymbol{X}}_i \\ \boldsymbol{P} = \left(\sum_{i=1}^{N} \boldsymbol{P}_i^{-1}\right)^{-1} \end{cases} \tag{4-22}$$

由于各系统的测量误差是不同的，而测量误差大小会影响联邦卡尔曼滤波器的权值分配,并最终影响融合定位精度。因此,需要利用某种方法对各个子系统的定位结果 $\gamma_{i,k}$ 进行可信度评价,并分配信任因子 $\gamma_{i,k}$。信任因子越大,说明子系统的定位结果越可信,在联邦卡尔曼滤波时应分配更高的信息量,因此将信任因子作为信息分配因子代入联邦卡尔曼滤波器,以便进行最优信息融合,如图4-6所示。

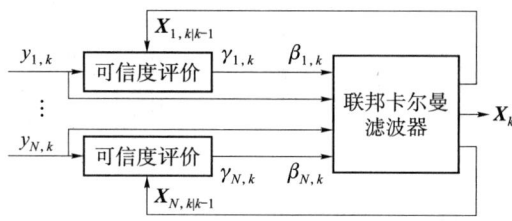

图 4-6　多源定位数据融合模型

各子系统的定位误差是时变的,当某一系统误差较大,则可信度较低,反之较高。各子系统的测量误差 w 满足:

$$w_{i,k}=y_{i,k}-\boldsymbol{C}_i x_{i,k} \tag{4-23}$$

式中,y 为测量值,x 为系统的真实状态。实际中只能得到真实状态的一步预测值 $\widehat{x}_{i,k|k-1}$,因此测量误差的估计值满足:

$$\widehat{w}_{i,k}=y_{i,k}-\boldsymbol{C}_i \widehat{x}_{i,k|k-1} \tag{4-24}$$

式中,包含建模及滤波误差,不能直接将其用于联邦卡尔曼滤波,否则很容易导致滤波发散。用全局状态估计替换各子系统的状态估计,得到相对测量误差:

$$\widehat{w}'_{i,k}=y_{i,k}-\boldsymbol{C}_i \widehat{x}_{M,k|k-1} \tag{4-25}$$

式中,$\widehat{w}'_{i,k}$ 表示以全局一步预测为参考,子系统测量值偏离参考测量值的大小,若其方差阵 $\widehat{\boldsymbol{R}}'_{i,k}$ 越大,说明系统 i 在历元 k 的测量值偏离参考测量值越远。则将信任因子定义为

$$\gamma_{i,k}=\frac{1/\widehat{\boldsymbol{R}}'_{i,k}}{\sum_{j=1}^{N}(1/\widehat{\boldsymbol{R}}'_{j,k})} \tag{4-26}$$

由于 $\widehat{w}'_{i,k}$ 存在误差,因此 $\gamma_{i,k}$ 也存在误差,设 $\boldsymbol{R}_{i,k}$ 为子系统 i 在历元 k 的真实测量误差方差阵,则 $\gamma_{i,k}$ 的误差为

$$\Delta_\gamma(i,k)=\frac{1/\boldsymbol{R}_{i,k}}{\sum_{j=1}^{N}(1/\boldsymbol{R}_{j,k})}-\frac{1/\widehat{\boldsymbol{R}}'_{i,k}}{\sum_{j=1}^{N}(1/\widehat{\boldsymbol{R}}'_{j,k})} \tag{4-27}$$

由式(4-25)可得:

$$\begin{aligned}\widehat{w}'_{i,k}&=y_{i,k}-\boldsymbol{C}_i\boldsymbol{A}\widehat{x}_{M,k-1}=y_{i,k}-\boldsymbol{C}_i[\overline{\boldsymbol{A}}_k+\Delta_A(k)][x_{k-1}+\Delta_x(k-1)]\\&=w_{i,k}-\boldsymbol{C}_i[\overline{\boldsymbol{A}}_k\Delta_x(k-l)+\Delta_x(k)x_{k-1}+\Delta_x(k)\Delta_x(k-1)]\end{aligned} \tag{4-28}$$

式中,$\bar{\boldsymbol{A}}_k$ 为历元 k 的真实状态转移矩阵,$\Delta_A(k)$ 为状态建模误差,x_{k-1} 为历元 $k-1$ 的真实位置,$\Delta_x(k-1)$ 为位置误差。令:

$$\Delta_{i,w}(k)=\boldsymbol{C}_i[\bar{\boldsymbol{A}}_k\Delta_x(k-1)+\Delta_A(k)x_{k-1}+\Delta_A(k)\Delta_x(k-1)] \quad (4-29)$$

当各子系统的测量矩阵相同时有:

$$\widehat{w}'_{i,k}=w_{i,k}-\Delta_w(k) \quad (4-30)$$

式中,$w_{i,k}$ 与 $\Delta_w(k)$ 的大小关系是随机的,由式(4-27)可以看出,$\Delta_\gamma(i,k)$ 不仅与系统 i 的误差相关,还和其他系统的误差相关。为了分析方便,设:

$$\begin{cases} w_{i,k}=a\Delta_w(k) & (a\in R) \\ w_{j,k}=b\Delta_w(k) & (b\in R, j\neq i) \end{cases} \quad (4-31)$$

由式(4-27)、式(4-30)、式(4-31)可得:

$$\Delta_\gamma(i,k)=\frac{(N-1)(a-b)(2ab-a-b)}{[(N-1)a^2+b^2][(N-1)(a-1)^2+(b-1)^2]} \quad (4-32)$$

注意此时 $\Delta_\gamma(i,k)$ 退化为标量,它只与 N、a、b 此 3 个参数有关,$N=2$ 时的误差曲线如图 4-7 所示。将曲线中的 2 个峰值称为"信任陷阱",它们出现在以下 2 种情况:

(1) a 在 0 且 b 在 1 附近,即 $w_{i,k}\approx 0$ 且 $w_{j,k}\approx\Delta_w(k)$;

(2) a 在 1 且 b 在 0 附近,即 $w_{i,k}\approx\Delta_w(k)$ 且 $w_{j,k}\approx 0$。

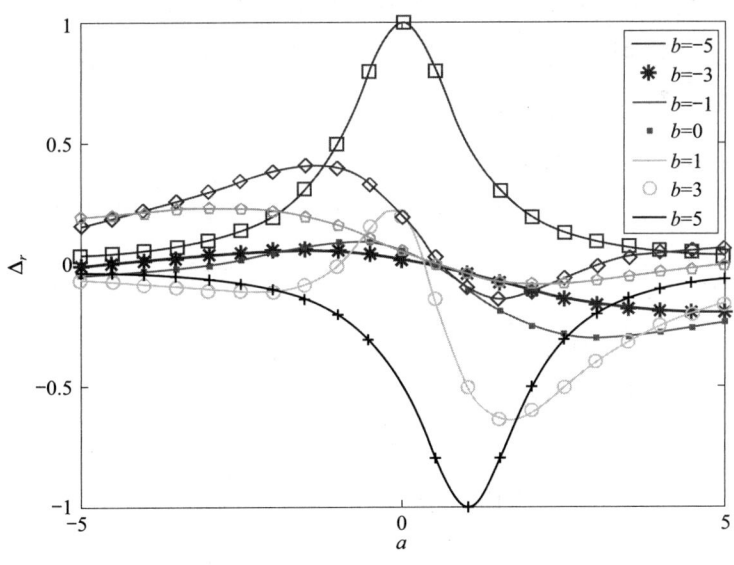

图 4-7 信任因子误差曲线($N=2$)

当 $N=2$ 时上述 2 种情况等价。以情况(1)为例,若 $w_{i,k}=0$,说明在历元 k,子系统 i 的测量误差恰好为 0,但由于式(4-30),测量误差的估计 $\widehat{w}'_{i,k}\neq 0$;而此时若 $w_{j,k}=\Delta_w(k)$,则 $\widehat{w}'_{j,k}=0$。这样系统就会误以为子系统 j 没有误差,而 i 有误差,即与实际情况完全相反。但在信任陷阱之外,误差曲线迅速下降,若以 ± 0.2 为门限,则信任陷阱的

宽度约在 $2\Delta_w(k)$ 以内。由于滤波器正常工作时 $\Delta_w(k)$ 较小,因此大部分时间内有 $\Delta_\gamma(i,k)<0.2$ 成立。而即使 $\Delta_\gamma(i,k)$ 落入信任陷阱,由于此时 $w_{i,k}$ 和 $\Delta_w(k)$ 均较小,可认为各子系统都是较为精确的,信息分配因子此时的重要性便有所降低。由式(4-31)还可得出,当 N 增大时,信任陷阱越窄,误差下降速率越大,即子系统越多,信任因子的抗噪能力越强。

下面评估一下上述滤波方法的性能,在传统滤波评价方法中,是将滤波误差与各子系统的测量误差进行对比,但当系统增多时,这种分别评价滤波效果的方法是十分不方便的,而且信息融合过程得到的结果受各子系统共同影响,单一系统的变化与最终融合结果的变化没有可比性。另外,滤波结果与滤波器结构、滤波器参数和滤波器输入等很多因素有关,正确表征它们对滤波效果的影响,是十分重要的。为此定义"滤波器-激励-参数(Filter-Stimuli-Parameters,FSP)函数"及"最优滤波比"等参数对滤波效果进行评价。首先分别从滤波器参数、结构、激励等角度作如下定义:

定义 1 $m\in Z^+$ 设滤波器 F 的特性由参数 $b_1,b_2,\cdots,b_m$ 决定,其中 $m\in Z^+$,则称向量 $\boldsymbol{b}_F=[b_1,b_2,\cdots,b_m]$ 为滤波器 F 的参数向量。若集合 $B_F=[\boldsymbol{b}_{Fi}|i=1,2,\cdots,N;N\in Z^+]$,则称 B_F 为滤波器 F 的参数空间。当 B_F 包含了所有使滤波器有意义的参数向量时,称 B_F 为滤波器 F 的完全参数空间。

定义 2 记 $F(\boldsymbol{b}_i)$ 为参数向量 $\boldsymbol{b}_{Fi}$ 所对应的滤波器,则称集合 $F_B=\{F(b_i)|i=1,2,\cdots,N;N\in Z^+\}$ 为滤波器 F 关于参数空间 B_F 的同源异参滤波器族。若 y 表示滤波器输入,$\widehat{x}$ 表示滤波器输出,则称集合 $\widehat{X}(y,B_F)=\{\widehat{x}(y,\boldsymbol{b}_{Fi})|i=1,2,\cdots,N;N\in Z^+\}$ 为激励 y 关于滤波器族 F_B 的响应。

定义 3 设 x 为系统的真实状态,C 为测量矩阵,w 为测量噪声,若测量值 y 满足关系式:

$$y=Cx+w=\bar{y}+w \tag{4-33}$$

则称 $\bar{y}$ 为理想测量值。并称集合 $Y=\{y_j=\bar{y}+w_j|j=1,2,\cdots,K;K\in Z^+\}$ 为同宗测量族,其中 w_j 是随机过程 $\{W(t)\}$ 的 1 个样本函数。

定义 4 设 x 为系统的真实状态,$\widehat{X}(y_j,B_F)$ 为激励 y_j 关于滤波器族 F_B 的响应,y_j 是同宗测量族 Y 中的 1 个样本函数,则误差方差阵满足关系式:

$$P(y_j,B_F)=E\{[x-\widehat{X}(y_j,B_F)][x-\widehat{X}(y_j,B_F)]^T\} \tag{4-34}$$

若 $\lim_{j\to\infty}E[\sqrt{P(y_j,B_F)}]$ 存在且:

$$\delta(Y,B_F)=\lim_{j\to\infty}E[\sqrt{P(y_j,B_F)}]=\alpha(\alpha\in R) \tag{4-35}$$

则称 $\delta(Y,B_F)$ 为在同宗测量族 Y 激励下,且在参数空间 B_F 下的条件滤波误差标准差函数,简记为 FSP(Filter-Stimuli-Parameters)函数。

FSP 函数是一个关于同宗测量族 Y 与参数空间 B_F 的函数,另外,在参数空间中还隐含了滤波器结构项,因此它是一个三元函数。FSP 函数实质是一系列滤波误差的标准差,它反映了滤波估计值偏离真实值的大小及稳定度。FSP 函数提供了一个衡量滤波效果的依据,并分别从它的 3 个自变量角度对滤波效果进行了表征。

(1) 从激励角度:根据滤波器应用环境不同,往往施加不同的激励。例如对于城市环境下的定位结果,往往符合低动态高噪声的激励模型;而对于某些应用,可能符合高动态低噪声的激励模型。因此针对不同的激励来衡量滤波器效果是十分有必要的,同样结构同样参数的滤波器面对不同激励,往往效果不一定相同。

(2) 从滤波器结构角度:不同的滤波器结构会产生不同的滤波效果,例如一般会认为卡尔曼滤波比最小二乘滤波效果好。但是面对同样的激励,可以利用 FSP 函数定量衡量两者的滤波效果。

(3) 从滤波器参数角度:同种滤波器结构下,不同滤波参数往往会带来很大差异,有必要对滤波器在各种参数下的滤波效果进行评判。

在本节所介绍的滤波模型中,滤波器结构已经确定,而施加的激励就是各子系统的定位结果,并可将定位结果建模成低动态高噪声模型,以尽量符合城市应用环境。因此可以利用 FSP 函数衡量在不同滤波器参数下的滤波效果。为了衡量方便,可定义"最优滤波误差"及"最优滤波比"等概念:

定义 5 对于一个给定的 FSP 函数 $\delta(Y,B_F)$,若 $\delta(Y,B_F)$ 存在下确界 ψ_{FSP},则称 ψ_{FSP} 为在同宗测量族 Y 激励下,且在参数空间 B_F 下的最优滤波误差。并称式

$$\xi_{\text{FSP}}(b_{Fi}) = \frac{\psi_{\text{FSP}}}{\delta(Y,b_{Fi})} \tag{4-36}$$

为最优滤波比。

实际应用中,当 FSP 函数自变量定义域不同时,最优滤波误差的绝对大小可能不尽相同,但利用最优滤波比可以衡量滤波误差与最优误差间的相对大小。$0 < \xi \leqslant 1$,ξ 越接近 1 说明滤波效果越接近理想情况。

以两系统融合为例,仿真分为 4 个场景,每个场景持续 50 s:

场景 1 接收机以 5 m/s 匀速运动。系统 1 与系统 2 的测量噪声分别符合均值为 0,标准差为 3 m 与 5 m 的高斯噪声。

场景 2 接收机运动状态不变。系统 1 由于受到信号遮挡等因素影响,测量噪声标准差变为 10 m,系统 2 噪声特性不变。

场景 3 接收机以 2 m/s^2 的加速度进行 25 s 的匀加速运动,再以 -1 m/s^2 的加速度进行 25 s 的匀减速运动。各子系统噪声特性不变。

场景 4 接收机以 30 m/s 进行匀速运动。系统 1 的测量噪声标准差变为 3 m,系统 2 噪声特性不变。

从图 4-8 所示的仿真结果可以看出,滤波误差一直稳定在 0 附近,且波动较小;在系

统 1 的误差增大后及场景 3 的匀加速过程中,系统滤波误差均没有明显恶化,波动幅度仅稍有增大,但仍保持较低水平。

分别用标准联邦卡尔曼滤波算法、本节介绍的算法及理想滤波方法(分别记为算法 1、算法 2、算法 3),利用 FSP 函数及最优滤波比对滤波结果进行定量分析。其中理想滤波方法根据各场景实际施加的噪声来确定滤波器噪声方差,且信息分配因子根据真实定位误差确定,这种方法在实际应用中是不可实现的,这里根据它近似得到最优滤波误差。

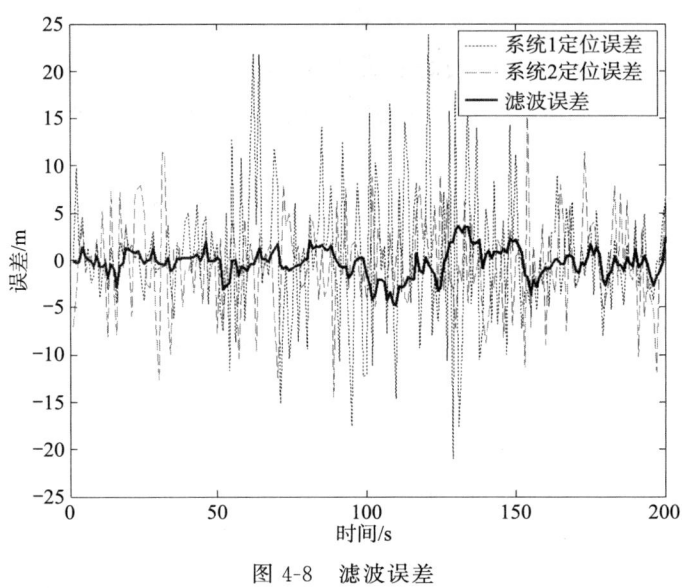

图 4-8 滤波误差

从表 4-1 实验结果中可得,在 4 种场景下,由本节算法得到的 FSP 函数值均介于算法 1 和算法 3 之间。从最优滤波比可以看出:在场景 1 中,由于根据经验值设定的滤波器噪声参数与实际噪声基本吻合,算法 1 和算法 2 的滤波效果相当;但当场景 2 中实际测量噪声发生变化后,算法 1 的最优滤波比下降了近 42%,而本节算法只下降了不到 10%,因此本节算法对噪声的波动有很强的抵抗能力;接收机匀加速运动后,算法 1 的最优滤波比几乎没变化,本节算法下降 7%,这是因为匀加速带来的建模误差导致 $\Delta_w(k)$ 增大,从而导致信任陷阱变宽,全局滤波误差增大,但本节算法的最优滤波比仍比算法 1 高 36%;在场景 4 的高速运动中,3 种算法均回到了场景 1 的误差水平。

表 4-1 滤波效果对比

滤波方法		算法 1	算法 2	算法 3
FSP 函数值/m	场景 1	1.133	1.065	0.857
	场景 2	3.044	1.844	1.339
	场景 3	3.621	2.311	1.562
	场景 4	1.088	1.028	0.798

续表

滤波方法		算法1	算法2	算法3
最优滤波比	场景1	0.756	0.805	1
	场景2	0.440	0.726	1
	场景3	0.431	0.676	1
	场景4	0.733	0.776	1

另外，如果用传统的滤波效果评价方法，本节算法在场景2的滤波误差比场景1恶化了近1倍。但由于真实噪声的增大，理想算法的滤波效果也要恶化近1倍，因此单纯从滤波误差绝对值来评判滤波效果是片面的。由此可以看出利用FSP函数和最优滤波比来评价滤波效果的优越性。

上述方法既可以用于通信与定位系统的组合(如5G和北斗组合导航)，也可以用于没有通信系统的情况，是一种相对较为通用的组合导航方法。

4.6 协同定位

与组合导航只依赖终端自身的传感器数据进行定位不同，协同定位通过多个设备或节点的相互协作，共同完成定位任务。在这种方法中，每个设备还会利用其他设备的信息来提高定位精度。协同定位的核心在于设备之间的合作和信息共享，是一种通过多设备协作、相互测量并整合信息以提高定位精度的方法。

在现代通信网络中，特别是在5G系统中，端到端(Device to Device，D2D)通信得到了长足发展，利用D2D通信网络，可同时对移动终端(Mobile Terminal，MT)之间的相对距离和角度进行测量，从而实现高精度的协同定位。注意仅靠D2D测量通常只能提供相对位置信息，而绝对位置的确定则需要整合5G或GNSS等其他定位系统的数据。本节将介绍一种将GNSS和5G D2D测量组合在一起从而实现协同定位的方法[28]。首先通过介绍一种交叉多路测距(Crossover Multiple-Way Ranging，CO-MWR)协议，大幅降低D2D测量对传统通信网信令的占用；其次介绍一种基于粒子滤波(Particle Filter，PF)的GNSS/5G协同定位方案。

图4-9所示为一种典型的GNSS与5G D2D协同定位网络，MT除了与基站(Base Station，BS)通信外，还能相互进行D2D通信和距离/角度的测量。当一台MT需要与另一台MT建立D2D通信时，首先通过控制链路进行D2D设备搜索、链路评估、资源分配等相关流程，然后建立D2D通信的数据链路，并传输数据。但D2D定位与D2D通信存在一定的差异：①一台MT希望能"同时"与尽可能多的MT进行D2D定位测量，而D2D

通信仅支持一对连接；②协同定位中用户需要通过频繁的 D2D 测量来周期性地解算定位结果，而 D2D 通信往往只需要一次连接来传输数据；③协同定位时，两个 MT 之间仅需交换少数参数，如距离/角度测量值、GNSS 输出、统计数据等，而在 D2D 通信中，往往需要传输大量数据，如语音、音频、视频数据等，因此定位所需的数据量一般远少于通信。

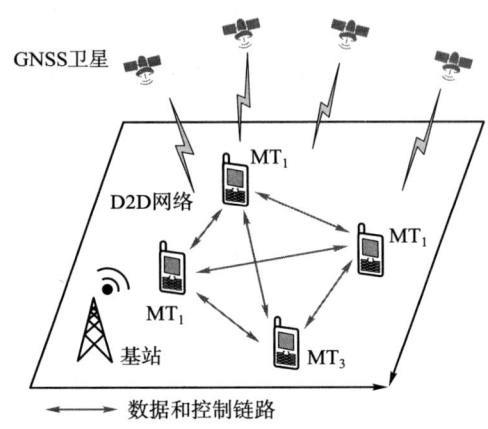

图 4-9　GNSS/5G D2D 协同定位网络

由于 D2D 测量与 D2D 通信存在以上差异，如果通过数据链路来进行 D2D 定位测量会消耗大量的通信资源，这是因为建立 D2D 通信需要消耗大量的资源和时间，在连接建立后又只需要传输很少的数据量，随后连接将被释放以进行下一对 D2D 定位测量。因此，使用控制链路来进行 D2D 定位测量是更高效的方案。

在 D2D 网络中，常使用双向测距（Two Way Ranging，TWR）方法进行信号测量，其流程如图 4-10(a)所示。一个 MT 通过控制链路发送一个导频信号到另一个 MT，接收 MT 接收到信号后，回复一个响应信号，发起 MT 测量信号从发送到接收的传播时间，然后利用信号往返时间和已知的信号传播速度计算两个 MT 之间的距离。假设请求和响应帧的传播时间相同，则两个 MT 之间的距离可以表示为

$$d^{(ij)} = \frac{1}{2}\left[\left(\frac{t_r^{(ij)} - t_t^{(i)}}{s^{(i)}}\right) - \left(\frac{t_t^{(j)} - t_r^{(ji)}}{s^{(j)}}\right)\right]c \tag{4-37}$$

式中，t_t 是发送时间，t_r 是接收时间，j 是时钟偏移，c 是光速。注意此距离是由 MT_i 测量的，如果 MT_j 也需要测量，则需要另一轮 TWR 帧的传输，即需要传输 $2N(N-1)$ 帧，其中 N 是定位网络中 MT 的数量。

当网络中 MT 数量较多时，上述方法需要消耗大量的导频资源进行 D2D 测量，为了降低资源消耗并节省终端功耗，可利用交叉多路测距（CO-MWR）协议对上述测量过程进行优化，如图 4-10(b)所示。当网络中存在定位请求时，网络中的 MT 将在相同的时间发送一个交叉帧（Crossover Frame，CF），该帧可由 GNSS 的 1PPS（One Pulse Per Second，秒脉冲）信号同步。需要注意的是，由于 GNSS 授时存在误差，MT 之间的绝对

发送时间是异步的。接收到 CF 后，MT 不会立即响应，它们将等待一个已知的时间间隔 Δ_T 后再发送另一个 CF，这样，两个 MT 之间的距离可由式(4-38)、式(4-39)得到：

$$d^{(ij)} + n_d^{(ji,\gamma)} = \left[\left(\frac{t_r^{(ji,\gamma)} - o^{(i)}}{s^{(i)}}\right) - \left[\frac{(\gamma-1)\Delta_T - o^{(j)}}{s^{(j)}}\right]\right]c \quad (4\text{-}38)$$

$$d^{(ij)} + n_d^{(ji,\gamma)} = \left[\left(\frac{t_r^{(ji,\gamma)} - e^{(j)}}{s^{(j)}}\right) - \left[\frac{(\gamma-1)\Delta_T - o^{(i)}}{s^{(i)}}\right]\right]c \quad (4\text{-}39)$$

式中，n_d 是测距误差，o 是时间偏移，注意 TWR 协议中不存在这个时间偏移，这是因为它在发送和接收时间作差的过程中被抵消掉了。$\gamma = 1,2,\cdots,\Gamma$ 是位置更新周期内的 D2D 测量编号。由于接收时间是本地时间，首先需将其转换为绝对时间。同时，式(4-38)、式(4-39)中并不包含信号发送时间，而是被时间间隔所替代，由于信号是基于本地时钟发送的，因此也需要将其转换为绝对时间。

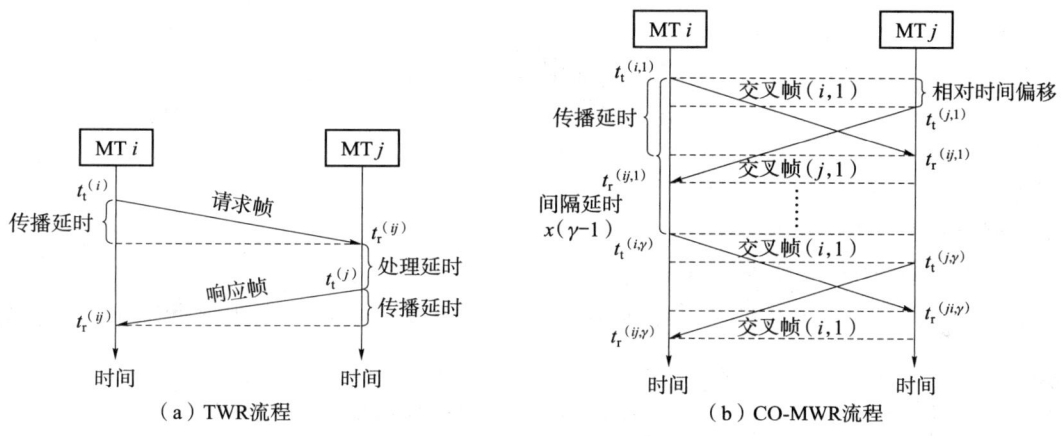

图 4-10 TWR(双向测距)和 CO-MWR(交叉多向测距)流程

与 TWR 不同，在 CO-MWR 协议中，所有的 MT 都可以通过任何 CF 对测量距离和角度信息，而无须额外的测量帧，这是因为时间戳不需要在 MT 之间交换，需要交换的只有信号的接收时间。假设 CO-MWR 中 CF 对的数量设为 Γ，则需要 ΓN 个交叉帧，图 4-11 所示为 TWR 和 CO-MWR 在测量精度和资源消耗上的比较，可以看到两者都随 Γ 的增加而提升。由于 TWR 需要 $2N(N-1)$ 帧，因此当 $\Gamma < 2(N-1)$ 时，CO-MWR 的资源消耗更少(图 4-11 中的区域 1 和区域 3)。此外，当 $\Gamma > 2$ 时(图 4-11 中的区域 1 和区域 2)，CO-MWR 获得更高的 D2D 测量精度。因此，当 $2 \leqslant \Gamma \leqslant 2(N-1)$ 时，CO-MWR 在测量精度和资源消耗上具有与 TWR 相同或更好的性能。另外，如果让 TWR 的测量精度与 CO-MWR 相当，则 TWR 需要 $\Gamma N(N-1)$ 帧(Γ 是偶数)，所以在这种条件下，只要 $N > 2$，CO-MWR 总是比 TWR 表现更好，因为 ΓN 总是小于 $\Gamma N(N-1)$。

基于上述测量流程，可以通过粒子滤波融合 GNSS 和 5G D2D 的测量值，以实现比单一系统更精确和鲁棒的定位。我们假设所有的 MT 都参与到定位中，对于特定的

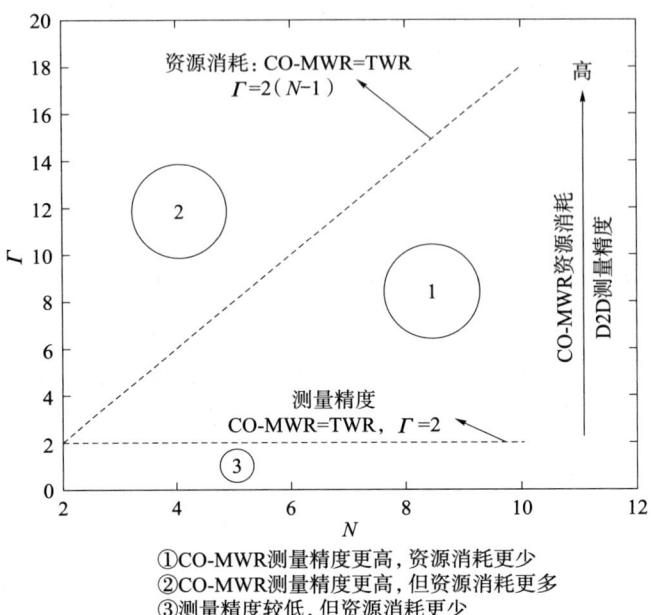

①CO-MWR测量精度更高，资源消耗更少
②CO-MWR测量精度更高，但资源消耗更多
③测量精度较低，但资源消耗更少

图 4-11　TWR 和 CO-MWR 测量精度和资源消耗对比

MT，输入信息包括：① 它自己的 GNSS 定位结果；②其他 MT 在上一次协同定位时的定位结果；③D2D 的距离和角度测量值。

粒子滤波是一种基于蒙特卡洛方法的递归贝叶斯滤波技术，常用于非线性、非高斯动态系统的状态估计，它通过一组随机样本（粒子）来近似概率分布，并利用这些粒子对系统状态进行估计。当粒子数量无限时，由这些粒子得出的后验概率将是真实的后验概率。有限的粒子情况下，在时刻 k 的后验概率近似为

$$p(x_k|y_{1:k}) \approx \sum_{m=1}^{N_p} w_k(m)\delta(x_k - px_k(m)) \tag{4-40}$$

式中，x 是状态值，y 是测量值，px 是粒子，$w(m)$ 是每个粒子的归一化权重，$\delta(\cdot)$ 是狄拉克 δ 函数，N_p 是粒子的数量。根据序贯贝叶斯理论，时刻 k 的后验概率由测量的似然函数、预测状态的分布以及前一时刻的后验概率决定，因此，如果我们知道状态的初始先验分布 $p(x_0)$，就可以递归计算后验概率，如式(4-41)所示：

$$p(x_k|y_{1:k}) \propto p(y_k|x_k)p(x_k|x_{k-1}) \cdot p(x_{k-1}|y_{1:k-1}) \tag{4-41}$$

由于后验概率通常难以直接用粒子采样得到，因此选择一个已知分布 q 来逼近后验概率：

$$q(x_k|y_{1:k}) = q(x_k|x_{k-1},y_k)q(x_{k-1}|y_{1:k-1}) \tag{4-42}$$

此时，粒子的归一化权重为

$$w_k(m) \propto \frac{p(x_k|y_{1:k})}{q(x_k|y_{1:k})} \propto \frac{p(y_k|x_k)p(x_k|x_{k-1})}{q(x_k|x_{k-1},y_k)} w_{k-1}(m) \tag{4-43}$$

式中,$q(x_k|x_{k-1},y_k)$被称为重要性分布。随着滤波的进行,大多数粒子的权重将会趋近于零,而少数粒子的权重趋近于一,这就造成了粒子退化问题。为了避免这种现象,我们可以增加粒子的数量,但增加粒子数量会导致更大的计算量。实际滤波过程中,可以对粒子进行重采样,保留权重较高的粒子并丢弃权重较低的粒子。重采样后,每个粒子将具有相同的权重。在实际应用中,重要性分布通常选择为$q(x_k|x_{k-1},y_k)=p(x_k|x_{k-1})$,此时权重因子变为$w_k(m) \propto p(y_k|x_k)$,滤波结果为

$$\hat{x}_k = \frac{1}{N_p} \sum_{m=1}^{N_p} p x_k(m) \tag{4-44}$$

在 GNSS、5G D2D 协同定位过程中,用 $\mathcal{M}$ 表示网络中 MT 的集合,$\mathcal{N}^{(i \in \mathcal{M})}$ 表示 MT_i 可见的 MT 集合。定义 $\mathcal{N}^{(i2)}$ 表示 $\mathcal{N}^{(i)} \cup i$,此时有 $\mathcal{N}^{(i)} \subset \mathcal{N}^{(i2)} \subseteq \mathcal{M}$。用 $\mathfrak{J}=\{\gamma | \gamma=1,2,\cdots,\Gamma\}$ 表示定位更新周期内的 CF 集合,k 表示 GNSS 输出时间。如果 $j \in \mathcal{N}^{(i)}$,则 $i\mathcal{N}^{(i)}$ 代表所有的 ij,即 $i\mathcal{N}^{(i)} \in \{i1, i2, \cdots, ij, \cdots, j \in N^{(i)}\}$,注意此时 $j \neq i$。

协同定位的过程中,将根据 MT_i 在时间 k 之前收集的所有信息,找到 MT 状态 $X^{(i)}$ 的后验分布:

$$\mathrm{bel}(X_k^{(i)}) = p(X_k^{(i)} | \mathcal{J}_{1:k}^{i\mathcal{N}^{(i2)}}), \forall i \in \mathcal{M} \tag{4-45}$$

式中,$\mathcal{J}$ 是在时间 k 收集的信息。$\mathcal{J}_k^{(ii)}$ 包括 MT_i 的 GNSS 测量值 $y_{G,k}^{(i)}$,以及 MT_i 与 $\mathcal{N}^{(i)}$ 中所有 MT_j 之间的 D2D 测量值 $y_{D,k}^{(i\mathcal{N}^{(i)}, \mathfrak{J})}$,这些数据由所有 CF 测量得到。$\mathcal{J}_k^{(ij)}$ 包括时间 $k-1$ 时 MT_j 的估计状态 $\hat{X}_{k-1}^{(j)}$ 及其统计数据,这样,使 $\mathrm{bel}(X_k^{(i)})$ 达到最大的 $X_k^{(i)}$ 就是协同定位的结果。如果给定输入 $\mathrm{bel}(X_{k-1}^{(\mathcal{N}^{(i2)})})$,找到 $\mathrm{bel}(X_k^{(i)})$ 最直接的方法是用粒子绘制联合后验分布。然后,我们将联合后验分布求和为边缘分布,如式(4-46)所示:

$$\mathrm{bel}(X_k^{(i)}) = \int p(X_k^{(\mathcal{N}^{(i2)})} | \mathcal{J}_{1:k}^{i\mathcal{N}^{(i2)}}) \partial X_k^{(\mathcal{N}^{(i)})}$$

$$\propto \int \underbrace{p(y_{G,k}^{(i)}, \hat{X}_{k-1}^{(\mathcal{N}^{(i)})}, y_{D,k}^{(i\mathcal{N}^{(i)}, \mathfrak{J})} | X_k^{(\mathcal{N}^{(i2)})})}_{\text{似然函数}} \underbrace{p(X_k^{(\mathcal{N}^{(i2)})} | X_{k-1}^{(\mathcal{N}^{(i2)})})}_{\text{一步预测}} \underbrace{\mathrm{bel}(X_{k-1}^{(\mathcal{N}^{(i2)})})}_{\text{上一时刻的后验分布}} \partial X_k^{(\mathcal{N}^{(i)})}$$

$$\tag{4-46}$$

上述协同定位算法概括如下:

利用粒子滤波器实现 GNSS/5G D2D 协同定位

输入:初始分布

输出:状态估计值 $\hat{X}_k^{(i)}$

1:对每个粒子 $i=1,2,\cdots,N_p$,从初始分布 $p(X_0^{(\mathcal{N}^{(i2)})})$ 中采样初始状态 $PX_{X_0}^{(\mathcal{N}^{(i2)})}(m)$

2:计算权重并将其归一化

续表

利用粒子滤波器实现 GNSS/5G D2D 协同定位

3: for time slot $k = 1, 2, 3, \cdots,$ do

4: 通过重要性分布对时隙 k 的粒子进行采样：$PX_k^{(\mathcal{N}^{(i2)})}(m) \sim q(X_k^{(\mathcal{N}^{(i2)})} | X_{k-1}^{(\mathcal{N}^{(i2)})})$

5: 计算权重：$\omega_{p,k}^{(\mathcal{N}^{(i2)})}(m) \propto p(y_{G,k}^{(i)}, \hat{X}_{k-1}^{(\mathcal{N}^{(i)})}, y_{D,k}^{(i\mathcal{N}^{(i)},\gamma)} | X_k^{(\mathcal{N}^{(i2)})})$

6: 将权重归一化：$\omega_{p,k}^{(\mathcal{N}^{(i2)})}(m) = \omega_{p,k}^{(\mathcal{N}^{(i2)})}(m) / \sum_{m=1}^{N_p} \omega_{p,k}^{(\mathcal{N}^{(i2)})}(m)$

7: 重采样并更新粒子 $PX_k^{(\mathcal{N}^{(i2)})}(m)$，此时权重变为 $\omega_{p,k}^{(\mathcal{N}^{(i2)})}(m) = \dfrac{1}{N_p}$

8: 将粒子投影到 $\hat{X}_k^{(i)}$ 的维度，新的边缘粒子为 $PX_k^{(i)}(m)$。那么，协同定位的状态估计为 $\hat{X}_k^{(i)} = \dfrac{1}{N_p}\sum_{m=1}^{N_p} PX_k^{(i)}(m)$

9: end for

注意到 $X_k^{(\mathcal{N}^{(i2)})}$ 与 $\mathcal{N}^{(i2)}$ 集合的元素个数有关，因此，状态空间是一个高维变量，这意味着需要大量的粒子来绘制联合分布。由于 MT 通常具有有限的计算资源，使用大量粒子来估计用户状态是不现实的。一种方法是利用多粒子滤波（Multiple Particle Filtering，MPF）技术将高维状态空间分割成几个低维子空间，再利用几个独立的 PF 来进行滤波，但 MPF 无法实质性地减少粒子数量，因为每个独立的 PF 同样需要大量粒子。此外，单独的 PF 将丢失 D2D 测量所携带的约束信息。注意到对于某一 MT，它所关心的是它自己的状态，因此可以通过减少其他 MT 的状态维度来估计待定位 MT 的状态。为此，引入中间状态（Intermediate State，IS）：

$$Z_k^{(ij)} \sim p(z_k^{(ij)} = x_{x,k}^{(j)} - C_r^f(l_k^{(ij)}) | X_{x,k}^{(j)} = x_{x,k}^{(j)}, L_k^{(ij)} = l_k^{(ij)}) \qquad (4\text{-}47)$$

式中，X_x 是 X 中的位置分量，$L_k^{(ij)} = [d_k^{(ij)}, \eta_k^{(ij)}, \theta_k^{(ij)}]^\mathrm{T}$ 分别代表距离、方位角和仰角。$C_r^f(\cdot)$ 是相对到固定坐标的转换：

$$C_r^f(l_k^{(ij)}) = \begin{bmatrix} d_k^{(ij)}\cos(\theta_k^{(ij)})\cos(\eta_k^{(ij)}) \\ d_k^{(ij)}\cos(\theta_k^{(ij)})\sin(\eta_k^{(ij)}) \\ d_k^{(ij)}\sin(\theta_k^{(ij)}) \end{bmatrix} \qquad (4\text{-}48)$$

定义 y_{Gx} 为 y_G 中的位置分量，并且 $y_{Z,k}^{(ij,\gamma)} = y_{Gx,k}^{(j)} - C_r^f(y_{D,k}^{(ij,\gamma)})$。由于测量值 $y_{Gx,k}^{(j)}$ 和 $y_{D,k}^{(ij,\gamma)}$ 是独立的，因此 IS 的后验分布为

$$p(y_{Z,k}^{(ij,\gamma)} | Z_k^{(ij)}) \propto p(y_{Gx,k}^{(j)} | X_{x,k}^{(j)}) * p(-C_r^f(y_{D,k}^{(ij,\gamma)}) | L_k^{(ij)}) \qquad (4\text{-}49)$$

然后，使用以下约束：

$$C_r^f(L_k^{(ij)}) = X_{x,k}^{(j)} - X_{x,k}^{(i)} \qquad (4\text{-}50)$$

这样，IS 的后验分布变为

$$p(y_{Z,k}^{(ij,\gamma)} | Z_k^{(ij)}) \propto p(y_{Gx,k}^{(j)} | X_{x,k}^{(j)}) * p(-C_r^f(y_{D,k}^{(ij,\gamma)}) | X_{x,k}^{(j)} - X_{x,k}^{(i)}) \qquad (4\text{-}51)$$

注意，由于 D2D 网络中 CF 的收发要早于 GNSS 的输出，因此我们并没有 $y_{Gx,k}^{(j)}$ 的真实值，但可以使用上一次的位置估计 $\widehat{X}_{k-1}^{(j)}$ 代替 $y_{Gx,k}^{(j)} = f_k^{(j)}(\widehat{X}_{x,k-1}^{(j)}, u_{k-1}^{(j)})$，其中 $f_k^{(j)}(\widehat{X}_{x,k-1}^{(j)}, u_{k-1}^{(j)}) = A_{G,k}^{(j)} \widehat{X}_{x,k-1}^{(j)} + \Phi_k^{(j)} u_{k-1}^{(j)}$ 是状态转移函数，包含控制输入 $u_{k-1}^{(j)}$（例如速度和加速度）。假设过程噪声远小于测量噪声，此时 $\mathrm{bel}(X_k^{(i)})$ 可以由式(4-52)得到：

$$\mathrm{bel}(X_{x,k}^{(i)}) \propto \int p(y_{Gx,k}^{(i)}, f_k^{(\mathcal{N}^{(i)})}(\widehat{X}_{x,k-1}^{(\mathcal{N}^{(i)})}, u_{k-1}^{(\mathcal{N}^{(i)})}), y_{D,k}^{(i\mathcal{N}^{(i)}, \Im)} \mid X_{x,k}^{(\mathcal{N}^{(i2)})}, u_{k-1}^{(\mathcal{N}^{(i)})})$$

$$\cdot p(X_{x,k}^{(\mathcal{N}^{(i2)})} \mid X_{x,k-1}^{(\mathcal{N}^{(i2)})}, u_{k-1}^{(\mathcal{N}^{(i2)})}) \delta X_{x,k}^{(\mathcal{N}^{(i)})} \mathrm{bel}(X_{x,k-1}^{(\mathcal{N}^{(i2)})})$$

$$\propto \int p(C_r^f(y_{D,k}^{(i\mathcal{N}^{(i)}, \Im)}) \mid X_{x,k}^{(\mathcal{N}^{(i)})} - X_{x,k}^{(i)}) p(f_k^{(\mathcal{N}^{(i)})}(\widehat{X}_{x,k-1}^{(\mathcal{N}^{(i)})}, u_{k-1}^{(\mathcal{N}^{(i)})}) \mid X_{x,k}^{(\mathcal{N}^{(i)})}, u_{k-1}^{(\mathcal{N}^{(i)})})$$

$$\cdot p(X_{x,k}^{(\mathcal{N}^{(i)})} \mid X_{x,k-1}^{(\mathcal{N}^{(i)})}, u_{k-1}^{(\mathcal{N}^{(i)})}) \delta X_{x,k}^{(\mathcal{N}^{(i)})} p(y_{Gx,k}^{(i)} \mid X_{x,k}^{(i)}) p(X_{x,k}^{(i)} \mid X_{x,k-1}^{(i)}, u_{k-1}^{(i)}) \mathrm{bel}(X_{x,k-1}^{(\mathcal{N}^{(i2)})})$$

$$\overset{\approx}{\propto} p(y_{Z,k}^{(i\mathcal{N}^{(i)}, \Im)} \mid Z_k^{(i\mathcal{N}^{(i)})}) p(y_{Gx,k}^{(i)} \mid X_{x,k}^{(i)}) p(X_{x,k}^{(i)} \mid X_{x,k-1}^{(i)}, u_{k-1}^{(i)}) \mathrm{bel}(X_{x,k-1}^{(\mathcal{N}^{(i2)})}) \quad (4\text{-}52)$$

注意到在(4-50)所示的约束条件下，$Z_k^{(ij)}$ 等价于 $X_{x,k}^{(i)}$，因此有

$$p(Z_k^{(ij)} = z_k^{(ij)} \mid X_{x,k}^{(i)} = x_{x,k}^{(i)}) = \begin{cases} 1, & z_k^{(ij)} = x_{x,k}^{(i)} \\ 0, & z_k^{(ij)} \neq x_{x,k}^{(i)} \end{cases} \quad (4\text{-}53)$$

此时 $\mathrm{bel}(X_k^{(i)})$ 为

$$\mathrm{bel}(X_{x,k}^{(i)}) \overset{\approx}{\propto} p(y_{Gx,k}^{(i)}, y_{Z,k}^{(i\mathcal{N}^{(i)}, \Im)} \mid X_{x,k}^{(i)}) \cdot p(X_{x,k}^{(i)} \mid X_{x,k-1}^{(i)}, u_{k-1}^{(i)}) \mathrm{bel}(X_{x,k-1}^{(i)}) \quad (4\text{-}54)$$

从式(4-54)可以看出，无须再去计算算法 1 中的联合分布 $p(y_{G,k}^{(i)}, \widehat{X}_{k-1}^{(\mathcal{N}^{(i)})}, y_{D,k}^{(i\mathcal{N}^{(i)}, \Im)} \mid X_k^{(\mathcal{N}^{(i2)})})$ 了，这意味着在三维坐标系中，计算的维度已经从 $6N$ 减少到 3 了（其中 N 是 $\mathcal{N}^{(i2)}$ 的元素个数）。当然，降维的代价是我们忽略了所有 MT_j 的过程噪声，以及 $X_{x,k-1}^{(i)}$ 对其他 MT 的影响。虽然这些操作会对协同定位的性能产生少许影响，但它可大幅减少粒子滤波的计算复杂度，从而使其更容易在终端中实现。算法流程如下所示：

GNSS/5G D2D 定位组合算法——确定时间参数场景

输入：初始分布

输出：估计值 $\widehat{X}_{x,k}^{(i)}$

1：对每个粒子 $i = 1, 2, \cdots, N_p$，从初始分布 $p(X_{x,0}^{(i)})$ 中采样初始状态 $PX_0^{(i)}(m)$

2：计算权重并将其归一化

3：for time slot $k = 1, 2, 3, \cdots,$ do

4：通过重要性分布对时隙 k 的粒子进行采样：$PX_k^{(i)}(m) \sim p(X_{x,k}^{(i)} \mid X_{x,k-1}^{(i)}, u_{k-1}^{(\mathcal{N}^{(i)})})$

5：生成 iss：$y_{Z,k}^{(i\mathcal{N}^{(i)}, \Im)} = A_{G,k}^{(\mathcal{N}^{(i)}, \Im)} \widehat{X}_{x,k-1}^{(\mathcal{N}^{(i)}, \Im)} + \Phi_k^{(\mathcal{N}^{(i)}, \Im)} u_{k-1}^{(\mathcal{N}^{(i)}, \Im)} - C_r^f(y_{D,k}^{(i\mathcal{N}^{(i)}, \Im)})$，其中 $A_{G,k}^{(\mathcal{N}^{(i)}, \Im)}$ 和 $\Phi_k^{(\mathcal{N}^{(i)}, \Im)}$ 分别在式(4-63)和式(4-64)中给出

6：计算权重：$\omega_{p,k}^{(i)}(m) \propto p(y_{Gx,k}^{(i)}, y_{Z,k}^{(i\mathcal{N}^{(i)}, \Im)} \mid X_{x,k}^{(i)})$

续 表
GNSS/5G D2D 定位组合算法——确定时间参数场景
7：将权重标准化：$\omega_{p,k}^{(i)}(m) = \omega_{p,k}^{(i)}(m) / \sum_{m=1}^{N_p} \omega_{p,k}^{(i)}(m)$
8：重新采样并更新粒子集 $PX_k^{(i)}(m)$，则权重变为：$\omega_{p,k}^{(i)}(m) = \dfrac{1}{N_p}$
9：综合状态是：$\widehat{X}_{x,k}^{(i)} = \dfrac{1}{N_p} \sum_{m=1}^{N_p} PX_k^{(i)}(m)$
10：end for

在实际应用中，式(4-38)中的时间偏移往往是未知的，此时我们无法获得距离测量值。因此，在协同定位之前，首先必须消除时间的不确定性。我们可以借助 GNSS 输出和角度测量值，来寻找位置和时间不确定性之间的关系，原理如下。

将式(4-38)带入 $y_{Z,k}^{(ij,\gamma)}$ 可以得到式(4-55)，其中 y_η 和 y_θ 分别是 η 和 θ 的测量值，T 是 GNSS 更新间隔。定义 $\vartheta^{(i)} = 1/s^{(i)}$，$\vartheta^{(ij)} = [1/s^{(j)}, o^{(i)}/s^{(i)} + o^{(j)}/s^{(j)}]^T$ 且 $i \neq j$。将式(4-55)带到式(4-48)中，将其写成矩阵形式并整理后可以得到式(4-56)。

$$y_{Z,k}^{(ij,\gamma)} = f_k^{(j)}(\widehat{X}_{x,k-1}^{(j)}, u_{k-1}^{(j)})$$
$$-C_r^f\left(\left[\left(\left(\dfrac{t_{r,k}^{(ij,\gamma)} - o^{(i)}}{s^{(i)}}\right) - \left(\dfrac{(k-1)T + (\gamma-1)\Delta_T - o^{(j)}}{s^{(j)}}\right)\right)c, y_{\eta,k}^{(ij,\gamma)}, y_{\theta,k}^{(ij,\gamma)}\right]\right)$$
(4-55)

$$y_{Z,k}^{(ij,\Im)} = A_{G,k}^{(j,\Im)} \widehat{X}_{x,k-1}^{(j)} + \Phi_k^{(j,\Im)} u_{k-1}^{(j)} - \Omega_k^{(ij,\Im)}(A_{D,k}^{(ij,\Im)} \vartheta^{(i)} + B_{D,k}^{(ij,\Im)} \vartheta^{(ij)}) \quad (4\text{-}56)$$

式中：

$$A_{G,k}^{(j,\Im)} = 1_{\Gamma \times 1} \otimes A_{G,k}^{(j)} \quad (4\text{-}57)$$

$$\Phi_k^{(j,\Im)} = 1_{\Gamma \times 1} \otimes \Phi_k^{(j)} \quad (4\text{-}58)$$

$$A_{D,k}^{(ij,\Im)} = c[t_{r,k}^{(ij,1)}, \cdots, t_{r,k}^{(ij,\Gamma)}]^T \otimes 1_{3 \times 1} \quad (4\text{-}59)$$

$$B_{D,k}^{(ij,\Im)} = c \begin{bmatrix} (1-k)T + (1-1)\Delta_T & 1 \\ \vdots & \vdots \\ (1-k)T + (1-\Gamma)\Delta_T & 1 \end{bmatrix} \otimes 1_{3 \times 1} \quad (4\text{-}60)$$

$$\Omega_k^{(ij,\Im)} = \text{diag}[\Omega_k^{(ij,1)}, \cdots, \Omega_k^{(ij,\Gamma)}] \quad (4\text{-}61)$$

式中，$\Omega_k^{(ij,\gamma)} = \text{diag}[\cos(y_{\theta,k}^{(ij,\gamma)})\cos(y_{\eta,k}^{(ij,\gamma)}), \cos(y_{\theta,k}^{(ij,\gamma)})\sin(y_{\eta,k}^{(ij,\gamma)}), \sin(y_{\eta,k}^{(ij,\gamma)})]$，将在 $\mathcal{N}^{(i)}$ 中的所有 $N-1$ 个 MT 对应的 $y_{Z,k}^{(ij,\Im)}$ 排成矩阵后可以得到：

$$y_{Z,k}^{(i\mathcal{N}^{(i)},\Im)} = A_{G,k}^{(\mathcal{N}^{(i)},\Im)} \widehat{X}_{x,k-1}^{(\mathcal{N}^{(i)})} + \Phi_k^{(\mathcal{N}^{(i)},\Im)} u_{k-1}^{(\mathcal{N}^{(i)})} - D_{D,k}^{(i\mathcal{N}^{(i)},\Im)} \vartheta^{(i\mathcal{N}^{(i)})} \quad (4\text{-}62)$$

其中：

$$A_{G,k}^{(\mathcal{N}^{(i)},\Im)} = \text{diag}[A_{G,k}^{(j(1),\Im)}, \cdots, A_{G,k}^{(j(N-1),\Im)}] \quad (4\text{-}63)$$

$$\Phi_{G,k}^{(\mathcal{N}^{(i)},\Im)} = \text{diag}[\Phi_{G,k}^{(j(1),\Im)}, \cdots, \Phi_{G,k}^{(j(N-1),\Im)}] \quad (4\text{-}64)$$

第4章 通信导航一体化的松耦合

$$D_{D,k}^{(i\mathcal{N}^{(i)},\Im)} = \Omega_k^{(i\mathcal{N}^{(i)},\Im)}[A_{D,k}^{(i\mathcal{N}^{(i)},\Im)}, B_{D,k}^{(i\mathcal{N}^{(i)},\Im)}] \tag{4-65}$$

$$\Omega_k^{(i\mathcal{N}^{(i)},\Im)} = \mathrm{diag}[\Omega_k^{(i\mathcal{N}^{(i)}(1),\Im)},\cdots,\Omega_k^{(ij(N-1),\Im)}] \tag{4-66}$$

$$\vartheta^{(i\mathcal{N}^{(i)})} = [\vartheta^{(ij)},\vartheta^{(ij(1))\mathrm{T}},\cdots,\vartheta^{(ij(N-1))\mathrm{T}}]^{\mathrm{T}} \tag{4-67}$$

$$A_{D,k}^{(i\mathcal{N}^{(i)},\Im)} = [A_{D,k}^{(ij(1),\Im)\mathrm{T}},\cdots,A_{D,k}^{(ij(N-1),\Im)\mathrm{T}}]^{\mathrm{T}} \tag{4-68}$$

$$B_{D,k}^{(i\mathcal{N}^{(i)},\Im)} = \mathrm{diag}[B_{D,k}^{(ij(1),\Im)},\cdots,B_{D,k}^{(ij(N-1),\Im)}] \tag{4-69}$$

注意 $j=j(n), n\in 1,2,\cdots,N-1$。

接下来通过将正交投影算子 $\Psi_k^{(i)}$ 投影到 $D_{D,k}^{(i\mathcal{N}^{(i)},\Im)}$ 的正交空间中来消除时间不确定性，即构造 $\Psi_k^{(i)}$ 以满足 $\Psi_k^{(i)}D_{D,k}^{(i\mathcal{N}^{(i)},\Im)}=0$。由于 $D_{D,k}^{(i\mathcal{N}^{(i)},\Im)\mathrm{T}}D_{D,k}^{(i\mathcal{N}^{(i)},\Im)}$ 不是满秩矩阵，所以使用伪逆来计算，这样 $D_{D,k}^{(i\mathcal{N}^{(i)},\Im)}$ 的正交投影矩阵为 $D_{D,k}^{(i\mathcal{N}^{(i)},\Im)}(D_{D,k}^{(i\mathcal{N}^{(i)},\Im)\mathrm{T}}D_{D,k}^{(i\mathcal{N}^{(i)},\Im)})^+ D_{D,k}^{(i\mathcal{N}^{(i)},\Im)\mathrm{T}}$，因此可以得到：

$$\Psi_k^{(i)} = I - D_{D,k}^{(i\mathcal{N}^{(i)},\Im)}(D_{D,k}^{(i\mathcal{N}^{(i)},\Im)\mathrm{T}}D_{D,k}^{(i\mathcal{N}^{(i)},\Im)})^+ D_{D,k}^{(i\mathcal{N}^{(i)},\Im)\mathrm{T}} \tag{4-70}$$

式中，$(\cdot)^+$ 表示广义逆。这样，式(4-62)可写成：

$$\Psi_k^{(i)} y_{Z,k}^{(i\mathcal{N}^{(i)},\Im)} = \Psi_k^{(i)}(A_{G,k}^{(\mathcal{N}^{(i)},\Im)}\hat{X}_{k-1}^{(\mathcal{N}^{(i)})} + \Phi_k^{(\mathcal{N}^{(i)},\Im)} u_{k-1}^{(\mathcal{N}^{(i)})}) \tag{4-71}$$

注意上述操作改变了测量误差的分布，即正交投影算子 $\Psi_k^{(i)}$ 使得距离测量矩阵收缩到原点并把测量和状态空间压缩为

$$p(y_{Gx,k}^{(i)}, \Psi_k^{(i)} y_{Z,k}^{(i\mathcal{N}^{(i)},\Im)} | X_{x,k}^{(i)}) = p(C_k^{(i)} X_{x,k}^{(i)} + n_{y,k}^{(i)}) \tag{4-72}$$

式中，把 $C_k^{(i)}$ 定义为替代测量矩阵，如式(4-73)所示；$n_{y,k}^{(i)}$ 是等效测量噪声，如式(4-74)所示。$n_{y,k}^{(i)}$ 包含两种噪声成分：一种是每个 MT 的 GNSS 测量误差（$n_{y_{Gx},k}^{(i)}$ 和 $n_{y_{Gx},k}^{(\mathcal{N}^{(i)},\Im)}$）和，另一种是 D2D 测量噪声经正交投影（$n_{D_D,k}^{(i\mathcal{N}^{(i)},\Im)}$）后的残差。

$$C_k^{(i)} = \begin{bmatrix} I_{3\times 3} \\ \Psi_k^{(i)}(1_{\Gamma(N-1)\times 1}\otimes I_{3\times 3}) \end{bmatrix} \tag{4-73}$$

$$n_{y,k}^{(i)} = \begin{bmatrix} n_{y_{Gx},k}^{(i)} \\ \Psi_k^{(i)}(n_{y_{Gx},k}^{(\mathcal{N}^{(i)},\Im)} + n_{D_D,k}^{(i\mathcal{N}^{(i)},\Im)}) \end{bmatrix} \tag{4-74}$$

下面分别详细说明上述两种噪声。

(1) MT 的 GNSS 测量误差：$n_{y_{Gx},k}^{(i)}$ 是 MT_i 的 GNSS 测量噪声。$n_{y_{Gx},k}^{(\mathcal{N}^{(i)},\Im)}$ 包括 $\mathrm{MT}_j \in \mathcal{N}^{(i)}$ 在 $k-1$ 时刻的估计误差 $n_{\hat{X},k-1}^{(\mathcal{N}^{(i)})}$、控制变量的误差 $n_{u,k-1}^{(\mathcal{N}^{(i)})}$ 和过程噪声 $V_k^{(\mathcal{N}^{(i)})}$，表达式如下：

$$n_{y_{Gx},k}^{(\mathcal{N}^{(i)},\Im)} = A_{G,k}^{(\mathcal{N}^{(i)},\Im)} n_{\hat{X},k-1}^{(\mathcal{N}^{(i)})} + \Phi_k^{(\mathcal{N}^{(i)},\Im)} n_{u,k-1}^{(\mathcal{N}^{(i)})} + V_k^{(\mathcal{N}^{(i)})}\otimes 1_{\Gamma\times 1} \tag{4-75}$$

(2) 正交投影过程的残差：记 $\Delta\Omega_k^{(i\mathcal{N}^{(i)},\Im)}$ 为 $\Omega_k^{(i\mathcal{N}^{(i)},\Im)}$ 的误差，如式(4-76)所示：

$$\begin{aligned}\Psi_k^{(i)}D_{D,k}^{(i\mathcal{N}^{(i)},\Im)}\vartheta^{(i\mathcal{N}^{(i)})} &= \Psi_k^{(i)}(\bar{\Omega}_k^{(i\mathcal{N}^{(i)},\Im)} + \Delta\Omega_k^{(i\mathcal{N}^{(i)},\Im)})C_{D,k}^{(i\mathcal{N}^{(i)},\Im)}\vartheta^{(i\mathcal{N}^{(i)})} \\ &= \Psi_k^{(i)}\bar{D}_{D,k}^{(i\mathcal{N}^{(i)},\Im)}\vartheta^{(i\mathcal{N}^{(i)})} + \underbrace{\Psi_k^{(i)}\Delta\Omega_k^{(i\mathcal{N}^{(i)},\Im)}C_{D,k}^{(i\mathcal{N}^{(i)},\Im)}\vartheta^{(i\mathcal{N}^{(i)})}}_{=n_{\Psi,k}^{(i)}} = 0 \end{aligned} \tag{4-76}$$

式中,$C_{D,k}^{(i\mathcal{N}^{(i)},\Im)} = [A_{D,k}^{(i\mathcal{N}^{(i)},\Im)}, B_{D,k}^{(i\mathcal{N}^{(i)},\Im)}]$,$\overline{\Omega}$ 和 $\overline{D}_D$ 分别是 Ω 和 D_D 没有测量误差时的值。由于正交投影操作,$\Psi_k^{(i)} \overline{D}_{D,k}^{(i\mathcal{N}^{(i)},\Im)}$ 应为 0,因此 $n_{\Psi,k}^{(i)}$ 是由角度测量引起的误差。因为 $C_{D,k}^{(i\mathcal{N}^{(i)},\Im)} \vartheta^{(i\mathcal{N}^{(i)})}$ 是 MT_i 与其他 MT 之间的距离,所以需要先把这些距离估计出来。可以用最小二乘法来估计 MT_i 的粗略位置,表达式如下:

$$\widetilde{X}_{x,k}^{(i)} = (C_k^{(i)\mathrm{T}} C_k^{(i)})^{-1} C_k^{(i)\mathrm{T}} y_{G,Z,k}^{(i\mathcal{N}^{(i)},\Im)} \tag{4-77}$$

式中,$y_{G,Z,k}^{(i\mathcal{N}^{(i)},\Im)} = [y_{Gx,k}^{(i)\mathrm{T}}, \Psi_k^{(i)} y_{Z,k}^{(i\mathcal{N}^{(i)},\Im)\mathrm{T}}]^{\mathrm{T}}$,因此:

$$n_{\Psi,k}^{(i)} \approx \Psi_k^{(i)} \Delta\Omega_k^{(i\mathcal{N}^{(i)},\Im)} \widetilde{d}_k^{(i\mathcal{N}^{(i)},\Im)} \tag{4-78}$$

式中:

$$\Delta\Omega_k^{(i\mathcal{N}^{(i)},\Im)} = \mathrm{diag}[\Delta\Omega_k^{(i(1),\Im)}, \cdots, \Delta\Omega_k^{(i(N-1),\Im)}] \tag{4-79}$$

$$\widetilde{d}_k^{(i\mathcal{N}^{(i)},\Im)} = [\widetilde{d}_k^{(ij(1),\Im)\mathrm{T}}, \cdots, \widetilde{d}_k^{(ij(N-1),\Im)\mathrm{T}}]^{\mathrm{T}} \tag{4-80}$$

式中:

$$\Delta\Omega_k^{(ij,\Im)} = \mathrm{diag}[\Delta\Omega_k^{(ij,1)}, \cdots, \Delta\Omega_k^{(ij,\Gamma)}] \tag{4-81}$$

$$\widetilde{d}_k^{(ij,\Im)} = \left\| \widetilde{X}_{x,k}^{(i)} - (A_{G,k}^{(j)} \widehat{X}_{x,k-1}^{(j)} + \Phi_k^{(j)} u_{k-1}^{(j)}) \right\| 1_{3\Gamma \times 1} \tag{4-82}$$

式中,$\Delta\Omega_k^{(ij,\gamma)}$ 是在 $y_{\theta,k}^{(ij,\gamma)}$ 和 $y_{\eta,k}^{(ij,\gamma)}$ 处对 $\Omega_k^{(ij,\gamma)}$ 进行的一阶泰勒展开,式(4-83)所示:

$$\Delta\Omega_k^{(ij,\gamma)} \approx \mathrm{diag}[-\cos(y_{\theta,k}^{(ij,\gamma)})\sin(y_{\eta,k}^{(ij,\gamma)}), \cos(y_{\theta,k}^{(ij,\gamma)})\cos(y_{\eta,k}^{(ij,\gamma)}), 0] n_{y_\eta}^{(ij,\gamma)}$$
$$+ \mathrm{diag}[-\sin(y_{\theta,k}^{(ij,\gamma)})\cos(y_{\eta,k}^{(ij,\gamma)})$$
$$-\sin(y_{\theta,k}^{(ij,\gamma)})\sin(y_{\eta,k}^{(ij,\gamma)}), \cos(y_{\theta,k}^{(ij,\gamma)})] n_{y_\theta}^{(ij,\gamma)} \tag{4-83}$$

式(4-78)包含两种近似:一种是 $\Delta\Omega_k^{(ij,\gamma)}$ 的近似,因为我们忽略了泰勒展开中的高阶项;另一种是利用 MT 的粗略估计值计算 $\widetilde{d}_k^{(ij,\Im)}$ 的过程中所引入的误差。不过由于这些近似仅对估计误差的高阶项产生影响,因此在粒子滤波过程中可以将它们忽略。这样,通过比较式(4-74)和式(4-78)可以得到:

$$n_{D_D,k}^{(i\mathcal{N}^{(i)},\Im)} = \Delta\Omega_k^{(i\mathcal{N}^{(i)},\Im)} \widetilde{d}_k^{(i\mathcal{N}^{(i)},\Im)} \tag{4-84}$$

最后,我们可以利用式(4-74)和式(4-84),通过原始测量的分布来估计等效测量的分布。算法流程如下所示:

GNSS/5G D2D 定位组合算法——不确定时间参数场景

输入:初始分布

输出:估计值 $\widehat{X}_{x,k}^{(i)}$

1:对每个粒子 $i = 1, 2, \cdots, N_p$,从初始分布 $p(X_{x,0}^{(i)})$ 中采样初始状态 $PX_0^{(i)}(m)$

2:计算权重并将其归一化

3:for time slot $k = 1, 2, 3, \cdots$, do

4:通过重要性分布对时隙 k 的粒子进行采样:$PX_k^{(i)}(m) \sim p(X_{x,k}^{(i)} | X_{x,k-1}^{(i)}, u_{k-1}^{(\mathcal{N}^{(i)})})$

续表

GNSS/5G D2D 定位组合算法——不确定时间参数场景
5:计算正交投影算子:$\Psi_k^{(i)} = I - D_{D,k}^{(i\mathcal{N}^{(i)},\mathfrak{I})}(D_{D,k}^{(i\mathcal{N}^{(i)},\mathfrak{I})\mathrm{T}} D_{D,k}^{(i\mathcal{N}^{(i)},\mathfrak{I})}) + D_{D,k}^{(i\mathcal{N}^{(i)},\mathfrak{I})\mathrm{T}}$
6:消除时间不确定性:$\Psi_k^{(i)} y_{Z,k}^{(i\mathcal{N}^{(i)},\mathfrak{I})} = \Psi_k^{(i)}(A_{G,k}^{(\mathcal{N}^{(i)},\mathfrak{I})} \hat{X}_{x,k-1}^{(\mathcal{N}^{(i)},\mathfrak{I})} + \Phi_k^{(\mathcal{N}^{(i)},\mathfrak{I})} u_{k-1}^{(\mathcal{N}^{(i)},\mathfrak{I})})$
7:估算 MT_i 的大致位置:$\widetilde{X}_{x,k}^{(i)} = (C_k^{(i)\mathrm{T}} C_k^{(i)})^{-1} C_k^{(i)\mathrm{T}} y_{G,Z,k}^{(i\mathcal{N}^{(i)})}$
8:更新等效测量噪声的分布:根据式(4-74)、式(4-84),$n_{yGx,k}^{(i)}$,$n_{yGx,k}^{(\mathcal{N}^{(i)})}$ 和 $n_{DD,k}^{(\mathcal{N}^{(i)},\mathfrak{I})}$ 的分布为 $p(y_{Gx,k}^{(i)}$,$\Psi_k^{(i)} y_{Z,k}^{(i\mathcal{N}^{(i)},\mathfrak{I})} \mid X_{x,k}^{(i)})$
9:计算权重:$\omega_{p,k}^{(i)}(m) \propto p(y_{Gx,k}^{(i)}, \Psi_k^{(i)} y_{Z,k}^{(i\mathcal{N}^{(i)},\mathfrak{I})} \mid X_{x,k}^{(i)})$
10:将权重标准化:$\omega_{p,k}^{(i)}(m) = \omega_{p,k}^{(i)}(m) / \sum_{m=1}^{N_p} \omega_{p,k}^{(i)}(m)$
11:重新采样并更新粒子集 $PX_k^{(i)}(m)$,则权重变为 $\omega_{p,k}^{(i)}(m) = \frac{1}{N_p}$
12:综合状态是 $\hat{X}_{x,k}^{(i)} = \frac{1}{N_p} \sum_{m=1}^{N_p} PX_k^{(i)}(m)$
13:end for

下面对算法性能进行评估,除非另有说明,实验中的参数设置和一些假设条件如下:

(1) MT2 至 MT10 的 GNSS 定位结果以 1 Hz 频率输出,噪声符合均值为 0、标准差为 13 m 的高斯分布。

(2) D2D 测量误差设置为:均值为 0,$\sigma_d = 1$ m,$\sigma_\eta = \sigma_\theta = 1°$ 的高斯噪声。

(3) 所有 MT 的时间偏差和时间漂移是未知的。时间漂移均匀分布在[0.99998,1.00002]秒范围内;时间偏移平均分布在[-10,10]纳秒范围内。

(4) CO-MWR 中有 2 对 CF 对,即 $\Gamma = 2$。

(5) 5G D2D 的最远测距范围为 200 m。

(6) 粒子滤波中使用了 100 个粒子。

(7) 只考虑视距条件下的 D2D 测量。

(8) 只评估水平精度。

使用均方根误差(Root Mean Square Error,RMSE)和如下所示的 RMSE 改进率(Improvement Rate,IR)来评估所提算法的性能。

$$改进率 = \left(1 - \frac{\mathrm{RMSE}_{\mathrm{Integrated}}}{\mathrm{RMSE}_{\mathrm{Non\text{-}integrated}}}\right) \times 100\% \tag{4-85}$$

北邮校园内每个 MT 的实验轨迹和位置如图 4-12 所示。

从图 4-13 中可以明显看出,由于第 1、第 3 和第 4 段的 GNSS 条件良好,因此无论是协同还是单 GNSS 定位,其定位精度较其他部分都较高;第 2 和第 5 段中 GNSS 与 D2D 的协同定位具有更高的精度,这是因为这两个部分可视卫星较少,导致单 GNSS

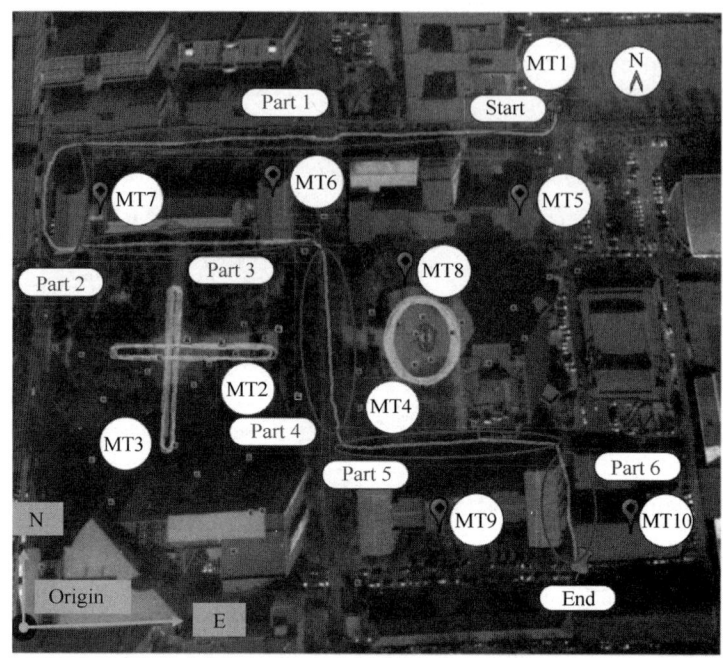

图 4-12　北邮校园内每个 MT 的实验轨迹和位置

的定位精度较低；第 6 段中由于视线内卫星数量不足，GNSS 未能定位，而协同系统可以正常定位。具体来说，除去第 6 段的数据，协同定位方法的总 RMSE 比单 GNSS 方法提高了 56.2%。

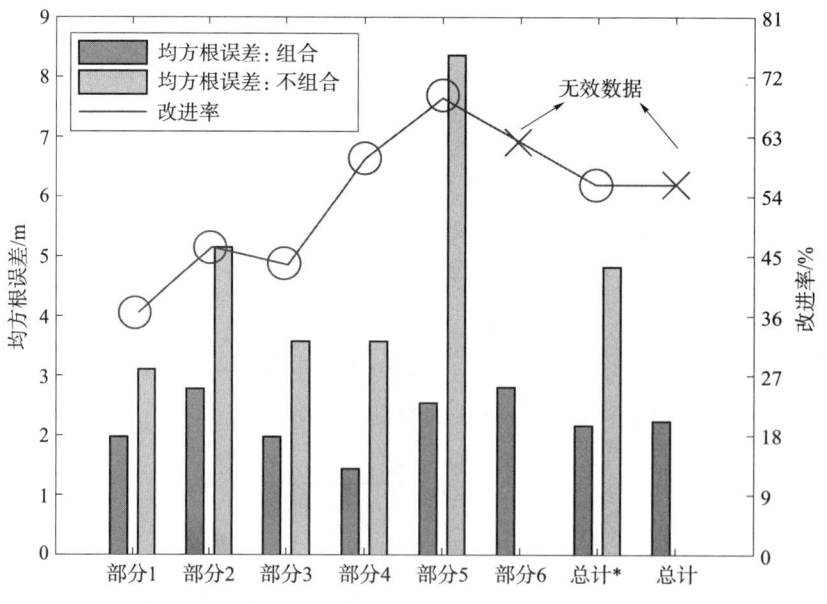

图 4-13　在不同轨迹段中协同定位与单 GNSS 定位的性能比较

图 4-14 详细展示了实验结果，其中图 4-14(a)是总体定位情况。

从图 4-14(b)可以看出,在第 5 段中,单 GNSS 定位与真实轨迹存在数米的偏差,这是因为南边的建筑物阻挡了南边的卫星信号,导致了较差的水平精度因子(Horizontal Dilution of Precision,HDOP),从而使定位结果整体向北偏移了一部分;而由于 D2D 测量拥有较高的测量精度,因此协同定位精度也较高。另外,由于此时 GNSS 的信号较差,所以第 5 段的 IR 也比其他部分更高。

图 4-14(c)所示为在 GNSS 无法使用的情况下的定位结果。注意在这段中,MT_1 的 GNSS 不可用,因此测量矩阵和等效测量噪声分别退化为 $C_k^{(i)} = \Psi_k^{(i)}(1_{\Gamma(N-1)\times 1} \otimes I_{3\times 3})$ 和 $n_{y,k}^{(i)} = \Psi_k^{(i)}(n_{y_{Gx},k}^{(\mathcal{N}^{(i)})} + n_{D_D,k}^{(i\mathcal{N}^{(i)},\Im)})$。此外 $u_{k-1}^{(i)}$ 中的速度测量值也不可用。因此,$p(X_{x,k}^{(i)} | X_{x,k-1}^{(i)}, u_{k-1}^{(i)})$ 退化为 $p(X_{x,k}^{(i)} | X_{x,k-1}^{(i)})$。为了减小不精确的状态转移模型对协同定位结果的影响,过程噪声的协方差应适当增大。从图中可以看出,第 6 段的大部分时间里没有 GNSS 的定位结果,而协同定位算法可以提供准确的估计。这意味着 GNSS 与 5G 的协同定位系统在没有 GNSS 支持的情况下,仍能有效地提供定位服务。

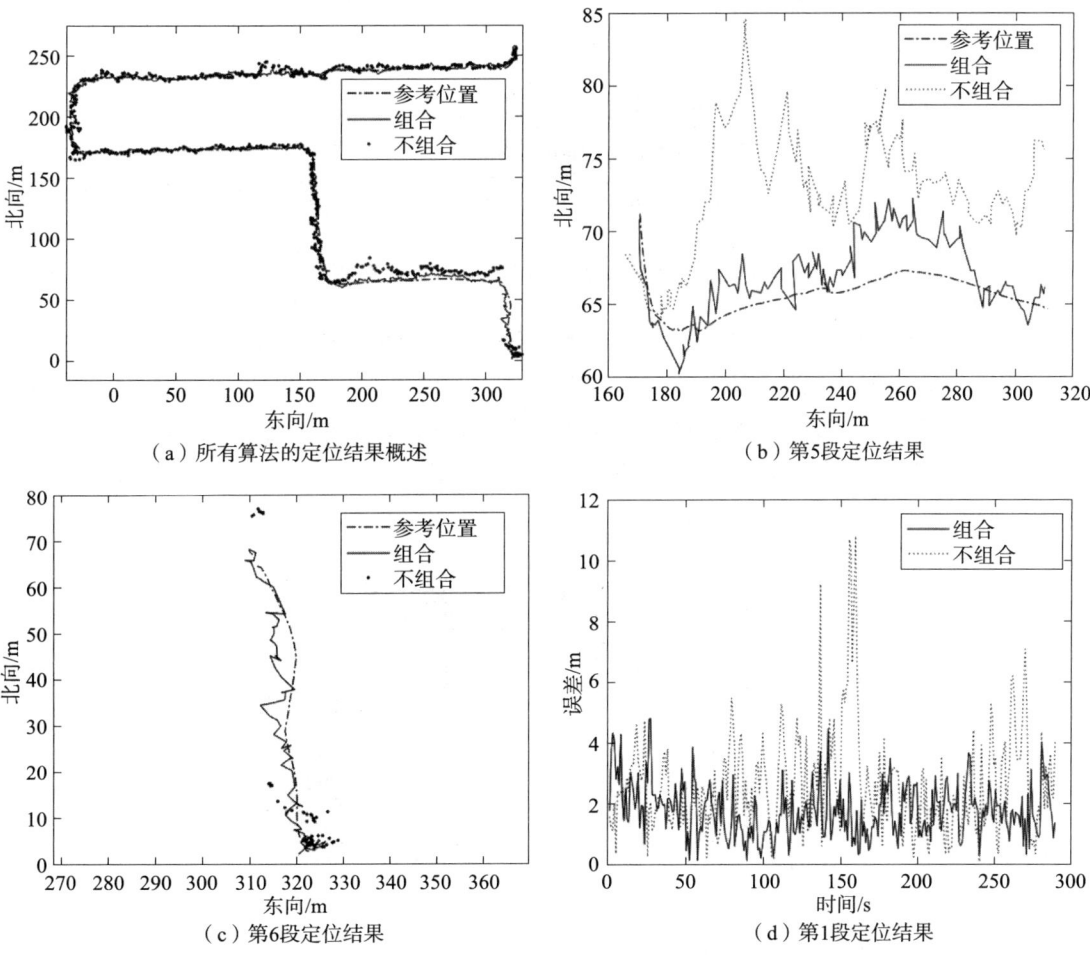

图 4-14 详细定位结果

图4-14(d)所示为第1段的定位误差。因为有足够的卫星和较少的障碍物,单GNSS定位的准确性只比协同定位稍差一些,第3段也有类似的结果,为节省空间未予展示。然而,如图4-13所示,第4段也有良好的GNSS信号,但其IR明显大于第1和第3段。这是因为第4段中可见的MT更多(平均可见8个MT),而其他部分较少(第1和第3段分别平均可见5个和6个MT)。因此,通过使用更多的D2D测量,实现了更大的性能提升。

图4-15所示为使用不同数量粒子的RMSE,很明显随着粒子数量的增加,定位精度变得更高。当粒子数量大于100时,定位精度的提升非常有限,考虑到大量粒子所带来的资源消耗,在本实验条件下100个粒子是比较平衡的选择。

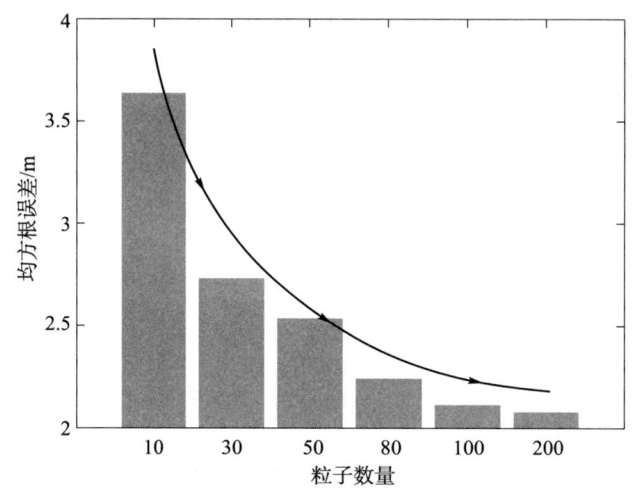

图4-15 粒子数量对协同定位精度的影响

图4-16所示为在所有MT的时间偏移和漂移已知的情况下,5G D2D不同的测量误差对每种算法定位精度的影响。结果显示,更大的D2D测量误差会导致更大的协同定位误差。然而,协同定位算法的准确性都比单GNSS高得多。此外,通过比较图4-16和图4-13可以看出,在已知时间参数的情况下,协同定位算法由于获得了更多信息,实现了更好的定位性能。

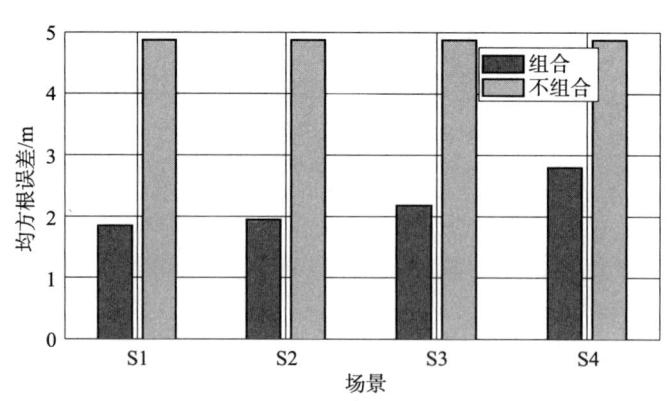

图4-16 使用100个粒子时D2D测量精度对定位精度的影响

第 5 章 通信导航一体化的紧耦合

早期通信系统的设计并未充分考虑定位功能,导致早期的通信导航一体化只能以松耦合的形式进行,例如利用通信信号强度进行指纹定位、在通信协议里支持对 GNSS 增强信息的播发或是利用已有通信导频进行精度较低的定位测量,通信与导航的松耦合无须大幅改变已有的通信系统,因此较易部署实施,但其性能往往难以有质的提升。

随着技术的进步,尤其是移动互联网的大规模普及,自动驾驶、工业物联、智慧农业等新兴领域对位置服务的需求越来越高,通导一体化的松耦合越来越难以满足新的需求,因此新一代的通信系统在设计之初就逐渐考虑到了定位功能,从系统架构和信号体制设计层面就开始进行通信与导航的深度融合,以便同时实现更快的通信速率与更高的定位精度,通信与导航也逐步实现了紧耦合。然而,在通信系统中加入高性能的定位功能,本质上是占用了本该属于通信的带宽、功率、算力等物理资源,通导一体化紧耦合的同时也带来了更严重的信号的干扰、更复杂的协议控制以及更高的算力消耗等一系列问题。因此,在通导一体化的设计过程中,我们应充分考虑上述问题,以实现通信与导航的最优融合。

5.1 通信导航一体化系统架构设计

5.1.1 5G 定位架构

5G 通信系统在设计之初就充分考虑了定位功能,从系统架构和信号设计层面进行了充分的通导一体化[38]。5G 定位架构由多个模块协同组成,包括用户设备(UE)、(无线)接入网〔(R)AN〕、接入与移动性管理功能(Access and Mobility Management Function,AMF)、定位管理功能(LMF)、网关移动位置中心(GMLC)、网络开放功能(Network Exposure Function,NEF)、位置检索功能(Location Retrieval Function,LRF)以及统一数据管理功能(Unified Data Management,UDM)。这些模块在 5G 定位服务中各司其职,例如,UE 根据定位请求获取测量信息并进行位置计算,或者将测量结果上传给 LMF 进行计算;(R)AN 在定位过程中向 LMF 提供相关信息,同时充当 UE、AMF 与 LMF 之间的消息中继;GMLC 负责处理外部客户端的定位请求,从 UDM 获取隐私设置与路由信息,并根据这些信息转发请求;而 LRF 主要为发起 IMS 紧急呼叫的设备提供路由信息,可与 GMLC 集成部署。AMF 则负责管理定位请求,选择合适的 LMF,并支持广播加密的辅助数据。LMF 作为核心组件,协调定位资源,与 UE 和接入网交互获取定位辅助信息,最终完成位置计算。UDM 用于存储 UE 的隐私配置和路由信息,为定位过程提供必要的基础数据支撑。

在 5G 系统中,UE 与 LMF 之间采用与 4G 类似的 LTE 定位协议(LTE Positioning Protocol,LPP),而 LMF 与 gNB 之间则基于新设计的 NR 定位协议 A(NR Positioning Protocol A,NRPPA),以满足 5G 更高的定位精度需求。5G 定位架构支持两种呈现形式:参考点形式和服务化接口形式。参考点形式强调功能模块之间的逻辑连接以及具体接口,例如,(R)AN 通过 N2 接口与 AMF 连接,定位相关的信令通过 N2 传输。而服务化接口形式通过一条总线将不同模块的服务连接起来,各模块可以通过总线调用其他模块的服务,形成灵活的服务交互架构。例如,GMLC 的服务命名为 Ngmlc,NEF 或 AMF 可以通过总线调用这一服务。

在非漫游场景下,基于参考点形式的 5G 定位架构如图 5-1 所示。该架构体现了不同网络功能之间的逻辑连接以及不同网元之间使用的接口,例如,GMLC 通过 NL2 接口向 AMF 发送定位消息,AMF 在 LMF 和(R)AN 之间中转定位消息。

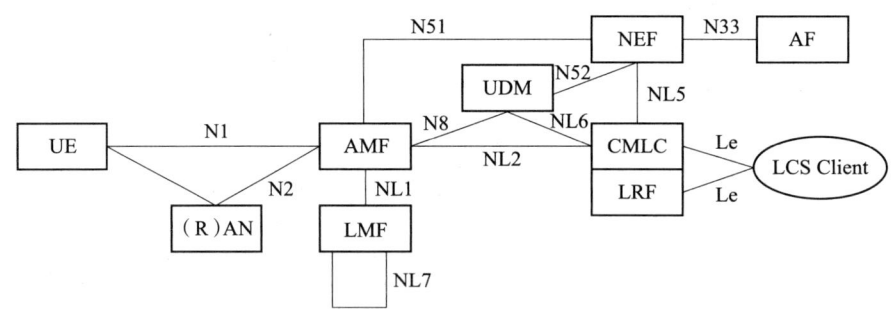

图 5-1　基于参考点形式的 5G 定位架构(非漫游场景)

在非漫游场景下,基于服务化接口形式的 5G 定位架构如图 5-2 所示。UE 注册在归属地公共移动网络(Public Land Mobile Network,HPLMN),不同功能模块通过专有接口进行连接并协同工作,例如 GMLC 通过 NL2 接口向 AMF 发送定位请求,AMF 在(R)AN 与 LMF 之间中转定位消息。基于服务化接口的非漫游架构则采用总线连接的方式,所有模块的服务均接入总线并实现授权调用。例如,GMLC 提供 Ngmlc 服务供其他模块使用,实现功能模块之间的灵活互通。

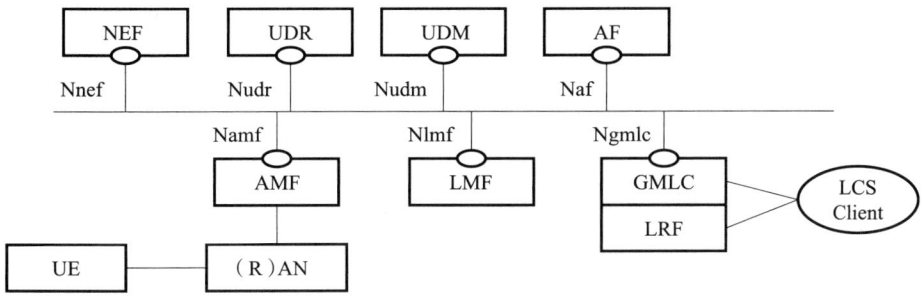

图 5-2　基于服务化接口形式的 5G 定位架构(非漫游场景)

在漫游场景下,UE 注册在 VPLMN(Visited Public Land Mobile Network,拜访地公共移动网络),基于参考点形式的 5G 定位架构如图 5-3 所示。UE 的所有定位请求都被发送到 HPLMN 内的 HGMLC(Home Gateway Mobile Location Center,家庭网关移动定位中心),由 HGMLC 负责选择 VPLMN 内的 VGMLC(Visited Gateway Mobile Location Center,访问网关移动定位中心),并将定位请求发送给 VGMLC。

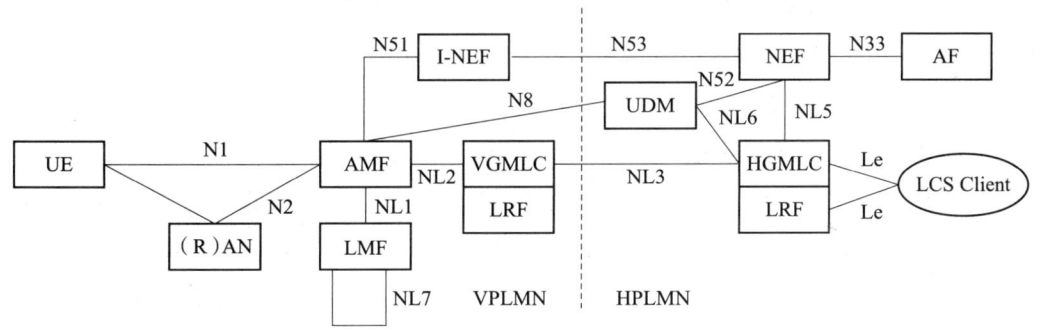

图 5-3　基于参考点形式的 5G 定位架构(漫游场景)

在漫游场景下,基于服务化接口形式的 5G 定位架构如图 5-4 所示。

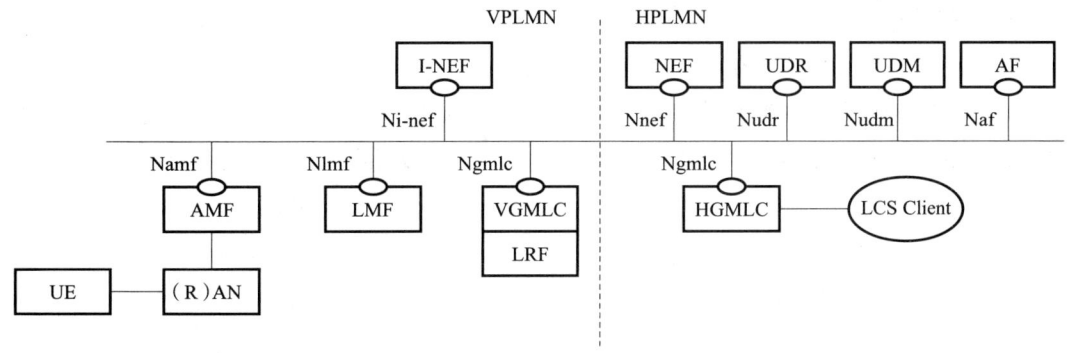

图 5-4　基于服务化接口形式的 5G 定位架构(漫游场景)

基于参考点形式的漫游架构中,所有定位请求首先发送至归属地公共移动网络(HPLMN)的 HGMLC,由其选择拜访网络中的 VGMLC 并将请求转发至 VGMLC 进行处理。而在服务化接口的漫游架构中,HPLMN 与 VPLMN 的定位功能模块通过总线协同,HGMLC 调用 VGMLC 的服务完成定位任务。无论哪种形式,5G 定位架构在漫游与非漫游场景中均确保了高效可靠的定位服务。

5.1.2 5G 定位流程

5G 定位流程包括移动被叫位置请求过程、移动主叫位置请求过程、推迟的移动被叫位置请求过程、位置业务开放过程、UE 位置隐私设置过程和辅助数据广播等过程。以下分别简要介绍不同的定位过程[31,32]。

1. 移动被叫位置请求过程

当 LCS 客户端或应用功能(AF)需要目标用户设备(UE)的当前位置时,会向 GMLC 发起请求。GMLC 从 UDM 中检索 UE 的 LCS 隐私配置,并进行权限验证。如果定位操作被允许,GMLC 接着获取 UE 当前的接入类型、连接状态以及 AMF 相关信息。随后,GMLC 选择适合的接入方式及对应的 AMF,将定位请求发给 AMF。AMF 在收到请求后,会选定合适的 LMF,并将定位请求转交给它。LMF 启动定位过程,完成后将位置信息传回 AMF,由 AMF 最终发送回 GMLC。

2. 移动主叫位置请求过程

移动主叫定位主要用于设备自身获取位置的场景。用户设备通过非接入层(Non-Access Stratum,NAS)消息向 AMF 提出定位需求。AMF 选择合适的 LMF 后,将请求转交给 LMF。LMF 执行定位任务,完成后将结果返回 AMF。AMF 再通过 NAS 消息将位置信息传回 UE。如果用户要求与 LCS 客户端共享该信息,AMF 会将定位结果发送给 GMLC,供客户端访问。

3. 推迟的移动被叫位置请求过程

在某些情况下,LCS 客户端或 AF 希望在特定条件下获取 UE 的位置,例如周期性事件、进入或离开指定区域或移动距离超过某阈值。此时,客户端或 AF 向网络提出延迟定位请求,附带具体的事件类型和参数。当 UE 监测到指定事件发生时,会通过 AMF 将位置信息上报给 LMF,LMF 进一步转发至 GMLC,最终交由请求方。在事件触发过程中,如果 UE 位置变化导致 AMF 更换,AMF 可以重新选择一个更适合的 LMF 来接管任务,同时同步 UE 的位置上下文和事件报告。

4. 位置业务开放过程

位置服务开放允许运营商内部网元或外部 AF 通过 NEF 查询目标设备的位置。NEF 依据具体的定位需求(如精度或隐私属性)决定使用 GMLC 的定位服务或 AMF 的事件服务。例如,当定位精度需求较低时,AMF 的服务即可满足;而若用户隐私需要确认,GMLC 服务将更为适合。NEF 将请求转发至 GMLC 或 AMF 后,目标设备的位置信息被获取并返回给请求方。此外,NEF 还可以通过 UDM 订阅 AMF 的事件服务,实时获取位置相关的事件数据。

5. UE 位置隐私设置过程

用户设备可以通过 NAS 消息向 AMF 提交新的隐私偏好设置,AMF 将更新内容存储至 UDM。如果其他网元(如 GMLC 或 NEF)已订阅了 UE 隐私设置的变更通知,UDM 会将更新后的隐私配置推送至相关网元。这一机制确保了定位服务在提供信息时能够遵循用户的最新隐私意愿。

6. 辅助数据广播过程

为了完成定位任务,UE 需要从网络中获取辅助数据,这些数据通常通过无线广播发送。LMF 决定辅助数据内容后,将其发送至 AMF,AMF 再传递至 NG-RAN。NG-RAN 通过空口将辅助数据广播给 UE。如果辅助数据经过加密,LMF 会提供解密所需的密钥。若 UE 需要解密这些数据,可通过注册请求消息向 AMF 申请密钥,AMF 通过注册接收消息将密钥传递给 UE。

5.1.3 边缘云架构

在各种新兴位置服务的应用中,如自动驾驶、工业设备监控和大规模协同定位等,都需要低延时的本地定位或复杂的组合定位解算,以确保高实时性和准确性。但终端的运算能力往往有限,而网络端解算又难以保证实时性要求,因此需要一种兼具强大的计算能力和较低延时的新型定位方案。近年来在通信领域新兴的边缘云架构为解决这一问题提供了新的思路,它可在边缘端提供近乎实时的处理能力,同时在云端提供强大的计算能力。基于边缘云的定位架构的多源融合定位如图 5-5 所示,为不失一般性,该架构中的定位终端节点可同时满足绝对定位(可由 GNSS、基站、Wi-Fi 等系统提供定位坐标的绝对值)和相对定位(可由终端间的协同定位提供定位坐标的相对值),其定位过程可分为 3 个阶段。

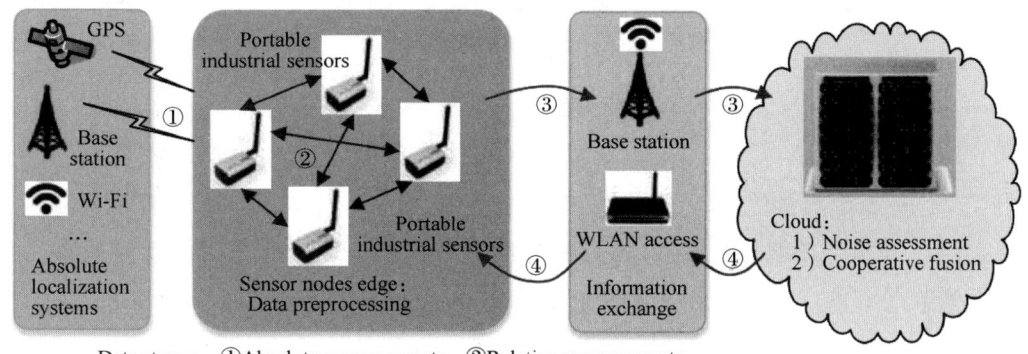

图 5-5 基于边缘云架构的多源融合定位

（1）数据预处理：此阶段在定位传感器节点的边缘端执行。对于绝对坐标，使用预滤波器结合先验知识来获得状态估计，可称之为次优估计，因为它没有考虑终端间的相对测量。

（2）可信度评估：多定位系统与大量的协同定位传感器提供了海量的冗余信息，相比单个定位传感器的输出，这些信息更有可能引入异常值。因此，在融合定位之前，需要进行信号的可信度评估。由于可用测量值越多，可信度评估通常更准确，因此该阶段需要在云端进行，以便收集足够多的测量数据。在云端进行可信度评估的另一个原因是，评估过程需要大量复杂运算，需要在处理能力较强的云端进行这些运算处理。

（3）数据融合：定位节点将自身的绝对测量数据以及其他节点的绝对/相对测量数据在云端通过一定的融合定位算法进行数据融合，为了提高定位精度，融合定位的结果将反馈到传感器节点边缘，作为下一时刻定位估计的滤波输入值。

下面介绍一种应用了边缘云架构进行协同定位的方法（Edge Cloud Cooperative Localization，ECCL）[29]。假设定位 UE 能够通过接收 GNSS 或 5G 信号获得绝对坐标的定位估计，也能与其他传感器通过 D2D 网络实现基于距离和角度的相对测量，系统模型如图 5-6 所示。

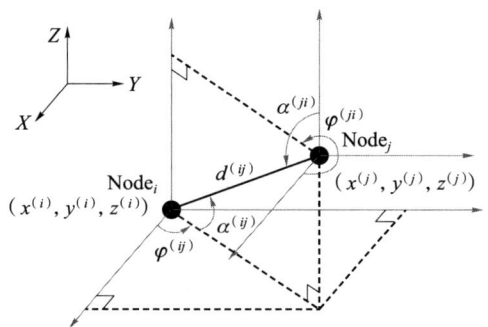

图 5-6　多传感器协同定位系统模型

UE 从 5G、GNSS 等定位系统中解算出位置的绝对坐标为

$$\boldsymbol{X}_m^{(i)} = \begin{bmatrix} x_m^{(i)} \\ y_m^{(i)} \\ z_m^{(i)} \end{bmatrix} = \begin{bmatrix} x^{(i)} + n_x^{(i)} \\ y^{(i)} + n_y^{(i)} \\ z^{(i)} + n_z^{(i)} \end{bmatrix} = \boldsymbol{X}^{(i)} + n_X^{(i)} \tag{5-1}$$

式中，下标 m 表示测量值，X_m 即代表 X 的测量值，(x,y,z) 表示三维绝对坐标，n 表示测量噪声，i 表示节点编号。然后，通过使用绝对坐标和本地坐标之间的几何关系，我们可以得到节点 i 和 j 之间的相对坐标：

$$\Delta \boldsymbol{X}^{(ij)} = \boldsymbol{X}^{(j)} - \boldsymbol{X}^{(i)} = \begin{bmatrix} d^{(ij)} \cos(\alpha^{(ij)}) \cos(\varphi^{(ij)}) \\ d^{(ij)} \cos(\alpha^{(ij)}) \sin(\varphi^{(ij)}) \\ d^{(ij)} \sin(\alpha^{(ij)}) \end{bmatrix} \tag{5-2}$$

式中，d、α、φ 分别表示 UE_i 和 UE_j 间的距离、方位角和俯仰角，记 $L=[d,\alpha,\varphi]$。注意本地坐标系中的测量值都有一个符号相反的值，即由另一个 UE 测量得到的结果，例如 $d(ij)$ 和 $d(ji)$。假设每对 UE 具有相同的距离和角度误差方差，我们可以简单地对这两个 UE 的测量值取平均。为简化起见，从现在开始我们使用上标"ij"来描述这个平均值，即

$$d_m^{(ij)} = \frac{1}{2}(d_m^{(ij)} + d_m^{(ji)})$$

$$\varphi_m^{(ij)} = \frac{1}{2}[\varphi_m^{(ij)} + (\varphi_m^{(ji)} - \pi)], i < j$$

$$\alpha_m^{(ij)} = \frac{1}{2}(\alpha_m^{(ij)} - \alpha_m^{(ji)}) \tag{5-3}$$

首先在边缘端的 UE 利用分布式卡尔曼滤波器对绝对测量值进行预滤波。假设每个 UE 具有相同的状态转移方程和测量方程，状态矩阵 $\boldsymbol{\Phi}=[X,V]$，其中 V 表示三维速度，状态转移方程为

$$\boldsymbol{A} = \begin{bmatrix} 1 & 0 & 0 & T & 0 & 0 \\ 0 & 1 & 0 & 0 & T & 0 \\ 0 & 0 & 1 & 0 & 0 & T \\ 0 & 0 & 0 & 1 & 0 & 0 \\ 0 & 0 & 0 & 0 & 1 & 0 \\ 0 & 0 & 0 & 0 & 0 & 1 \end{bmatrix} \tag{5-4}$$

式中，T 表示历元时间。由于位置和速度可以由绝对定位系统直接解算出来，因此测量矩阵为 $C=I_{6\times 6}$。当 $k \geqslant 2$ 时，由后续过程得到的最终滤波估计值 $\Phi_{FE}^{(i)}$ 将被反馈到预滤波器的输入：

$$\Phi_k^{(i)} = \Phi_{FE,k-1}^{(i)} \tag{5-5}$$

定义协方差矩阵 $\boldsymbol{P}^{(ij)} = \text{cov}(X^{(i)}, X^{(j)})$，其中 $\text{cov}(\cdot)$ 表示协方差，设过程噪声协方差为 $\boldsymbol{P}_P = \text{diag}(\sigma_{P,x}^2 I_{3\times 3}, \sigma_{P,v}^2 I_{3\times 3})$，测量噪声协方差为 $\boldsymbol{P}_\Phi = \text{diag}(\sigma_x^2 I_{3\times 3}, \sigma_v^2 I_{3\times 3})$，其中，$\text{diag}(\cdot)$ 表示列矩阵，其元素是矩阵内对角线元素。经过卡尔曼滤波后，误差协方差将从 $\boldsymbol{P}_\Phi$ 降低到 $\boldsymbol{P}_{KF,k}^{(ii)} = (I - \boldsymbol{K}_k^{(i)})(\boldsymbol{A}\boldsymbol{P}_{FE,k-1}^{(ij)}\boldsymbol{A}^T + \boldsymbol{P}_P)$，其中 $\boldsymbol{P}_{FE,k-1}^{(ij)}$ 是 $\Phi_{FE,k-1}^{(i)}$ 的协方差矩阵。

接下来将在云端进行协同定位。注意到 UE 间的相对测量为定位解算提供了大量冗余信息，例如，如果有 N 个节点，UE_i 可以利用 UE_j 的次优位置估计 $\widehat{X}(j)$ 和它们之间的相对测量值 $L(ij)_m$ 得到 $N-1$ 个冗余位置估计：

$$X_{BP,k}^{(ij)} = X_k^{(i)} + \Delta X_{m,k}^{(ij)} \tag{5-6}$$

将式(5-6)中的 $X_{BP,k}^{(ij)}$ 定义为基点传播估计值（Base-point Propagation Estimate，

BPE)。这样,每个 UE 将有 N 个位置估计值,包括 UE 自身的次优估计和 $N-1$ 个 BPE。为了简单表示,记 $X_{BP,k}^{(ii)} = \check{X}_k^{(i)}$,其中 $\Delta X_{m,k}^{(ii)} = 0$。

由于相对观测值 $[d, \alpha, \varphi]$ 存在测量误差,因此相对坐标也存在误差 $n_{\Delta X,k}^{(ij)}$,并可近似为高斯分布,其误差协方差矩阵可由式(5-7)表示:

$$P_{\Delta X,k}^{(ij)} = J_k^{(ij)} P_L J_k^{(ij)\mathrm{T}} \tag{5-7}$$

式中,$P_L = \mathrm{diag}(\sigma_d^2, \sigma_\varphi^2, \sigma_\alpha^2)$ 是 $L_m^{(ij)}$ 的协方差矩阵,$J_k^{(ij)}$ 是 $\Delta X_{m,k}^{(ij)}$ 的雅可比矩阵:

$$J_k^{(ij)} \approx \begin{bmatrix} \cos\alpha_{m,k}^{(ij)} \cos\varphi_{m,k}^{(ij)} & -d_{m,k}^{(ij)} \cos\alpha_{m,k}^{(ij)} \sin\varphi_{m,k}^{(ij)} & -d_{m,k}^{(ij)} \sin\alpha_{m,k}^{(ij)} \cos\varphi_{m,k}^{(ij)} \\ \cos\alpha_{m,k}^{(ij)} \sin\varphi_{m,k}^{(ij)} & d_{m,k}^{(ij)} \cos\alpha_{m,k}^{(ij)} \cos\varphi_{m,k}^{(ij)} & -d_{m,k}^{(ij)} \sin\alpha_{m,k}^{(ij)} \sin\varphi_{m,k}^{(ij)} \\ \sin\alpha_{m,k}^{(ij)} & 0 & d_{m,k}^{(ij)} \cos\alpha_{m,k}^{(ij)} \end{bmatrix}$$

$$\tag{5-8}$$

将 $X_{BP}^{(iN)}$ 记为节点 i 的所有 BPE 集合。由于次优估计和相对测量是两个独立的高斯变量集,因此不同 BPE 集合的协方差矩阵为

$$P_{BP,k}^{(i-j)} = \mathrm{cov}(X_{BP,k}^{i\mathcal{N}}, X_{BP,k}^{j\mathcal{N}}) \tag{5-9}$$

$$= \underbrace{\mathrm{cov}(\check{X}_k^\mathcal{N}, \check{X}_k^\mathcal{N})}_{P_{\Delta X,k}^\mathcal{N}} + \underbrace{\mathrm{cov}(\Delta \check{X}_k^{(i\mathcal{N})}, \Delta \check{X}_k^{(j\mathcal{N})})}_{P_{\Delta X,k}^{(i-j)}}$$

式中,对于一个列矩阵 X,设 $\mathcal{N} = \{1, 2, \cdots, N\}$,分别表示 $X^{(\mathcal{N})} = [X^{(1)\mathrm{T}}, \cdots, X^{(N)\mathrm{T}}]^\mathrm{T}$,$X^{(i\mathcal{N})} = [X^{(i1)\mathrm{T}}, \cdots, X^{(iN)\mathrm{T}}]^\mathrm{T}$ 和 $X^{(\mathcal{N}\mathcal{N})} = [X^{(1\mathcal{N})\mathrm{T}}, \cdots, X^{(N\mathcal{N})\mathrm{T}}]^\mathrm{T}$。矩阵 $P_{\Delta X,k}^{(i-j)}$ 中的元素与 i 和 j 相关,当 $i=j$ 时,$P_{\Delta X,k}^{(i-j)}$ 是对角矩阵(对角元素为子矩阵);这是因为它们是 $\Delta X_{m,k}^{(i\mathcal{N})}$ 的自相关矩阵;当 $i \neq j$ 时,大部分元素为零,只有一些元素(子矩阵)在 $g=j$ 和 $h=i$ 时不为零,满足 $|\Delta X_{m,k}^{(ig)}| = |\Delta X_{m,k}^{(gi)}| = |\Delta X_{m,k}^{(jh)}| = |\Delta X_{m,k}^{(hj)}|$〔见式(5-3)〕。因此,$P_{\Delta X,k}^{(i-j)}$ 的元素(子矩阵)计算方法如下:

$$P_{\Delta X,k}^{(i-j,gh)} = \begin{cases} P_{\Delta X,k}^{(ig)}, & x < 0 \\ J_k^{(hg)} \overline{P}_L J_k^{(gh)\mathrm{T}}, & x \geqslant 0 \\ 0, & \text{其他} \end{cases} \tag{5-10}$$

式中,$\overline{P_L} = \mathrm{diag}(\sigma_d^2, \sigma_\varphi^2, -\sigma_\alpha^2)$,表示两个节点之间的仰角测量误差,在使用式(5-3)后,两个节点的仰角误差是相反的。请注意 $P_{\Delta X,k}^{(ij)}$ 与 $P_{\Delta X,k}^{(i-j)}$ 之间的区别。

记 $\Psi = I_N \otimes 1_{N \times 1} \otimes I_{3 \times 3}$,它满足 $X_{BP,k}^{(\mathcal{N}\mathcal{N})} = \Psi X_k^{(\mathcal{N})} + n_{BP,k}^{(\mathcal{N}\mathcal{N})}$,其中符号 $\otimes$ 表示克罗内克积(Kronecker Product)。然后,协同融合算法依据最大似然准则应用如下:

$$X_{CF,k}^{(\mathcal{N})} = \beta_k X_{BP,k}^{(\mathcal{N}\mathcal{N})} \tag{5-11}$$

式中,$\beta_k = \mathrm{argmin}\{\mathrm{tr}[\mathrm{cov}(X_{CF,k}^{(\mathcal{N})}, X_{CF,k}^{(\mathcal{N})})]\}$ 是通过最大似然准则计算的权重,得到的计算公式为

$$\beta_k = [\Psi^\mathrm{T} P_{BP,k}^{(\mathcal{N}\mathcal{N})} \Psi^{-1}]^{-1} \Psi^\mathrm{T} (P_{BP,k}^{(\mathcal{N}\mathcal{N})})^{-1} \tag{5-12}$$

第 5 章 通信导航一体化的紧耦合

$X_{CF,k}^{(N)}$ 的协方差矩阵为

$$P_{CF,k}^{(N)} = \beta_k P_{BP,k}^{(NN)} \beta_k^T \tag{5-13}$$

需要注意的是,在协同融合中仅融合了位置,速度来自次优估计,并作为最终估计使用,定义为 $\boldsymbol{\Phi}_{FE,k}^{(i)} = [X_{CF,k}^{(i)T}, \tilde{V}_k^{(i)T}]^T$。然后,$\boldsymbol{\Phi}_{FE,k}^{(i)}$ 的协方差矩阵为

$$P_{FE,k}^{(ij)} \approx \mathrm{diag}(P_{CF,k}^{(ij)}, P_{KF,v,k}^{(ij)}) \tag{5-14}$$

式(5-14)忽略了 $X_{CF,k}^{(i)}$ 与 $\tilde{V}_k^{(j)}$ 之间的互相关。原因如下:

(1) 速度的方差通常比位置的方差小得多。例如,在卫星导航系统中,速度的方差大约为 $(0.2 \text{ m/s})^2$,而位置的方差大约是几米的平方。

(2) 次优估计仅是经过协同融合程序处理后的 $X_{CF,k}^{(i)}$ 的一部分,这将减弱互相关的影响。

最后,最终估计 $\boldsymbol{\Phi}_{FE,k}^{(N)}$ 和 $P_{FE,k}^{(N)}$ 将被反馈到预滤波单元。

注意在云端还需要进行测量值的可信度评估,下面将介绍一种名为协同冗余有效性检验(Cooperative Redundancy Validation,CRV)的方法来评估定位信息的有效性。对于符合标准正态分布的变量 ε,如果 $|\varepsilon| > \Gamma$,则 ε 被认为是一个野值,其中 Γ 是由显著性水平决定的阈值。我们用 $\xi_0 \sim N(\xi, \sigma_{\xi_0}^2)$ 来表示待评估的位置,其中 ξ 是实际位置,ξ_0 是参考位置。如果 ξ_0 和 ξ_k 是独立的,则 $\rho_i = \xi_0 - \xi_i \sim N(0, \sigma_{\rho_i}^2)$,其中 $\sigma_{\rho_i}^2 = \sigma_{\xi_0}^2 + \sigma_{\xi_i}^2$。在传统可信度评估方法中,如果 $|\rho_i/\sigma_{ri}| > \Gamma$,则 ρ_i 会被判定为野值,但由于参考值通常也是一个高斯变量,它可能会影响评估结果,因此传统方法通常会产生较大的误警率(Probability of False Dismissal,PFD)。

设某位置为野值的概率为

$$p_{1,i} = p\left(\left|\frac{\xi_0 - \xi}{\sigma_{\xi_0}}\right| > \Gamma \rho_i = \xi_0 - \xi_i\right) = p(|\eta_{\xi_0}| > \Gamma \sigma_{\xi_0} | \rho_i = \eta_{\xi_0} - \eta_{\xi_i}) \tag{5-15}$$

式中,n_{ξ_0} 和 n_{ξ_i} 分别是 ξ_0 和 ξ_i 的误差。在 CRV 方法中,我们不是直接通过 ρ_i 的值来评估其是不是野值,而是通过计算 ξ_0 是野值的概率来评估。由于 $(n_{\xi_0}, n_{\xi_i}) \sim N(0, \sigma_{\xi_0}^2, 0, \sigma_{\xi_i}^2, 0)$ 且 $\rho_i = \eta_{\xi_0} - \eta_{\xi_i}$,因此可以得到:

$$p(|\eta_{\xi_0}| > \Gamma\sigma_{\xi_0}, \rho_i) = \int_{|\eta_{\xi_0}| > \Gamma\sigma_{\xi_0}} f_{n_{\xi_0}, n_i}(\eta_{\xi_0}, \eta_{\xi_0} - \rho_i) \mathrm{d}\eta_{\xi_0}$$

$$= \int_{|\eta_{\xi_0}| > \Gamma\sigma_{\xi_0}} \frac{1}{2\pi\sigma_{\xi_0}\sigma_{\xi_i}} \exp\left\{-\frac{1}{2}\left[\frac{\eta_{\xi_0}^2}{\sigma_{\xi_0}^2} + \frac{(\eta_{\xi_0} - \rho_i)^2}{\sigma_{\xi_i}^2}\right]\right\} \mathrm{d}\eta_{\xi_0} \tag{5-16}$$

式中,$f_{\eta_{\xi_0}, \eta_i}(\eta_{\xi_0}, \eta_{\xi_i})$ 是 η_{ξ_0} 和 η_{ξ_i} 的联合概率密度。通过进一步整理,式(5-16)可写成如下形式:

$$p(|\eta_{\xi_0}| > \Gamma\sigma_{\xi_0}, \rho_i) = \int_{|n_{\xi_0}| > \Gamma\sigma_{\xi_{0i}}} \frac{1}{\sqrt{2\pi}\sigma_{\xi_{0i}}} \exp\left[-\frac{1}{2}\left(\frac{\eta_{\xi_0} - \mu_i}{\sigma_{\xi_{0i}}}\right)^2\right] \frac{1}{\sqrt{2\pi}\sigma_{\rho_i}} \exp\left(-\frac{\rho_i^2}{2\sigma_{\rho_i}^2}\right) \mathrm{d}\eta_{\xi_0} \tag{5-17}$$

式中，$\mu_i = \left[\dfrac{\sigma_{\xi_0}^2}{\sigma_{\xi_0}^2 + \sigma_{\xi_i}^2}\right]\rho_i$，$\sigma_{\xi_{0i}} = \left[\dfrac{\sigma_{\xi_0}\sigma_{\xi_i}}{\sqrt{\sigma_{\xi_0}^2 + \sigma_{\xi_i}^2}}\right]$。注意到 $\rho_i \sim N(0, \sigma_{\rho_i}^2)$，这样将式(5-17)代入到式(5-15)后得到：

$$p_{1,i} = \int_{|\eta_{\xi_0}| > \Gamma\sigma_{\xi_0}} \dfrac{1}{\sqrt{2\pi}\,\sigma_{\xi_{0i}}} \exp\left[-\dfrac{1}{2}\left(\dfrac{\eta_{\xi_0} - \mu_i}{\sigma_{\xi_{0i}}}\right)^2\right] \mathrm{d}\eta_{\xi_0}$$

$$= \dfrac{1}{2}\left[\mathrm{erfc}\left(\dfrac{\mu_i + \Gamma\sigma_{\xi_0}}{\sqrt{2}\,\sigma_{\xi_{0i}}}\right) + \mathrm{erfc}\left(\dfrac{-\mu_i + \Gamma\sigma_{\xi_0}}{\sqrt{2}\,\sigma_{\xi_{0i}}}\right)\right] \quad (5\text{-}18)$$

记 $r_{i0} = \dfrac{\sigma_{\xi_i}}{\sigma_{\xi_0}}$，这样有 $\mu_i = \left[\dfrac{r_{i0}^2}{r_{i0}^2 + 1}\right]\rho_i$ 和 $\sigma_{\xi_{0i}} = \dfrac{r_{i0}}{\sqrt{r_{i0}^2 + 1}}\sigma_{\xi_0}$。

根据上述定义，可得某位置不是野值的概率为 $p_{0,i} = 1 - p_{1,i}$。需要注意的是，如果某位置在 $p_{1,i} > p_{0,i}$ 时被评估为野值，此时的 PFD 为 $p_{1,i}$；当 $p_{1,i} < p_{0,i}$ 时，PFD 为 $p_{0,i}$。可以通过设置一个容忍阈值 T_h 来确定期望的误警率(PFD)和虚警率(Probability of False Alarm, PFA)。当 $p_{1,i} > T_h$ 时，该位置将被评估为野值。

通常，参考节点的方差应小于被评估节点的方差，因为参考节点作为基准时需尽量准确。$p_{1,i}$ 和 $p_{0,i}$ 可以看作是关于某位置是否为野值的证据，因此可以通过将所有概率值输入改进的 D-S 证据理论模型来评估位置是否为野值。

D-S 证据理论(Dempster-Shafer Evidence Theory)是一种处理不确定信息的数学工具。在 D-S 证据理论中，识别框架 Θ 是一组互斥且完备的假设集合。对于任何假设 $\Omega \subseteq \Theta$，它是一个满足以下条件的概率：

$$\sum_{\Omega \in 2^\Theta} \begin{matrix} m(\emptyset) = 0 \\ m(\Omega) = 1 \end{matrix} \quad (5\text{-}19)$$

式中，$0 \leqslant m \leqslant 1$ 是基本概率分配函数，2^Θ 是 Θ 的所有子集构成的集合。Ω 的信任函数表示了假设 Ω 为真的可信度：

$$\mathrm{bel}(\Omega) = \sum_{\Lambda \subseteq \Omega} m(\Lambda) \quad (5\text{-}20)$$

式中，Λ 是 Ω 的一个完备子集。如果存在两个基本概率分配函数 m_1 和 m_2，它们可以通过 Dempster 规则融合，以产生一个新的基本概率分配函数 $m_{12} = m_1 \oplus m_2$。

$$m_{12}(\Omega) = \begin{cases} 0, & \Omega = \emptyset \\ \sum_{\Lambda \cap \Upsilon = \Omega} m_1(\Lambda) m_2(\Upsilon) / \mathcal{L}, & \Omega \neq \emptyset \end{cases} \quad (5\text{-}21)$$

式中，$\mathcal{L} = \sum_{\Lambda \cap \Upsilon \neq \emptyset} m_1(\Lambda) m_2(\Upsilon)$ 是归一化系数，如果存在两个以上的证据，则使用融合的 m_{12} 和新证据的 m_i 重复该算法，产生新的基本置信分配函数 $m_{1:i} = m_1 \oplus m_2 \oplus \cdots \oplus m_i$。对于所有的 $\Omega \in 2^\Theta$，最可能的假设是 $\Omega = \mathrm{argmax}_\Omega[m_{1:i}(\Omega)]$。

在协同定位的可信度评估中，记 1/0 为位置是或不是野值，则识别框架为 $\Theta = \{0, 1\}$。然后定义基本概率分配向量为

$$\boldsymbol{M}_i = [m_i(\Omega=\{0\})=p_{0,i}, m_i(\Omega=\{1\})=p_{1,i}], i=1,2,\cdots,N \tag{5-22}$$

同时,定义判断向量:

$$\boldsymbol{T}_h = [T_h, (1-T_h)] \tag{5-23}$$

式中,T_h 是根据 PFD 设定的阈值。

在传统可信度评估方法中,如果参考值存在较大的误差,即使被评估的值在真值附近,ρ_i 可能也会很大,从而导致误警。不同于传统方法,CRV 使用概率而非距离来评估数据的可信度,这样只要大多数参考值不是野值,那么当可用的参考节点数量足够多时,即使参考值有较大的误差,其判断概率的最大值也会被限制在 1 以内,从而大幅减小了参考值中误差所带来的干扰。

在上述协同定位系统中,假设 $X_{BP,k}^{(ij)}$ 是待评估的 BPE,那么可以得到 N 个概率来判断它是否为野值,其中 $N-1$ 是由其他 BPE 给出的,1 个是由一步预测值给出。把式(4-12)和式(4-15)代入式(5-6)中有:

$$X_{BP,k}^{(ij)} = [(I-K_k^{(j)})A\boldsymbol{\Phi}_{FE,k-1}^{(j)} + K_k^{(j)}\boldsymbol{\Phi}_{m,k}^{(j)}]_x + \Delta X_{m,k}^{(ij)} \tag{5-24}$$

式中,下标 x 表示位置分量。

下面分两种情况来讨论评估过程。

(1) 参考值是其他 BPE 时:

如果 $X_{BP,k}^{(ig)}, g\neq j$,是参考 BPE,则待评估 BPE 与参考 BPE 之间的距离如式(5-25)所示。

$$\rho_k^{(ij,g)} = X_{BP,k}^{(ij)} - X_{BP,k}^{(ig)} = \underbrace{[(I-K_k^{(j)})n_{P,k}^{(j)} + K_k^{(j)}n_{\Phi,k}^{(j)}]_x + n_{\Delta X,k}^{(ij)}}_{n_{A,k}^{(ij)}}$$
$$+ \underbrace{[(I-K_k^{(j)})An_{FE,k-1}^{(j)} - (I-K_k^{(g)})An_{FE,k-1}^{(g)}]_x}_{-n_{R,k}^{(ij,g)}} - n_{A,k}^{(ig)} \tag{5-25}$$

注意 $n_A^{(ij)}$ 中包含了待评估 BPE 的所有输入误差,因此我们将其定义为等效测量误差,并将对其进行可信度评估。$n_{A,K}^{(ij)}$ 和 $n_{R,K}^{(ij,g)}$ 是均值为 0 的高斯分布,其协方差矩阵如式(5-26)和式(5-27)所示。

$$\boldsymbol{P}_{A,k}^{(ij)} = [(I-K_k^{(j)})\boldsymbol{P}_P(I-K_k^{(j)})^T + K_k^{(j)}\boldsymbol{P}_\Phi K_k^{(j)T}]_x + \boldsymbol{P}_{\Delta X,k}^{(ij)} \tag{5-26}$$

$$\boldsymbol{P}_{R,k}^{(ij,g)} = [(I-K_k^{(j)})A\boldsymbol{P}_{FE,k-1}^{(ij)}A^T(I-K_k^{(j)})^T + (I-K_k^{(g)})A\boldsymbol{P}_{FE,k-1}^{(gg)}A^T(I-K_k^{(g)})^T$$
$$-(I-K_k^{(j)})A\boldsymbol{P}_{FE,k-1}^{(jg)}A^T(I-K_k^{(g)})^T - (I-K_k^{(g)})A\boldsymbol{P}_{FE,k-1}^{(gj)}A^T(I-K_k^{(j)})^T]_x + \boldsymbol{P}_{A,k}^{(ig)}$$
$$\tag{5-27}$$

注意 $n_{A,k}^{(ij)}$ 和 $n_{R,k}^{(ij,g)}$ 分别等价于式(5-18)中的 η_{ξ_0} 和 η_{ξ_i}。

我们把三维方向上的误差单独进行评估,此时有:

$$\mu_k^{(ij,g)} = (r_k^{(ij,g)})^2 \oslash [(r_k^{(ij,g)})^{\circ 2} + I_{3\times 1}] \circ \rho_k^{(ij,g)} \tag{5-28}$$

$$\sigma_{\xi_0,k}^{(ij,g)} = (\boldsymbol{r}_k^{(ij,g)}) \oslash [(\boldsymbol{r}_k^{(ij,g)})^{\circ 2} + \boldsymbol{I}_{3\times 1}]^{1/2} \circ \sigma_{\xi_0,k}^{(ij)} \quad (5\text{-}29)$$

式中，∘表示 Hadamard 积，。表示 Hadamard 根，⊘表示 Hadamard 除：

$$\sigma_{\xi_0,k}^{(ij)} = \text{diag}[(P_{A,k}^{(ij)})^{\circ \frac{1}{2}}] \quad (5\text{-}30)$$

$$\sigma_{\xi_i,k}^{(ij,g)} = \text{diag}[(P_{R,k}^{(ij,g)})^{\circ \frac{1}{2}}] \quad (5\text{-}31)$$

$$r_k^{(ij,g)} = \sigma_{\xi_0,k}^{(ij)} \oslash \sigma_{\xi_i,k}^{(ij,g)} \quad (5\text{-}32)$$

通过将式(5-28)和式(5-29)代入式(5-18)，可以得到 $p_{1,k}^{(ij,g)}$：

$$p_{1,k}^{(ij,g)} = \frac{1}{2}\text{erfc}\frac{1}{\sqrt{2}}\mu_k^{(ij,g)} + \Gamma\sigma_{\xi_0,k}^{(ij)} \oslash \sigma_{\xi_0,k}^{(ij,g)} + \text{erfc}\frac{1}{\sqrt{2}} - \mu_k^{(ij,g)} + \Gamma\sigma_{\xi_0,k}^{(ij)} \oslash \sigma_{\xi_{0i},k}^{(ij,g)}$$
$$(5\text{-}33)$$

式中，erfc(·)表示互补高斯误差函数。

(2) 参考值是一步预测值时：

预滤波过程的一步预测值 $\widehat{X}_k^{(i)}$ 也可以作为参考值，此时式(5-34)变为

$$\rho_k^{(ij,0)} = X_{BP,k}^{(ij)} - \widehat{X}_k^{(i)} = n_{A,k}^{(ij)} + \underbrace{[(I-K_k^{(j)})An_{FE,k-1}^{(j)} - An_{FE,k-1}^{(i)} - n_{P,k}^{(i)}]_x}_{-n_{R,k}^{(ij,0)}} \quad (5\text{-}34)$$

式中，上标 0 表示一步预测。与计算 $P_{R,k}^{(ij,g)}$ 的过程类似，$n_{R,k}^{(ij,0)}$ 的协方差矩阵如式(5-35)所示：

$$P_{R,k}^{(ij,0)} = [\boldsymbol{A}P_{FE,k-1}^{(ii)}\boldsymbol{A}^T + (I-\boldsymbol{K}_k^{(j)})\boldsymbol{A}P_{FE,k-1}^{(jj)}\boldsymbol{A}^T I-\boldsymbol{K}_k^{(j)T}$$
$$- \boldsymbol{A}P_{FE,k-1}^{(ij)}\boldsymbol{A}^T I-\boldsymbol{K}_k^{(j)T} - (I-\boldsymbol{K}_k^{(j)})\boldsymbol{A}P_{FE,k-1}^{(ji)}\boldsymbol{A}^T + \boldsymbol{P}_P]_x \quad (5\text{-}35)$$

然后，我们可通过将式(5-28)～式(5-33)中的 g 替换为 0 来得到 $p_k^{(ij,0)}$。

下面通过仿真来评估上述 ECCL 和 CRV 算法的性能。仿真通过 MATLAB 进行，仿真条件如下：

① 仿真区域设置为 200 m×200 m×200 m 的立方体；

② 每个节点的绝对和相对测量误差方差均相同；

③ 仿真所施加的噪声方差为 $\sigma_x^2 = (8 \text{ m})^2, \sigma_v^2 = (0.2 \text{ m/s})^2, \sigma_d^2 = (1 \text{ m})^2, \sigma_a^2 = (3°)^2$；

④ 所有测量都是同步的；

⑤ 仅考虑视距场景。

仿真考虑静止和随机运动两种情景，每种情景包含 100 次定位和 100 次蒙特卡洛实验。在静止场景中(Motionless Scenario，MLS)，2～20 个节点将被随机分布在仿真区域中；在随机运动场景中(Random Motion Scenario，RMS)，将在仿真区域中生成 10 条随机轨迹，每条轨迹直行、左转、右转、后退的概率分布设置为 $p_{\text{straight}} = 0.8, p_{\text{left}} = p_{\text{right}} = 0.1, p_{\text{back}} = 0$，每个节点的速度约为 3 m/s，当节点到达仿真区域的边界时，它将向左或向右转动，且相对测量的最远距离为 150 m。

将 ECCL 与其他 4 种方法进行对比：① WLS(Weighted Least Squares，加权最小二乘)方法；② 将 WLS 中的结果利用卡尔曼滤波进行协同定位(Cooperative Kalman

Filter,CKF);③文献[33]中的无线网络混合和积算法(H-SPAWN);④仅考虑绝对测量而不考虑相对测量的非协同卡尔曼滤波方法(Non-Cooperative localization by Kalman Filter,NCKF)。

图 5-7(a)所示为在 MLS 场景中不同算法节点数量与定位精度(通过 RMSE 衡量)的关系。当节点数量增加时,ECCL 方法表现出比其他方法更高的定位精度。另外,除了 NCKF 外,定位精度随着节点数量的增加而提高,并且随着节点数量的增加,精度的提高速度逐渐减缓。尤其是当 $N > 15$ 时,所有方法的精度提升都较少。

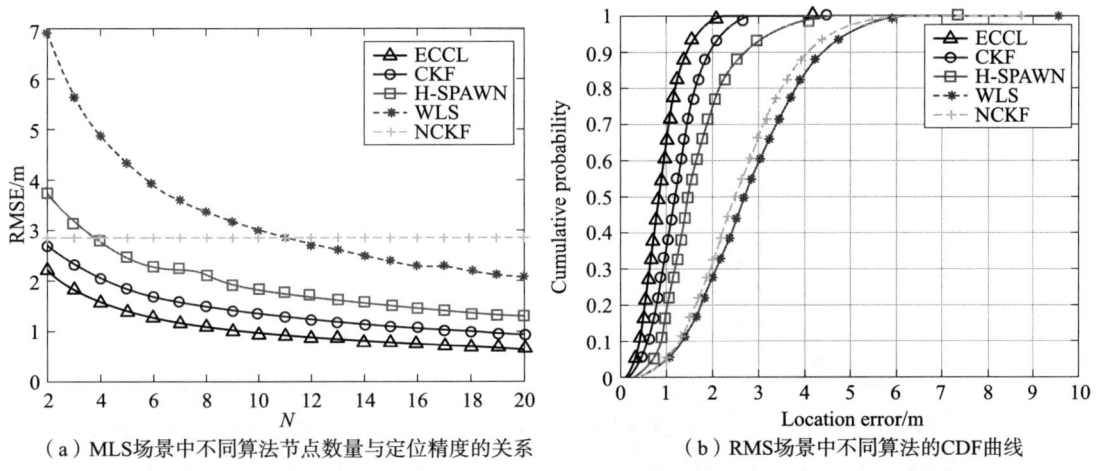

(a) MLS 场景中不同算法节点数量与定位精度的关系　　(b) RMS 场景中不同算法的 CDF 曲线

图 5-7　不同场景下的定位性能

表 5-1 所示为不同算法在 RMS 场景中的 RMSE 和最大误差的对比。可以看出 ECCL 方法的 RMSE 比其他 4 种方法分别小 26.87%、46.15%、67.87% 和 65.37%;最大误差分别小 6.71%、43.11%、56.20% 和 52.12%。由图 5-7(b)的累积分布函数 (Cumulative Distribution Functions,CDF)可以看出,ECCL 方法中超过 90% 的误差小于 1.5 m,而其他方法的误差分别约为 2 m、2.5 m、4.5 m 和 4 m。在协同定位中,ECCL 方法在所有方法中表现最佳,而 WLS 方法是最差的。

表 5-1　不同算法的均方根误差和最大误差

算法	ECCL	CKF	H-SPAWN	WLS	NCKF
RESM/m	0.98	1.34	1.82	3.05	2.83
最大误差/m	4.17	4.47	7.33	9.52	8.71

下面评估 CRV 算法的性能。这里需要关注的是可信度评估过程的 PFD 和 PFA,因为较高的 PFD 意味着在大量传感器节点的情况下更容易漏掉误差较大的测量值;而较高的 PFA 意味着相对较准的测量值可能会被排除,从而导致定位精度的降低。将 CRV 的显著性水平设为 10%,这样通过标准正态分布的概率密度函数计算可得 $\Gamma = 1.65$。

首先对 CRV 算法中的 PFD 和 PFA 进行理论分析。考虑只有一个参考点存在的情况,此时 CRV 的 PFD/PFA 如式(5-36)所示。

$$p_{01,i}^{10} = p(p_{1,i} T_h | \eta_{\xi_0} \Gamma \sigma_{\xi_0})$$

$$= \frac{\iint_{|\eta_{\xi_0}| \Gamma \sigma_{\xi_0}, \eta_{\xi_i} \in R} u\left(\pm \frac{PFA}{PFD} p_{1,i} \mp \frac{PFA}{PFD} T_h\right) f_{\eta_{\xi_0}, \eta_{\xi_i}}(\eta_{\xi_0}, \eta_{\xi_i}) d\eta_{\xi_0} d\eta_{\xi_i}}{\int_{|\eta_{\xi_0}| \Gamma \sigma_{\xi_0}} f_{\eta_{\xi_0}}(\eta_{\xi_0}) d\eta_{\xi_0}} \quad (5\text{-}36)$$

式中,p_{10} 和 p_{01} 分别代表 PFD 和 PFA。为了节省空间,使用 p_{01}^{10} 在一个公式中同时表示 PFD 和 PFA,$\genfrac{}{}{0pt}{}{\leqslant PFD}{>FPA}$ 表示在计算 PFD 时使用 $\leqslant$,而在计算 PFA 时使用 $>$。$f_{\eta_{\xi_0}, \eta_{\xi_i}}$ 表示 η_{ξ_0} 和 η_{ξ_i} 的联合概率密度,$f_{\eta_{\xi_0}}$ 表示 η_{ξ_0} 的边缘分布。图 5-8(a)和(b)分别所示为方差比 r_{i0} 和容忍阈值 T_h 对 PFD 和 PFA 的影响。

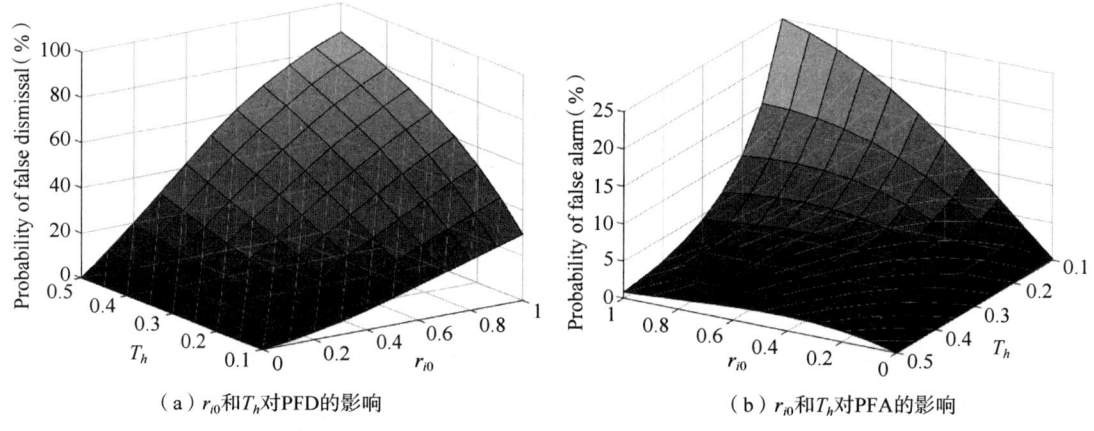

(a) r_{i0} 和 T_h 对PFD的影响　　(b) r_{i0} 和 T_h 对PFA的影响

图 5-8　仅存在一个参考节点时 CRV 算法的性能评估

将 CRV 与传统的利用马氏距离(Mahalanobis Distance Method,MDM)来评估可信度的方法进行比较,其结果如图 5-9(a)所示。可以看出当仅有一个参考节点($N=2$)时,CRV 的 PFD 优于 MDM,而 CRV 的 PFA 则比 MDM 差一点。但当存在多个参考节点时,CRV 的 PFD 和 PFA 在大部分情况下就都优于 MDM 了。多参考点情况下由于计算概率的过程比较复杂,因此通过蒙特卡洛实验来验证上述结论。从图 5-9(a)可以看出,当 $N=11$ 时,CRV 的 PFD 和 PFA 均优于当 $N=2$ 时的结果,并且都优于 MDM 方法。图 5-9(b)所示为 PFD 和 PFA 与节点数量的关系,当 $r_{i0}=0.5$ 和 $T_h=0.15$ 时,随着 N 的增大,PFD 和 PFA 都逐渐减小。

为了进一步检验 CRV 的性能,可以通过评估其对定位性能的影响来检验。为此,我们以 5% 的概率随机向 RMS 场景的观测数据中注入野值,以模拟真实环境。这些野值幅度的标准差满足 $\lambda \Gamma \sigma$,其中对绝对坐标系下的测量值有 $|\lambda| \sim U(1.5,3)$,对相对坐标系下的测量值有 $|\lambda| \sim U(1.5,5)$。

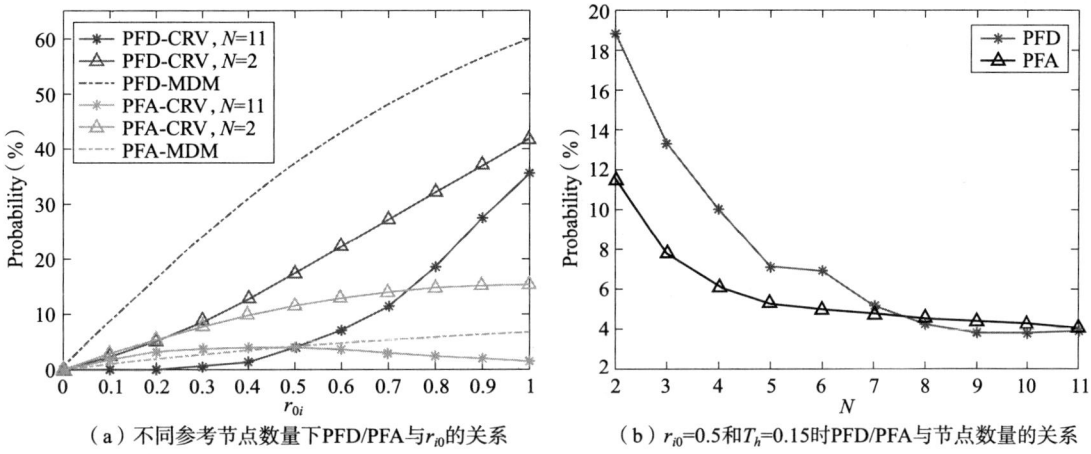

(a) 不同参考节点数量下PFD/PFA与r_{i0}的关系   (b) r_{i0}=0.5和T_h=0.15时PFD/PFA与节点数量的关系

图 5-9　存在多个参考节点时 CRV 算法的性能评估

定义定位误差概率(Localization Error Probabilities，LEP)：

$$P_{le}(e_{th}) = p(\|X_{CF} - X\| > e_{th}) \tag{5-37}$$

式中，X 表示真实位置。图 5-10 所示为 4 种算法的 LEP：①标准 ECCL(ECCL)；②使用 MDM 替代 CRV 的 ECCL(ECCL-CRV+MDM)；③不使用任何可信度评估方法的 ECCL(ECCL-CRV)；④CKF。显然，ECCL-CRV 和 CKF 的误差较大，因为一旦出现野值，由于它们没有使用可信度评估算法，协同定位结果将会产生较大的偏差，同时由于卡尔曼滤波的作用，在该大误差后仍会继续出现几个较大的定位误差，直到滤波器收敛。所以在这种情况下不仅大误差的数量增加，小误差的数量也随之增加。

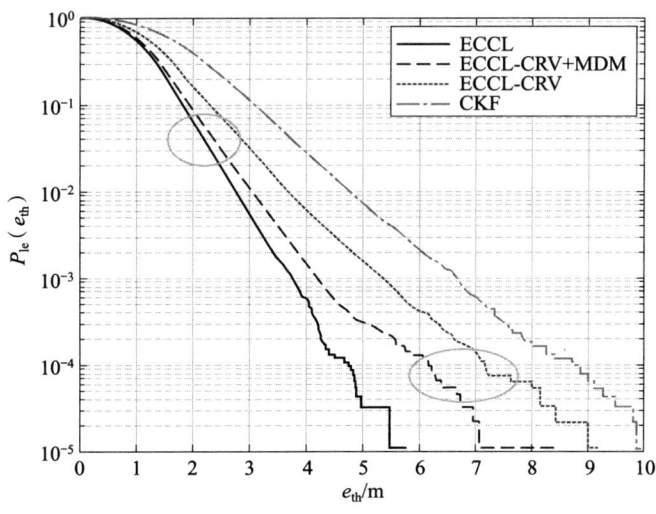

图 5-10　不同算法下的 LEP

通过比较 ECCL 和 ECCL-CRV+MDM 的曲线，我们观察到当 e_{th} 较小时，后者较为接近前者。相反，当 e_{th} 增大时，后者的曲线则会偏离前者，并向其他曲线靠拢。这是因为虽然一些野值已被 MDM 剔除，使协同定位结果中的小误差数量没有显著增加，但 MDM 仍漏检了大量的野值，从而导致 MDM 比 CRV 带来更多的大定位误差。当然，CRV 也会漏检一些野值，但由于 CRV 的 PFD 较低，所以其漏检的野值也较少，如表 5-2 所示。从表中还可以看到，ECCL 的 PFD 几乎是 MDM 的一半，这证明了 CRV 漏检的野值更少。同时，ECCL 的 PFA 也小于 MDM。

表 5-2 不同可信度评估算法的性能比较

算法	ECCL	ECCL-CRV+MDM	ECCL-CRV	CKF
PFD(%)	13.94	27.74	—	—
PFA(%)	4.21	5.25	—	—
RESM(m)	1.26	1.34	1.55	2.10
Maximum Error(m)	5.75	8.47	9.19	9.93

另外，显然 ECCL 的 RMSE 和最大误差都比其他方法小得多，这意味着 CRV 方法能够检测出大多数能导致大的定位误差的野值。当然，由于此时人为加入了一些野值，且 CRV 难免存在一些漏检或误检，因此它们都大于表 5-1 第二列中的结果。与没有加入野值的场景相比，CKF 的 RMSE 和最大误差分别增加了 0.76 m 和 5.46 m，而 ECCL 仅增加了 0.28 m 和 1.58 m，正是由于 CRV 的作用使最终的定位误差没有大幅增加。

5.2 通信导航一体化信号体制设计

5.2.1 5G 定位参考信号

5G NR 在 4G LTE 的基础上，进一步改进了专门用于定位的下行定位参考信号（PRS），其可实现比 4G 中的 PRS 更加灵活的配置，以在不同场景中实现不同的定位性能。另外，用于通信上行信道资源调度和链路自适应控制的上行探测参考信号（Sounding Reference Signal, SRS），也可用来实现上行定位功能。两种信号均采用 OFDM 调制，在生成序列和资源映射上有一定区别。

1. 下行定位参考信号

PRS 是由基站播发给终端的下行参考信号，终端通过测量 PRS，获得下行定位测量值，包括下行 PRS 参考信号时间差（Reference Signal Time Difference, RSTD）、下行 PRS 参考信号接收功率（DL PRS RSRP）、UE 收发时间差和其他参量，终端可以利用这些测量值自己进行位置解算，也可以将这些测量值上报给基站，进而实现终端位置的解算。

由于终端是通过寻找参考信号的相关峰来确定传播延时或时间差,因此设计 PRS 序列时需要保证各基站播发的 PRS 之间干扰随机化并拥有良好的自相关特性。TS 38.211 协议中已定义 PRS 信号使用长度为 31 阶的 Gold 码伪随机序列,不同基站播发使用不同序列的 PRS 信号。伪随机序列 $c(n)$ 的生成方式如式(5-38)所示:

$$c(n) = (x_1(n+N_c) + x_2(n+N_c)) \bmod 2$$

$$x_1(n+31) = (x_1(n+3) + x_1(n)) \bmod 2$$

$$x_2(n+31) = (x_2(n+3) + x_2(n+2) + x_2(n+1) + x_2(n)) \bmod 2 \tag{5-38}$$

式中,N_c 被设定为 1 600,$x_1(n)$ 和 $x_2(n)$ 是两组 M 序列,$x_1(n)$ 的初始状态为 $x_1(0)=1, x_1(n)=0, n=1,2,\cdots,30$,而 $x_2(n)$ 的初始状态由参数 c_{init} 换算获得,如式(5-39)所示。

$$c_{\text{init}} = \sum_{i=0}^{30} x_2(i) \cdot 2^i \tag{5-39}$$

参数 c_{init} 由 PRS 的标识号(可用于区分基站)和时隙号决定,如式(5-40)所示。

$$c_{\text{init}} = (2^{22} \left\lfloor \frac{n_{\text{ID,seq}}^{\text{PRS}}}{1024} \right\rfloor + 2^{10}(N_{\text{symb}}^{\text{slot}} n_{\text{sf}}^{\mu} + l + 1) \times$$

$$(2(n)_{\text{ID,seq}}^{\text{PRS}} \bmod 1024) + 1) + (n_{\text{ID,seq}}^{\text{PRS}} \bmod 1024)) \bmod 2^{31} \tag{5-40}$$

式中,$n_{\text{ID,seq}}^{\text{PRS}}$ 是 PRS 标识号,取值范围从 0 至 4 095,因此 PRS 信号支持 4 096 种不同的伪随机序列。$N_{\text{symb}}^{\text{slot}}$ 表示一个时隙中的符号数量,n_{sf}^{μ} 表示时隙编号,l 表示当前 OFDM 符号在时隙中的编号。

每一个时隙的 5G 信号包含 14 个符号,在频率上包含多个子载波,由符号与子载波的对应得到如图 5-11 所示的资源栅格。图中 $N_{\text{RB}}^{\text{DL}}$ 为信号中包含的资源块数量(100 MHz 带宽子载波间隔为 30 kHz 时 $N_{\text{RB}}^{\text{DL}}=273$),每个资源块包含 12 个子载波。

PRS 使用的参考信号序列 $r(m)$ 是由伪随机序列 $c(n)$ 经正交相移键控(Quadrature Phase Shift Keying,QPSK)调制后获得的,如式(5-41)所示:

$$r(m) = \frac{1}{\sqrt{2}} 1 - 2c(2m) + j \frac{1}{\sqrt{2}} 1 - 2c(2m+1) \tag{5-41}$$

参考信号序列 $r(m)$ 在时频资源上的映射方式为

$$a_{k,l} = \beta_{\text{PRS}} r(m)$$

$$m = 0, 1, \cdots$$

$$k = m K_{\text{comb}}^{\text{PRS}} + \left(\left(k_{\text{offset}}^{\text{PRS}} + k' \right) \bmod K_{\text{comb}}^{\text{PRS}} \right) \tag{5-42}$$

$$l = l_{\text{start}}^{\text{PRS}}, l_{\text{start}}^{\text{PRS}} + 1, \cdots, l_{\text{start}}^{\text{PRS}} + L_{\text{PRS}} - 1$$

式中,$a_{k,l}$ 表示在第 l 号符号上的第 k 号子载波上映射的 PRS 信号,$K_{\text{comb}}^{\text{PRS}}$ 是 PRS 信号的梳数(Comb Number;映射了 PRS 信号的子载波之间间隔的子载波数),取值为 2、4、6、

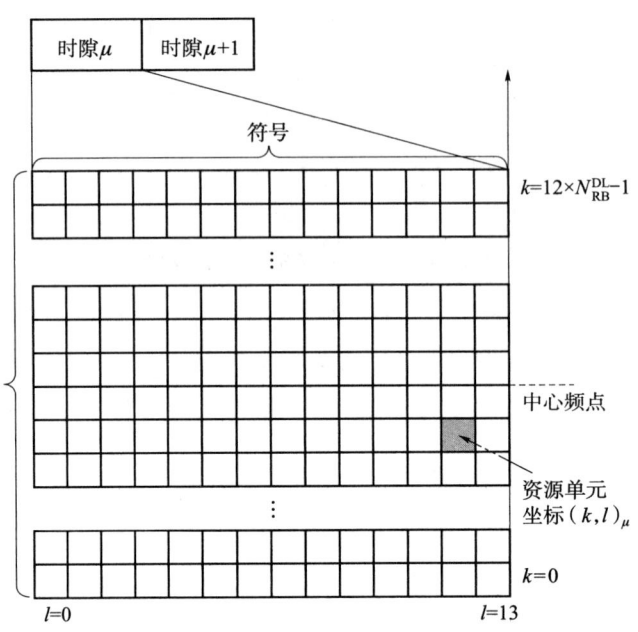

图 5-11 5G PRS 时隙资源栅格示意图

$12,k_{\text{offset}}^{\text{PRS}}$ 是 PRS 信号在频域上的偏移量,k' 决定了相邻符号上 PRS 信号映射在不同子载波上,L_{PRS} 是 PRS 信号在一个时隙内占用的符号数量,取值为 2、4、6、12(5G 网络采用普通循环前缀时 1 个时隙共有 14 个符号),$l_{\text{start}}^{\text{PRS}}$ 是 PRS 信号在时隙中符号上的偏移量,而 β_{PRS} 是用于调节 PRS 信号幅度的因子。

例如,当 PRS 带宽为 100 MHz 时,频域上共包含 273 个资源块,每个资源块包含 12 个子载波,子载波间隔为 30 kHz,时间上一个时隙的 PRS 信号包含 14 个符号。当梳数为 4 的梳状结构,一个时隙内一个资源块中包含 PRS 信号的资源单元(时域上的一个符号和频域上的一个子载波构成的一个资源单位)如图 5-12 所示,其中 14 个符号中前 12 个包含 PRS 信号,阴影部分代表映射了 PRS 信号序列的资源单元。

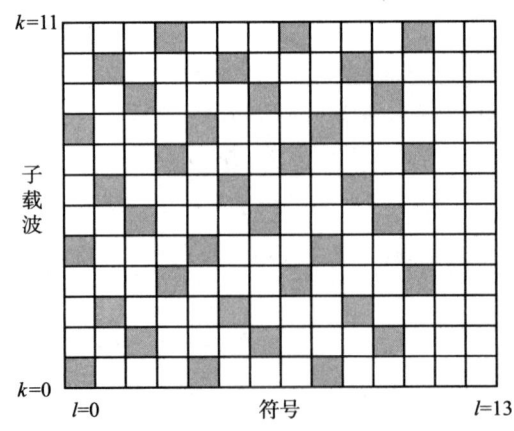

图 5-12 PRS 信号资源栅格图

2. 上行探测参考信号

与 PRS 信号不同，SRS 信号是终端播发至基站的上行信号，该信号并非专用于定位，还负责上行链路信道探测，估计基站的上行信道状态。3GPP Release 16 标准中新增了对 SRS 信号定位能力的增强：提高了信号播发功率、增加了符号数量、增强了信号的可听性并提高了测量能力。

SRS 序列 $r(n,l')$ 由 Low-PAPR 序列产生，其中 $0 \leqslant n \leqslant M_{sc,b}^{SRS}-1$，$l' \in \{0,1,\cdots,N_{symb}^{SRS}-1\}$，$M_{sc,b}^{SRS}$ 代表序列长度，l' 是符号序号，N_{symb}^{SRS} 是 SRS 信号在一个时隙中占用的符号数，可配置为 1、2、4、8、10、12、14。

$$M_{sc,b}^{SRS} = m_{SRS,b} N_{SC}^{RB} / K_{TC} \tag{5-43}$$

式中，N_{SC}^{RB} 表示每个资源块中的子载波数量，等于 12，K_{TC} 是 SRS 信号的梳数，可设置为 2、4、8，$m_{SRS,b}$ 是 SRS 信号占用的资源块数量。

为了满足定位性能的需求，UE 发送的 SRS 不但要被服务基站接收，还应该尽可能多的被相邻基站接收。为了减少不同 UE 发送的 SRS 信号之间相互冲突并导致上行信号干扰，SRS 的序列个数比 PRS 增加了 64 倍，即从 1 024 个 ID 扩充到 65 536 个 ID[38]。

参考信号序列 $r(n,l')$ 在时频资源上的映射方式如式(5-44)所示：

$$a_{K_{TC}k'+k_0,l'+l_0} = \begin{cases} \dfrac{1}{\sqrt{N_{ap}}} \beta_{SRS} r(k',l') & ,k'=0,1,\cdots,M_{sc,b}^{SRS}-1 \\ & ,l'=0,1,\cdots,N_{symb}^{SRS}-1 \\ 0 & ,其他 \end{cases} \tag{5-44}$$

式中，$a_{K_{TC}k'+k_0,l'+l_0}$ 表示在第 $l'+l_0$ 号符号上的第 $K_{TC}k'+k_0$ 号子载波上映射的 SRS 信号，k_0 表示 SRS 信号在频域上的起始位置，N_{ap} 表示天线端口数量，l_{start}^{SRS} 表示 SRS 信号在时隙中符号上的偏移量，β_{SRS} 表示用于调节 SRS 信号幅度的因子，可将 SRS 信号播发功率调至终端信号播发功率上限，保障距离较远的基站能够接收到 SRS 信号。

例如，当 SRS 带宽为 20 MHz，频域上共包含 51 个资源块，每个资源块包含 12 个子载波，子载波间隔为 30 kHz，时间上一个时隙的 PRS 信号包含 14 个符号，信号采用标准中规定的 comb 值为 2 的梳状结构，一个时隙内一个资源块中包含 SRS 信号的资源单元如图 5-13 所示，其中 14 个符号中后 12 个包含 SRS 信号，阴影部分代表映射了 SRS 信号序列的资源单元。

5.2.2 共频带定位信号

传统 PRS 仅在部分时隙中播发，UE 无法对不连续的 PRS 进行跟踪，严重制约了其测距精度的提升。若将定位信号叠加在通信信号上，与通信共用相同频带，这样就可以实现定位信号的连续播发，为了使叠加的定位信号不影响通信性能，其功率必须极低，这种技术就称为共频带定位[35-37]。

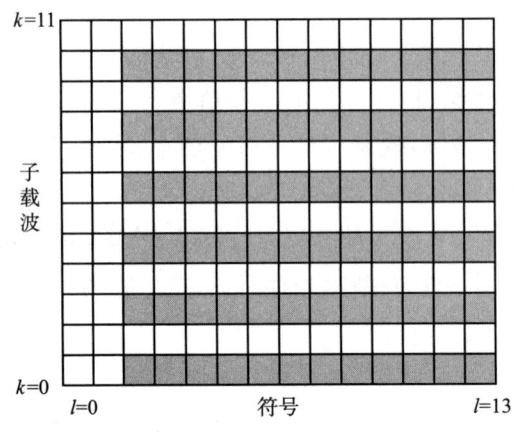

图 5-13 SRS 信号资源栅格图

共频带定位信号由导航电文和伪随机序列(Pseudo Random Number,PRN)两部分构成,如图 5-14 所示。首先,利用 PRN 对导航电文进行扩频调制,然后将其映射到时频资源栅格上。通过正交频分复用(OFDM)调制生成定位信号,最终以低功率形式与通信信号叠加,并通过射频进行播发。

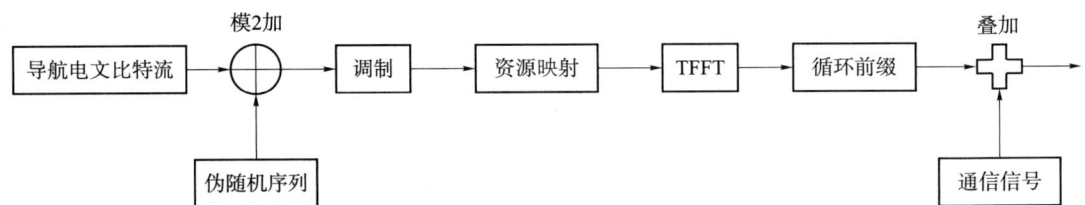

图 5-14 共频带信号生成流程

为了使共频带信号与 5G PRS 兼容,其伪随机序列生成方法与式(5-38)相同,然后将其与导航电文 NM(t)进行模 2 加,形成最终的传输信号 $s(t)$,如式(5-45)所示:

$$s(t) = \mathrm{NM}(t) \oplus \mathrm{PRN}(t) \tag{5-45}$$

获得 $s(t)$ 的过程示意图如图 5-15 所示。

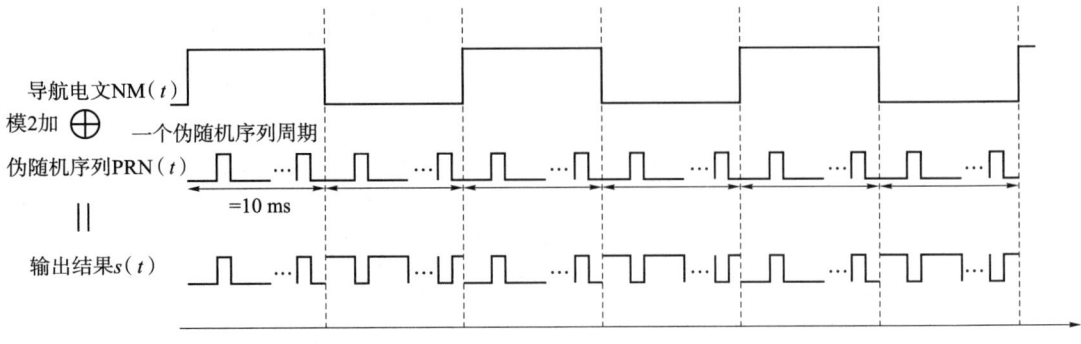

图 5-15 导航电文与伪随机序列调制示意图

在进行资源映射前序列 $s(t)$ 需要进行 QPSK 调制以获得 $r(t)$,然后根据以下原则映射到资源单元 $(k,l)_\mu$:

$$a_{k,l}^\mu = \beta_{\mathrm{PRS}} r(t), t=0,1,\cdots \quad (5\text{-}46)$$

$$k = t \times K_{\mathrm{comb}}^{\mathrm{PRS}} + \left(\left(k_{\mathrm{offset}}^{\mathrm{PRS}} + k'\right) \bmod K_{\mathrm{comb}}^{\mathrm{PRS}}\right) \quad (5\text{-}47)$$

$$l = 2,3,\cdots,13 \quad (5\text{-}48)$$

式中,序列 $r(t)$ 按因子 β_{PRS} 进行缩放,$a_{k,l}^\mu$ 是子载波下第 μ 个时隙中坐标为 (k,l) 的资源单元处映射的序列 $r(t)$ 的值,梳状结构大小 $K_{\mathrm{comb}}^{\mathrm{PRS}} \in \{2,4,6,12\}$ 由运营商配置,以便将相邻基站的共频带 PRS 信号映射在不同的资源单元上,提高抗远近效应的能力。资源单元偏移量 $k_{\mathrm{offset}}^{\mathrm{PRS}} \in \{0,1,\cdots,K_{\mathrm{comb}}^{\mathrm{PRS}}-1\}$ 由运营商配置,相邻基站配置不同的偏移量。k' 是共频带 PRS 信号在不同符号内映射资源单元位置的子载波偏移量,由 $K_{\mathrm{comb}}^{\mathrm{PRS}}$ 和 l 通过表 5-3 确定。

表 5-3 子载波偏移量 k'

$K_{\mathrm{comb}}^{\mathrm{PRS}}$	l											
	2	3	4	5	6	7	8	9	10	11	12	13
2	0	1	0	1	0	1	0	1	0	1	0	1
4	0	2	1	3	0	2	1	3	0	2	1	3
6	0	3	1	4	2	5	0	3	1	4	2	5
12	0	6	3	9	1	7	4	10	2	8	5	11

以 $K_{\mathrm{comb}}^{\mathrm{PRS}} = 4$ 时为例,当 $k_{\mathrm{offset}}^{\mathrm{PRS}}$ 分别配置为 0,1,2,3 时,对应基站的共频带 PRS 信号映射位置如图 5-16 所示。

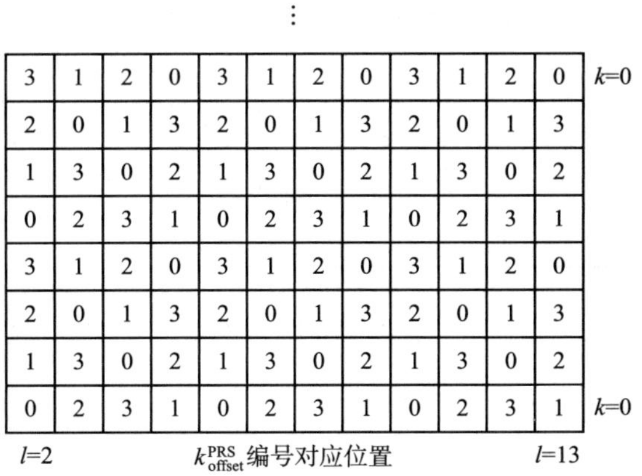

图 5-16 $K_{\mathrm{comb}}^{\mathrm{PRS}} = 4$ 时 $k_{\mathrm{offset}}^{\mathrm{PRS}}$ 分别配置为 0,1,2,3 的信号映射位置示意图

完成资源映射后按照符号顺序进行逆快速傅里叶变换(Inverse Fast Fourier Transform,IFFT)获得调制后的未加前缀的 OFDM 基带信号 $S'_{\mathrm{pos}}(t)$。IFFT 过程如图 5-17 所示,IFFT

变换过程中需要输入数据个数为 2 的整数次方,但由于带宽限制,子载波个数无法满足 2 的整数次方限制,需通过尾部补零将数据量扩充至 2 的整数次方。

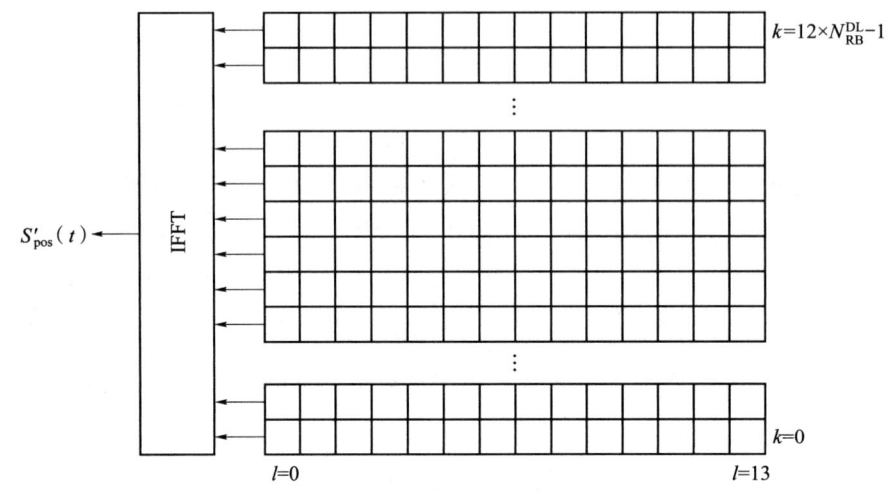

图 5-17　IFFT 过程示意图

每个符号的数据经过 IFFT 获得 OFDM 基带信号后需要添加循环前缀,每个符号的循环前缀采样点数遵循如下准则。

$$N_{\text{CP,l}} = \begin{cases} (144 + 16 \times N_{\text{slot}}^{\text{sub}}) \times \dfrac{N_{\text{ifft}}}{2\,048}, & l_{\text{sub}} = 0 \text{ or } l_{\text{sub}} = 7 \times N_{\text{slot}}^{\text{sub}} \\ 144 \times \dfrac{N_{\text{ifft}}}{2\,048}, & l_{\text{sub}} \neq 0 \text{ and } l_{\text{sub}} \neq 7 \times N_{\text{slot}}^{\text{sub}} \end{cases} \quad (5\text{-}49)$$

式中,$N_{\text{slot}}^{\text{sub}}$ 是子帧中的时隙个数,N_{ifft} 是 IFFT 的点数。

一个符号的信号经过 IFFT 后获得的基带信号具有 N_{ifft} 个采样间隔,加循环前缀的过程为将后 $N_{\text{CP,l}}$ 个采样间隔信号复制移动到信号前端,获得最终的共频带基带信号 $S_{\text{pos}}(t)$,过程如图 5-18 所示。

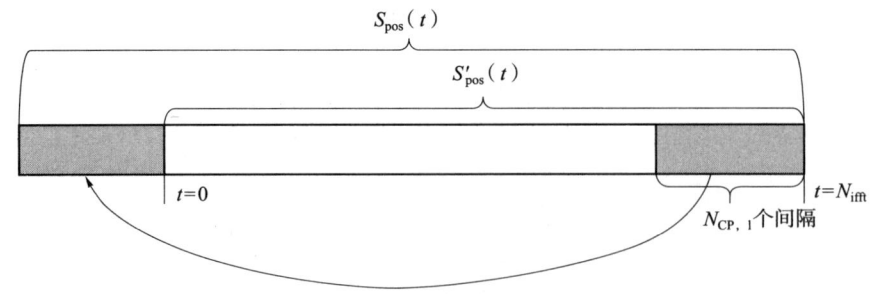

图 5-18　循环前缀添加过程示意图

完成共频带定位信号基带信号的调制后,需要将共频带定位信号 $S_{\text{pos}}(t)$ 和通信信号 $S_{\text{com}}(t)$ 叠加合成融合信号,如下公式描述:

$$S_{\text{in}}(t) = S_{\text{com}}(t) + S_{\text{pos}}(t) \tag{5-50}$$

式中，$S_{\text{In}}(t)$ 为最终的通导一体化基带信号，$S_{\text{com}}(t)$ 为通信基带信号，$S_{\text{pos}}(t)$ 为共频带定位信号。

5.2.3 MS-NOMA 信号

共频带定位技术为同时实现高性能的通信与导航奠定了理论基础。在实际应用中，定位用户需要接收尽可能多的定位信号以实现精确的位置解算；而通信用户仅需接收一个基站的信号即可，周围基站的信号对其是小区间干扰，通信与定位因此形成了矛盾。一种方案是通过给不同的基站设置不同的 PRS 梳状结构或通过轮播来避免小区间干扰，但当周围基站数增多时效果不佳。另一种方案可以通过设计新的通导一体化信号体制来解决上述矛盾，新体制信号需要满足以下要求：①定位和通信用户之间的干扰必须足够弱，即定位用户必须消耗尽可能少的通信资源以确保通信的服务质量（Quality of Services, QoS）要求；同时，也要满足高性能的定位需求。②定位信号应连续，即 UE 可以跟踪信号以获得更高的测量精度和测量频率。③在下行定位场景中，不同用户的定位信号必须是可配置的，即不同的用户/用户组应该从同一的基站获得不同的信号强度或增益，以减少远近效应。

为了满足上述要求，本节介绍一种名为多尺度非正交多址（Multi-Scale NonOrthogonal Multiple Access, MS-NOMA）的新型通导一体化技术[35]。MS-NOMA 基于共频带定位理论，将极低功率的定位信号叠加到通信信号上，与普通共频带信号不同的是，MS-NOMA 中的定位信号被分为了多个子载波，每个子载波以 OFDM 的形式调制，且播发给不同的用户/用户组，如图 5-19 所示。由于 MS-NOMA 中的定位子载波参数是可以配置的，例如功率、带宽、伪码长度等，因此可以根据不同用户/用户组的信道状态，播发不同的定位信号，满足不同用户/用户组需求的同时，提高信号的可听性。

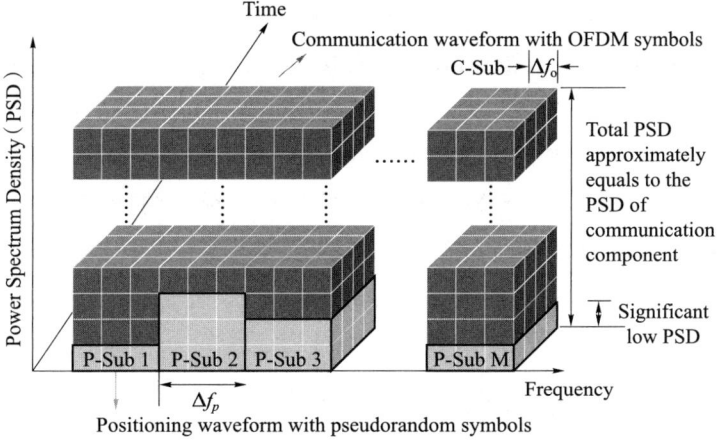

图 5-19 MS-NOMA 信号结构

MS-NOMA 信号中,通信与定位子载波间隔分别为 Δf_c 与 Δf_p,下标 c 和 p 分别表示通信和定位用户,设系统的总带宽为 B,因此最多能够承载 $N=\dfrac{B}{\Delta f_c}-1$ 个通信用户/用户组和 $M=\dfrac{B}{\Delta f_p}-1$ 个定位用户/用户组。为了提高测距精度,设计的定位信号的带宽则要尽可能的大,因此通信与定位的子载波间隔应满足:

$$\Delta f_p = G\Delta f_c, G\in N_+ \tag{5-51}$$

但过大的定位子载波带宽会导致有限带宽 B 内的定位子载波数量变少,从而降低定位用户容量,因此应根据实际应用需求设计合适的定位子载波带宽。与通信类似,定位子载波之间也是相互正交的,因此不同子载波定位信号之间不存在干扰,但定位与通信信号之间存在一定的干扰,为降低该干扰,定位信号的功率应当足够小,同时通过扩频调制来提高解调后定位信号的信噪比,且该扩频序列可以用来区分不同的基站及不同的子载波,这意味着在同一基站中对于不同定位子载波的扩频序列应该是不同的。

5.3 通信导航间干扰的评估

通导一体化的本质是在有限的物理资源下同时实现高性能的通信与导航。对通信而言,导航功能的加入意味着占用了本该属于通信的资源;反之同理,这相当于通信与定位在有限资源下相互干扰。本节将以 MS-NOMA 信号为例,定量分析通信与定位的相互干扰程度,为后续通信与定位的资源分配奠定基础[35]。

5.3.1 定位信号对通信信号的干扰

MS-NOMA 技术中,定位信号是已知的,因此 UE 可以利用串行干扰消除技术(Successive Interference Cancellation,SIC)直接将定位信号去除,这样在理想情况下定位信号就不再对通信信号产生干扰。但在实际应用中,UE 往往因算力、功耗、隐私等原因无法执行 SIC,此时叠加在通信信号上面的定位信号相当于噪声会对其产生干扰。为了方便起见,我们假定 MS-NOMA 信号中所有通信用户的功率是一样的,并且发送给每个定位用户处的扩频序列都是独立的。可以使用误码率(Bit Error Rate,BER)来评估定位信号对通信信号的干扰,对于系统中的每一个通信用户而言,BER 如式(5-52)所示:

$$\mathrm{BER}(n) = K\,\mathrm{erfc}\left(\dfrac{\lambda P_c T_c}{I(n)+2N_0}\right) \tag{5-52}$$

式中,n 表示通信用户的序号,K、λ 由调制和编码方案决定。P_c 是通信信号的功率,T_c

是通信信号的符号周期。N_0 是环境噪声的单边功率谱密度,其中 $I(n)$ 表示所有定位用户对第 n 个通信用户的干扰:

$$I(n) = \sum_{m=1}^{M} \bar{P}_{p,m}(n) \tag{5-53}$$

式中,m 是定位用户的序号,$\bar{P}_{p,m}(n)$ 是第 m 个定位子载波对第 n 个通信子载波的干扰:

$$\bar{P}_{p,m}(n) = P_{p,m} G_{p,m}(n\Delta f_c) = P_{p,m} T_p \operatorname{sinc}^2\left(m - \frac{n}{G}\right) \tag{5-54}$$

式中,$P_{p,m}$ 是定位信号的功率,T_p 是定位信号的符号周期。$G_{p,m}(f) = T_p \operatorname{sinc}^2[(f - m\Delta f_p)T_p]$ 表示第 m 个定位用户的归一化功率谱密度。需要注意的是,为了减小定位信号对通信信号的干扰,可以减小定位信号的发射功率或者编码周期,若是定位信号的功率谱密度远小于环境噪声,则可以忽略定位信号对通信信号的干扰。

定义 E_b/N_0 为通信信号的比特信噪比,C/N_0 为定位信号的载噪比,$\mathrm{CPR}_m = kP/P_{p,m}$ 表示相同带宽下通信与定位信号的功率比,其中 $k = 2G - 1 \approx 2G$ 表示一个通信子载波内的定位子载波数。为了方便分析通信信号受定位信号的整体干扰性能,假设所有定位用户的功率设置相同,设置 $G = 50$,$M = 20$,分别评估在高斯和衰落信道下,不同 CPR 时平均 BER 随信噪比的变化情况。从图 5-20 中容易看出,无论哪种信道,平均 BER 都随着 E_b/N_0 和 C/N_0 的增加而逐渐减小,这是因为 E_b/N_0 越大,通信信号质量越好,平均误码率也随之降低。当 CPR 越大时,通信用户的平均误码率变得越小,这是因为 CPR 越大说明通信信号质量越好,故平均误码率逐渐降低。需要注意的是,我们发现当 E_b/N_0 变得很大时,CPR 较小的平均 BER 曲线将趋于平坦,这是因为此时的干扰主要由定位信号带来的,而不再是环境噪声($I(n) \gg 2N_0$)。当定位信号变得很微弱时,即 CPR 趋于 ∞ 时,平均 BER 随着 E_b/N_0 的增大下降很快,逐渐接近于只有噪声存在时的平均 BER。从图中可以看出,有无定位信号对通信 BER 的影响均不大,尤其是在衰落信道或

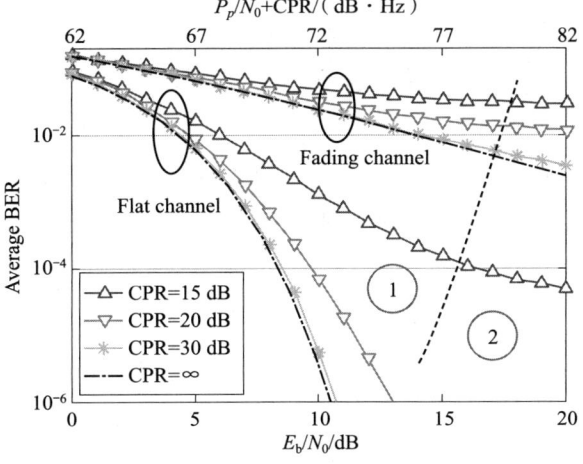

图 5-20 平均 BER 性能分析

低信噪比时,该影响可以忽略不计,而这种信道恰是复杂环境中常见的,因此 MS-NOMA 信号中定位对通信信号的干扰极其有限。

图 5-21 所示为单个通信用户的误码率与定位信号之间的关系,设 $E_b/N_0=5$ dB,CPR=15 dB。从图中可以看出,当不同定位子载波的功率一样时,每个通信用户的 BER 也大致趋于相同。当系统中的定位用户功率不一样时,对通信信号造成的干扰也变得大小不一。故所有通信用户的最大误码率和定位用户的功率设置息息相关。因此,我们需要面对不同的用户需求对定位信号和通信信号的功率进行合理分配,保证达到定位精度的同时,也可以保证通信的服务质量。在 5.4 节中将详细介绍几种定位信号功率分配方法。

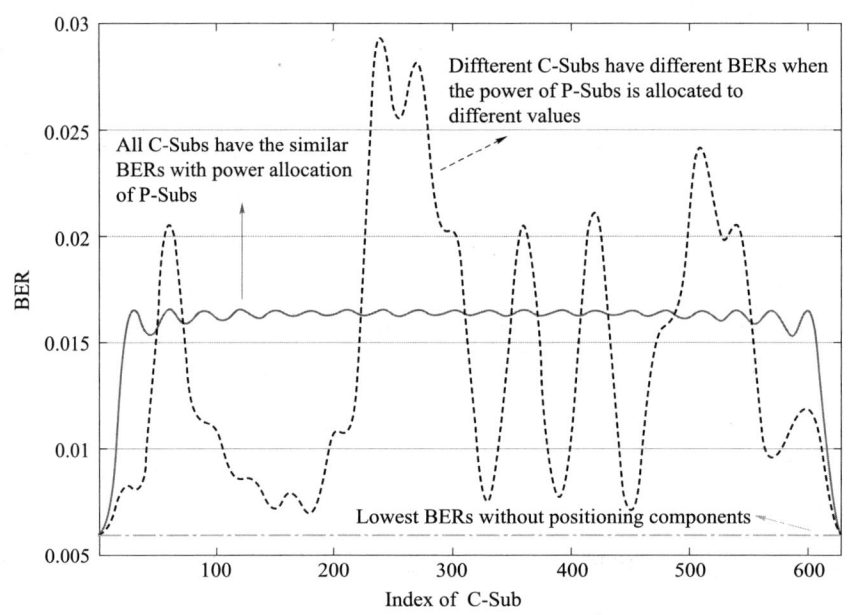

图 5-21　单个通信用户 BER 性能分析

5.3.2　通信信号对定位信号的干扰

在 MS-NOMA 技术中,虽然定位信号功率较弱,但可以通过对伪随机码的长时间积分来实现较高的扩频增益,假设定位序列使用了长度为 L 的扩频码,只要 L 设置的不是很短,解调后定位信号的功率将与通信信号相当甚至可能更强。但即使这样,通信信号仍然应被当作定位信号的强干扰源。由于 MS-NOMA 技术中的定位信号是连续播发的,因此可以通过码环和载波环来跟踪该信号,且其跟踪(或测距)误差的下界可由式(5-55)给出[39]:

$$\sigma_{\text{LB},m}^2 = \frac{a}{(2\pi)^2 \int_{B_0-\frac{B_{fe}}{2}}^{B_0+\frac{B_{fe}}{2}} f^2 \left[\frac{P_{p,m}G_{p,m}(f)}{N_0 + NP_c G_c(f)} \right] df} \qquad (5\text{-}55)$$

式中，a 由环路参数决定，B_0 是 MS-NOMA 信号的中心频点，B_{fe} 是射频前端带宽，$G_c(f)=\frac{1}{N}\sum_{n=1}^{N}G_{c,n}(f)$ 是通信信号的归一化功率谱密度，其中 $G_{c,n}(f)=T_c\mathrm{sinc}^2((f-n\Delta f_c)T_c)$ 是第 n 个通信用户的归一化功率谱密度。由于通信信号的功率谱密度在整个频带上近似是平坦的，因此有 $G_C(f)\approx u_B(f-B_0)/B$，其中：

$$u_B(f)=\begin{cases}1, & -\frac{B}{2}<f<\frac{B}{2} \\ 0, & 其他\end{cases} \tag{5-56}$$

然后对式(5-50)展开可得：

$$\sigma_{\mathrm{LB},m}^2=\frac{a}{(2\pi)^2}\left[2\int_{\frac{B}{2}}^{\frac{B_{fe}}{2}}f^2\frac{P_{p,m}G_{p,m}(f+m\Delta f_p)}{N_0}\mathrm{d}f+\int_{-\frac{B}{2}}^{\frac{B}{2}}f^2\frac{P_{p,m}G_{p,m}(f+m\Delta f_p)}{N_0+\frac{NP_c}{B}}\mathrm{d}f\right]^{-1} \tag{5-57}$$

接下来，将 $G_{p,m}(f)$ 带入到式(5-57)中，可以将 $\sigma_{\mathrm{LB},m}^2$ 化简为

$$\sigma_{\mathrm{LB},m}^2\approx 0.25aT_p^2\frac{\mathrm{CPR}_m}{\frac{E_b}{N_0}}\left(B_{fe}-\frac{\frac{E_b}{N_0}}{\frac{E_b}{N_0}+1}B\right)^{-1} \tag{5-58}$$

式中，$E_b=P_cT_c$ 表示比特能量。注意 $\sigma_{\mathrm{LB},m}^2$ 的第一项是由环境噪声引起的，而第二项则是由通信用户引起的。

上面推导出了通信信号存在时测距误差的下界，在 UE 中常用延迟锁定环（Delay Locked Loop，DLL）作为码环，假设 DLL 中采用了常用的超前滞后鉴相器，此时 DLL 的码相位跟踪误差为

$$\sigma_{t,m}^2=\frac{a\int_{-\frac{B_{fe}}{2}}^{\frac{B_{fe}}{2}}[N_0+G_s(f)]G_{p,m}(f+m\Delta f_p)\sin^2(\pi fDT_p)\mathrm{d}f}{(2\pi)^2P_{p,m}\left[\int_{-\frac{B_{fe}}{2}}^{\frac{B_{fe}}{2}}fG_{p,m}(f+m\Delta f_p)\sin(\pi fDT_p)\mathrm{d}f\right]^2} \tag{5-59}$$

式中，$G_s(f)$ 是接收的通信信号的功率谱密度，它可能会包含多径分量。

上述码相位跟踪误差看起来比较复杂，但是定性来看，若相关器间距 D 越窄、定位信号质量越好，或相干积分时间越长，则码相位跟踪误差就会越小。在式(5-59)中，$G_s(f)$ 通常比较复杂，可以通过数值积分来计算测距精度。在实际应用中，也可以通过非频率选择性信道的特性来分析测距精度和信号功率之间的关系。在该信道特性下，$G_s(f)\approx NP_cG_c(f)E(\alpha^2)$，其中 α 是满足莱斯或瑞利分布的归一化信号幅度，其功率的均值满足：

$$E(\alpha^2)=\beta+\bar{P}_{c,\mathrm{multi-parh}} \tag{5-60}$$

式中，$\bar{P}_{c,\text{multi-parh}}$ 表示接收端多径通信信号的归一化功率，β 取值 1 或 0 时分别表示信号服从莱斯或瑞利分布。当 D 较小时，可将式(5-54)中的 $\sin(\pi f D T_p)$ 在 0 处展开，然后将 $G_{p,m}(f)$ 和 $G_c(f)$ 带入式(5-59)并对其整理后，就可以得到如下码相位跟踪误差表达式的简单形式：

$$\sigma_{t,m}^2 \approx 0.25 a T_p^2 \left[\frac{2}{B_{\text{fe}} T_p \left(\frac{P_{p,m}}{N_0} \right)} + \frac{B}{B_{\text{fe}}^2} \text{CPR}_m (\beta + \bar{P}_{c,\text{multi-path}}) \right] \quad (5-61)$$

式中，$P_{p,m}/N_0$ 表示第 m 个定位子载波的载噪比。和式(5-58)一样，码相位跟踪误差 $\sigma_{t,m}^2$ 的第一项是由信道噪声造成的，第二项是由通信信号造成的干扰带来。特别地，当接收信号中只有直射信号时，有 $\beta=1$ 且 $\bar{P}_{c,\text{mumulti-parh}}=0$，此时码相位跟踪误差在高斯信道下将收敛到式(5-58)中的码相位估计误差下界 $\sigma_{LB,m}^2$。

当系统状态给定以后，系统中的参数 B、B_{fe}、a 将固定不变。为了方便定性分析，假设通信信号的功率也是固定的。则可以通过下述两种方式来减小误差 σ_ρ^m。

（1）提高定位信号的功率，这将有助于提高定位信号的信号质量，但同时定位信号越强，对通信信号的干扰就越大。

（2）减小定位信号的符号周期，等同于增加定位信号的子载波间隔，增加定位带宽。其中，当 T_p 越小时，对通信的干扰也会减小，但这将导致网络中的定位用户/用户组数量减少。

接下来比较 MS-NOMA 信号与 PRS 信号的测距精度。将前端带宽设置为总带宽的两倍，即 $B_{\text{fe}}=2B$。环路参数设置为：$B_L=0.2$ Hz，$T_{\text{coh}}=0.02$ s，$D=0.02$ chips，其中 B_L 是码环路噪声带宽，T_{coh} 是预检测积分时间。

图 5-22 所示为当 $P_p/N_0=45$ dB·Hz 时，MS-NOMA 信号的测距精度，其中上标 e 和 a 分别表示精确结果和近似结果。从图中可以明显看出，MS-NOMA 信号的测量误差始终小于 PRS 信号，特别是在 CPR<30 dB 时。两者之间的精度差距随着 CPR 的降低而增大。这是因为当通信信号的功率减小时，它对定位信号的干扰变弱，导致 PRS 信号的精度变差。当通信功率固定且定位信号的功率变化时，MS-NOMA 信号的精度曲线不会变化。

需要说明的是，当通信信号功率固定且定位信号功率变化时，MS-NOMA 信号的测距曲线并不会发生变化。例如，当 $E_b/N_0=0$ dB 且 P_p/N_0 在 32~52 dB·Hz 之间变化（即 10 dB<CPR<30 dB）时，PRS 在高斯信道下的测量精度将固定为 10.21 m，而 MS-NOMA 的测量误差仍然会随着定位信号功率的增加而减小，如图 5-22 所示。

另外，当 CPR 增大时，MS-NOMA 信号在衰落信道中的精度恶化并不是很大，这是因为多径分量的效果也会体现在 CPR 里，使定位信号的功率越强，信道衰落对测距精度的影响越弱。尽管 MS-NOMA 信号在衰落信道中的精度恶化略大于 PRS 信号，但其绝对测量精度的恶化远小于 PRS。

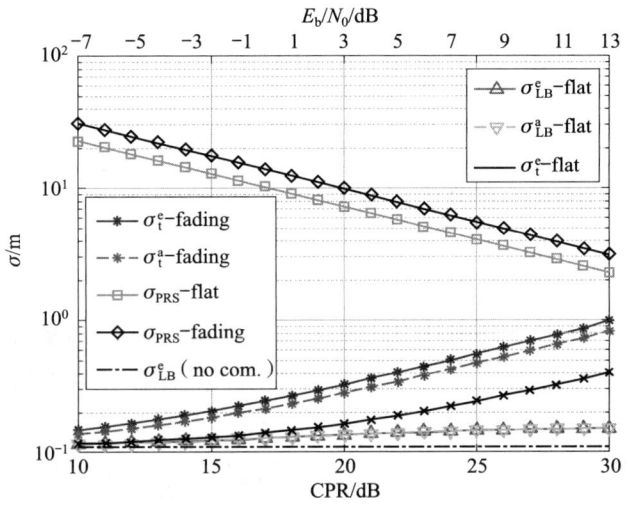

图 5-22 定位信号测距性能分析

虽然更强的定位功率将具有更高的测量精度和更少的信道衰落效应,但是定位信号的最大功率将受到通信的服务质量的限制。在实际应用中,必须适当地给定位用户分配功率,以便在通信用户的 QoS 约束下获得最佳的测距性能。

图 5-22 还验证了 σ_{LB} 和 σ_t 的近似值与精确值非常吻合,而且它们都优于 1 m,这意味着与 PRS 10 米级的定位精度相比,MS-NOMA 信号可以实现米级定位精度。同时,测量误差仅略大于没有通信信号时的误差,这意味着通信信号对测距的影响是有限的。

5.4 通信导航的资源分配

通导一体化系统中由于通信和导航相互占用对方资源并存在相互干扰,因此有必要对其进行资源分配以实现两者的高性能共存。本节将以 MS-NOMA 信号的功率资源为例,介绍几种通导一体化资源分配方法,帮助读者理解通导一体化系统中资源分配的基本流程。

5.4.1 通信与定位之间的功率资源分配

1. 基于 MS-NOMA 下行信号的功率分配

与通信系统不同,定位系统通常需要 3 个以上的定位节点才能获得移动终端的位置信息。在利用基站定位时,不可避免的会面临"远近干扰"问题,即距离较远的基站播发的定位信号由于自相关值被淹没而不能正常解调,为此应通过调节 MS-NOMA 中定位信号的功率来使远端终端可以正常接收足够数量的通信信号。另外，MS-NOMA 信号中叠加的定位信号也像正常的 NOMA 技术一样，对原有的通信信号造成干扰。为了减小对原有通信业务的干扰，必须将定位信号的功率限制在某个阈值之下。当定位信号功率越高时，其测距误差更小。因此，发射端有必要为不同的定位用户发送具有不同功率的定位信号，以满足融合系统中所有用户的需求。

1) 单基站场景

考虑图 5-23 所示的单基站情况下通导一体化系统中定位信号的功率分配问题[40]。假设有 N 个通信用户和 M 个定位用户，其中通信信号和定位信号的子载波间隔分别定义为 Δf_c 和 Δf_p。在不失一般性的情况下，假设定位用户和通信用户都占用独立的子载波，且 $\Delta f_p = G \Delta f_c, G \in N^+$，则分别有最大 $N = \dfrac{B}{\Delta f_c} - 1$ 和 $M = \dfrac{B}{\Delta f_p} - 1$ 个用户分别用于通信和定位，其中 B 为总带宽。

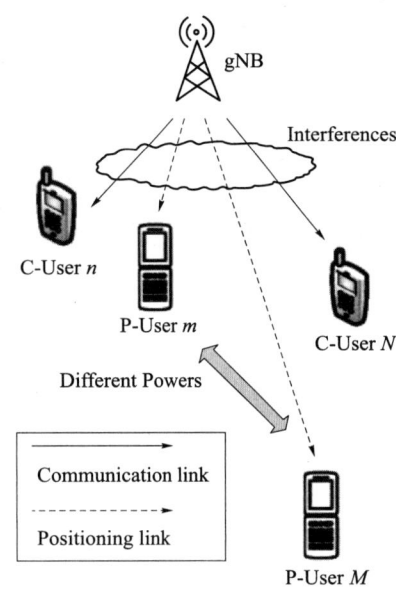

图 5-23 单基站场景

定位信号位于不同子载波上是正交的，所以定位用户之间不存在干扰，但是，通信信号和定位信号之间存在干扰。可以采用误码率来表示定位信号对通信信号的干扰。在不失一般性的情况下，假设所有通信用户的功率都是相同的，并且不同定位用户的传播序列都是独立的，那么，第 n 个通信用户的 BER 是

$$\mathrm{BER}(n) = K \,\mathrm{erfc}\left(\dfrac{\lambda \left| h_c^{(n)} \right|^2 P_c T_c}{\sum\limits_{m=1}^{M} I_m^{(n)}(P_{p,m}, h_c^{(n)}) + 2N_0} \right) \tag{5-62}$$

式中：

$$I_m^{(n)}(P_{p,m}, h_c^{(n)}) = \left| h_c^{(n)} \right|^2 P_{p,m} T_p \,\mathrm{sinc}^2\left(m - \dfrac{n}{G} \right) \tag{5-63}$$

为了确保通信用户的服务质量（QoS），每个通信用户的 BER 应该限制在以下阈值之下：

$$\mathrm{BER}(n) \leqslant \beta_{\mathrm{th}}^{(n)}, n = 1, \cdots, N \tag{5-64}$$

所有定位用户对第 n 个通信用户的干扰可以表示为

$$\sum_{m=1}^{M} I_m^{(n)}(P_{p,m}, h_c^{(n)}) \leqslant \dfrac{\lambda \left| h_c^{(n)} \right|^2 P_c T_c}{\mathrm{erfc}^{-1}\left(\dfrac{\beta_{\mathrm{th}}^{(n)}}{K} \right)} - 2N_0 \triangleq I_{\mathrm{th}}^{(n)}, n = 1, \cdots, N \tag{5-65}$$

式中，$I_{\mathrm{th}}^{(n)}$ 为第 n 个通信用户的干扰门限。

通信信号对定位信号的测距性能也有影响,由于定位信号在 MS-NOMA 信号中是连续的,接收机可以通过锁相环(DLL)跟踪定位信号,假设定位信号采用 BPSK 调制,定位用户的测距误差可以表示为

$$\sigma_{t,m}^2 \approx \alpha T_p^2 \frac{\mathrm{CPR}_m}{B_{\mathrm{fe}}} \left(\frac{1}{\overline{\frac{E_b^{(m)}}{N_0}}} + \frac{B}{B_{\mathrm{fe}}} \right) \tag{5-66}$$

式中,$\overline{E_b^{(m)}} = \left| h_p^{(m)} \right|^2 P_c T_c$,$h_p^{(m)}$ 为第 m 个定位用户与基站之间的信道增益,$\mathrm{CPR}_m = \dfrac{\kappa P_c}{P_{p,m}}$ 定义为通信用户对定位用户的信号质量比。在一个定位用户的带宽内可以容纳 $2G-1$ 个通信用户,这里 G 表示的是定位用户子载波间隔对通信用户子载波间隔的倍数。当 G 越大时,可以减小测距误差,但同时在总带宽不变的情况下定位用户的数目将会减少。

同时,整个通导一体化系统的总传输功率是有限的,在 MS-NOMA 信号中,我们有:

$$\sum_{m=1}^{M} P_{p,m} + NP_c \leqslant P_{\mathrm{Total}} \tag{5-67}$$

式中,P_{Total} 为系统的总功率。定义所有定位用户的功率为 $P_{\mathrm{th}} = P_{\mathrm{Total}} - NP_c$,则式(5-67)可以表示为

$$\sum_{m=1}^{M} P_{p,m} \leqslant P_{\mathrm{th}} \tag{5-68}$$

整个通导一体化系统功率分配的目标就是在通信用户的 QoS 和系统总功率的约束下,获得定位用户最佳的定位性能,因此由上述的分析可以将目标优化问题表示为

$$\mathrm{OP1}: \max_{P_{p,m}} \frac{1}{M} \sum_{m=1}^{M} -\alpha T_p^2 \frac{\mathrm{CPR}_m}{B_{\mathrm{fe}}} \left(\frac{1}{\overline{\frac{E_b^{(m)}}{N_0}}} + \frac{B}{B_{\mathrm{fe}}} \right)$$

并使得 $\sum_{m=1}^{M} I_m^{(n)}(P_{p,m}, h_c^{(n)}) \leqslant I_{\mathrm{th}}^{(n)}, \forall n \in \{1, \cdots, N\}$

$$\sum_{m=1}^{M} P_{p,m} b \leqslant P_{\mathrm{th}}$$

$$P_{p,m} \geqslant 0, \forall m \in \{1, \cdots, M\} \tag{5-69}$$

OP1 可以通过拉格朗日对偶性方法求解。为了方便起见,我们用 λ 来代替 $\dfrac{-\alpha T_p^2}{M}$,那么 OP1 可以写为

$$\mathcal{L}(\{P_{p,m}\}, \mu, \nu) = \lambda \sum_{m=1}^{M} \frac{\mathrm{CPR}_m}{B_{\mathrm{fe}}} \left(\frac{1}{\overline{E_b^{(m)}} N_0} + \frac{B}{B_{\mathrm{fe}}} \right) +$$

$$\sum_{n=1}^{N} \mu_n \left(I_{\mathrm{th}}^{(n)} - \sum_{m=1}^{M} I_m^{(n)}(P_{p,m}, h_c^{(n)}) \right) + \nu \left(P_{\mathrm{th}} - \sum_{m=1}^{M} P_{p,m} \right) \tag{5-70}$$

式中,ν 是发射功率约束相关的对偶变量。$\mu=\{\mu_n,1\leqslant n\leqslant N\}\geqslant 0$ 是双变量的向量,每个变量都与对应的约束相关联。OP1 的拉格朗日双函数由式(5-71)给出:

$$\mathcal{G}(\mu,\nu)=\max_{P_{p,m}\geqslant 0}\mathcal{L}(\{P_{p,m}\},\mu,\nu) \tag{5-71}$$

二元优化问题可以表述为

$$\min \mathcal{G}(\mu,\nu)$$
$$\text{并使得 } \mu\geqslant 0,\nu\geqslant 0 \tag{5-72}$$

显然,如果 $P_{p,m}$ 是常数的话,$\mathcal{L}(\{P_{p,m}\},\mu,\nu)$ 和 μ,ν 之间就变成了线性关系,$\mathcal{G}(\mu,\nu)$ 也就变成了对该线性方程求解最大值,因为对偶优化问题总是凸的。采用对偶分解方法来求解该问题,通过引入一个变换 $\sum_{n=1}^{N}=\sum_{m=1}^{M}\sum_{n\in\mathbb{N}_m}$,将拉格朗日对偶函数分解为 M 个独立的子问题:

$$\mathcal{G}(\mu,\nu)=\sum_{m=1}^{M}\mathcal{G}_m(\mu,\nu)+\nu P_{\text{th}} \tag{5-73}$$

式中:

$$\mathcal{G}_m(\mu,\nu)=\max_{P_{p,m}}\left\{\lambda\sum_{n\in\mathbb{N}_m}\frac{P_{c,n}}{P_{p,m}B_{\text{fe}}}\left(\frac{1}{E_b^{(m)}/N_0}+\frac{B}{B_{\text{fe}}}\right)\right.$$
$$\left.+\sum_{n\in\mathbb{N}_m}\mu_n\left(I_{\text{th}}^{(n)}-\sum_{m=1}^{M}I_m^{(n)}(P_{p,m},h_c^{(n)})\right)-\nu P_{p,m}\right\} \tag{5-74}$$

从式(5-74)可知,对偶函数 $\mathcal{G}(\mu,\nu)$ 被分解为 M 个独立的子问题,通过来求解每一个子问题来获得对偶问题的解的集合。子问题的凸优化模型为

$$\text{OP2}:\max_{P_{p,m}}\lambda\sum_{n\in\mathbb{N}_m}\frac{P_{c,n}}{P_{p,m}B_{\text{fe}}}\left(\frac{1}{E_b^{(m)}/N_0}+\frac{B}{B_{\text{fe}}}\right)-\nu P_{p,m}$$

$$\text{并使得}\sum_{m=1}^{M}I_m^{(n)}(P_{p,m},h_c^{(n)})\leqslant I_{\text{th}}^{(n)},n\in\mathbb{N}_m \tag{5-75}$$

构建子问题 OP2 的拉格朗日函数:

$$\mathcal{L}(P_{p,m},\bar{\mu}_n)=\left\{\lambda\sum_{n\in\mathbb{N}_m}\frac{P_{c,n}}{P_{p,m}B_{\text{fe}}}\left(\frac{1}{E_b^{(m)}/N_0}+\frac{B}{B_{\text{fe}}}\right)\right.$$
$$\left.+\sum_{n\in\mathbb{N}_m}\bar{\mu}_n\left(I_{\text{th}}^{(n)}-\sum_{m=1}^{M}I_m^{(n)}(P_{p,m},h_c^{(n)})\right)\right\} \tag{5-76}$$

式中,$\tilde{\mu}_n$ 是子问题 OP2 中约束条件相关联的非负对偶乘子变量。OP2 的拉格朗日双函数由式(5-77)给出:

$$\widetilde{\mathcal{G}}_m(\tilde{\mu}_n)=\max_{P_{p,m}}\mathcal{L}(P_{p,m},\tilde{\mu}_n) \tag{5-77}$$

然后，对偶问题表示为

$$\min_{\mu_n} \widetilde{\mathcal{G}}_m(\widetilde{\mu}_n)$$

并使得 $\widetilde{\mu}_n \geqslant 0$ (5-78)

利用 Karush-Kuhn-Tucker(KKT)条件，可以得到 OP2 的最优功率分配解：

$$\widetilde{P}_{p,m} = \underbrace{\sigma_{\rho,m}}_{\text{ranging-factor}} \times \underbrace{\left(\sum_{n \in \mathbb{N}_m} \widetilde{\mu}_n J_n + \nu \right)^{-1/2}}_{\text{constraint-scale}} \quad (5\text{-}79)$$

图 5-24 所示为平均测距误差在不同 BER 约束下的性能。可以看出，平均测距误差随误码率门限的增加而减小。同时，随着带宽的增加，测距精度也会提高。这是因为功率不足限制了性能的提高。即功率预算限制了定位信号功率的增加，这一点也可以从不同的功率曲线（菱形曲线和星形曲线）中观察到，菱形曲线的边界比星形曲线的边界大，星形曲线的边界具有较小的功率预算。另外，带宽越小，曲线的收敛性越低，这是因为带宽越小，定位信号的功率越集中在较窄的范围内。

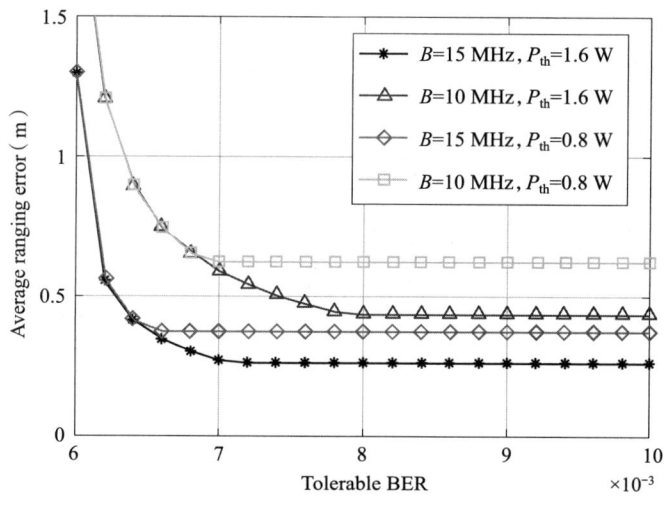

图 5-24 平均测距误差在不同 BER 约束下的性能

从图 5-25 可以看出，平均测距误差随着功率的增加而减小，总功率预算越大，即约束尺度越大，平均测距误差越小。当功率增加时，曲线也会限制在一定的值上，这意味着此时 QoS 约束占主导地位，尽管总功率增加，平均测距误差并没有减少。此外还比较了所提出的联合功率分配方法与传统平均分配方法。结果表明，在相同约束条件下，该方法的平均测距误差比传统平均分配方法小得多。

2）多基站场景

如图 5-26 所示是一个典型的基于移动通信网络定位场景。假设一共有 K 个移动基站，由于每个通信用户只能与单个移动基站相连。则将一共存在 KN 个通信用户。和通信系统不一样的是，出于定位目的，用户需要与多个基站连接，这有助于改善其几何精度因子。因此，假设网络中所有的基站都为用户提供定位服务，在整个网络中一共存在 M

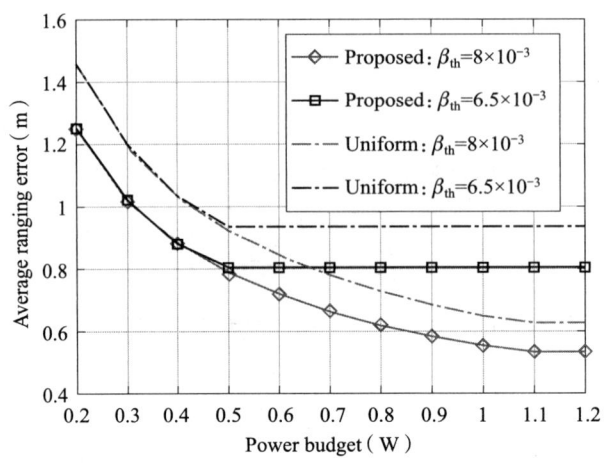

图 5-25 平均测距误差在不同总功率约束下的性能

个定位用户。为了保证尽可能多的接收到不同基站处发射过来的定位信号,距离目标用户较远的基站应尽可能发送功率较大的定位信号。但是这将会对处于该基站下的通信用户造成较大干扰[40]。

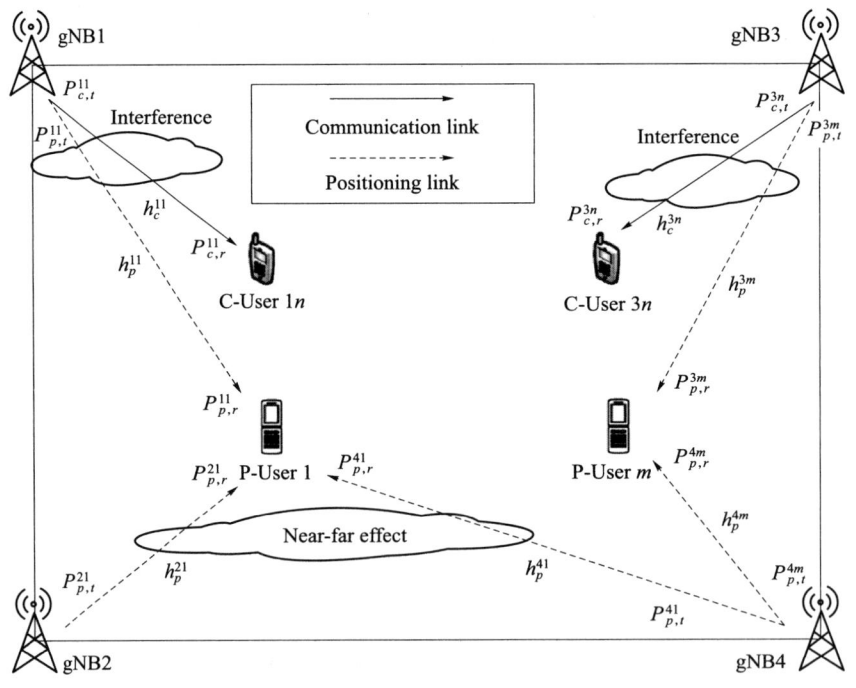

图 5-26 基于 MS-NOMA 信号的定位系统模型

为了准确描述不同链路之间的干扰,我们分别用 h_c^{kn} 和 h_p^{km} 来表示第 k 个基站与其系统下的第 n 个通信用户以及通信网络中的第 m 个定位用户的瞬时信道增益。需要注意的是,第 k' 个基站处 $(k' \neq k)$ 分别发送给其服务的第 $k'n$ 个和第 m 个用户的 MS-

NOMA 信号,同样能够被序号为 m 和 kn 接收到。这就是常见的蜂窝网络中的小区干扰,我们分别用 $h_c^{m \leftarrow k'n}$ 和 $h_p^{kn \leftarrow k'm}$ 来表示上述两个信道衰落系数。

在上一节中已经推导出定位用户测距误差,在本节中需要考虑测距误差与定位精度之间的关系,如式(5-80)所示:

$$\begin{bmatrix} \varepsilon_x \\ \varepsilon_y \\ \varepsilon_z \\ \varepsilon_{\delta_{tu}} \end{bmatrix} = (G^T G)^{-1} G^T \varepsilon_\rho^m \tag{5-80}$$

式中,$\varepsilon_\rho^m = [\varepsilon_\rho^{1m}, \varepsilon_\rho^{2m}, \cdots, \varepsilon_\rho^{km}]^T$ 是第 m 个定位用户的测距误差向量,ε_ρ^{km} 表示的是该用户来自第 k 个基站处的测距误差,假设不同基站处的测距误差互不相关,得到第 m 个用户的定位误差为

$$\varepsilon_X^m = [(G^m)^T G^m]^{-1} (G^m)^T \varepsilon_\rho^m = H^m \varepsilon_\rho^m \tag{5-81}$$

式中,G 为雅可比行列式:

$$G^m = \begin{bmatrix} -\iota_x^{1m} & -\iota_y^{1m} & -\iota_z^{1m} \\ -\iota_x^{2m} & -\iota_y^{2m} & -\iota_z^{2m} \\ \vdots & \vdots & \vdots \\ -\iota_x^{km} & -\iota_y^{km} & -\iota_z^{km} \end{bmatrix} \begin{cases} \iota_x^{km} = \dfrac{(x_b^k - x_p^m)}{\|X_b^k - X_p^m\|} \\ \iota_y^{km} = \dfrac{(y_b^k - y_p^m)}{\|X_b^k - X_p^m\|} \\ \iota_z^{km} = \dfrac{(z_b^k - z_p^m)}{\|X_b^k - X_p^m\|} \end{cases} \tag{5-82}$$

$X = [x, y, z]^T$ 表示三维坐标,下标 b 和 p 分别代表基站和定位用户。由于来自不同基站的测距误差是相互独立的,它们的协方差矩阵是一个对角阵:

$$(\sigma_\rho^m)^2 = \text{cov}(\varepsilon_\rho^m, \varepsilon_\rho^m) = \begin{bmatrix} (\sigma_\rho^{1m})^2 & 0 & \cdots & 0 \\ 0 & (\sigma_\rho^{2m})^2 & \cdots & 0 \\ \vdots & \vdots & \vdots & \vdots \\ 0 & 0 & \cdots & (\sigma_\rho^{km})^2 \end{bmatrix} \tag{5-83}$$

式中,$(\sigma_\rho^{km})^2 = \text{cov}(\varepsilon_\rho^{km}, \varepsilon_\rho^{km})$ 表示来自第 km 条定位链路的测距误差。定位误差的协方差为

$$(\sigma_x^m)^2 = \text{cov}(\varepsilon_X^m, \varepsilon_X^m) \quad H^m (\sigma_\rho^m)^2 (H^m)^T \tag{5-84}$$

其对角线元素代表了每个方向的定位精度,在本节中只考虑水平方向的定位精度:

$$\Psi^m = \sqrt{\sum_{k=1}^K \left\{ \left[\sum_{i=1}^2 (\hbar_{ik}^m)^2 \right] (\sigma_\rho^{km})^2 \right\}} \tag{5-85}$$

式中,$\hbar_{ik}^m (i \in \{1,2,3\})$ 表示的是 H^m 中的元素。将 $\lambda^{km} = \sqrt{\sum_{i=1}^2 (\hbar_{ik}^m)^2}$ 记作几何精度,从而可以将式(5-85)改写成:

$$\Psi^m = \sqrt{\sum_{k=1}^{K}(\lambda^{km}\sigma_\rho^{km})^2} \tag{5-86}$$

对定位用户 km 而言,当其位于 k' 基站的覆盖区域时,不仅存在环境噪声和第 k 个基站处通信信号的干扰,还将会收到 $k'n$ 通信信号的干扰,即上文提到的 $h_c^{m \leftarrow k'n}$ 链路。此时,对定位用户的码相位误差进行推导如式(5-87)所示:

$$(\sigma_\rho^{km})^2 = \frac{a\int_{B_0-B_{\text{fe}}/2}^{B_0+B_{\text{fe}}/2}[N_0 + G_s^m(f) + G_q^{km}(f)]\left|h_p^{km}\right|^2 P_p^{km}G_p^m(f)\sin^2(\pi fDT_p)\mathrm{d}f}{(2\pi)^2\left[\int_{B_0-B_{\text{fe}}/2}^{B_0+B_{\text{fe}}/2}\left|h_p^{km}\right|^2 P_p^{km}fG_p^m(f)\sin(\pi fDT_p)\mathrm{d}f\right]^2} \tag{5-87}$$

为了后文方便叙述,定义 $(\tilde{\sigma}_\rho^{km})^2 = (\sigma_\rho^{km})^2 P_p^{km}$,可以得到式(5-88)~式(5-91):

$$(\sigma_\rho^{km})^2 \approx \frac{aT_p^2}{2}\left[\frac{1}{B_{\text{fe}}T_p(C/N_0)^{km}} + \frac{B\sum_{k'=1}^{K}(\text{CPR})^{km\leftarrow k'}}{2B_{\text{fe}}^2} + \frac{\sum_{k'=1}^{K}(\text{PPR})^{km\leftarrow k'm}}{B_{\text{fe}}^2 T_p}\right] \tag{5-88}$$

$$(\tilde{\sigma}_\rho^{km})^2 = \frac{aT_p^2}{2}\left[\frac{N_0}{B_{\text{fe}}T_p\left|h_p^{km}\right|^2} + \frac{\text{BGP}_c}{B_{\text{fe}}^2}\frac{\sum_{k'=1}^{K}\left|h_c^{m\leftarrow k'}\right|^2}{\left|h_p^{km}\right|^2} + \frac{\sum_{k'=1}^{K}\left(\left|h_p^{k'm}\right|^2 P_p^{k'm}\right)}{B_{\text{fe}}^2 T_p\left|h_p^{km}\right|^2}\right] \tag{5-89}$$

$$(\text{CPR})^{km\leftarrow k'} = \frac{2G\left|h_c^{m\leftarrow k'}\right|^2 P_c}{\left|h_p^{km}\right|^2 P_p^{km}} \tag{5-90}$$

$$(\text{PPR})^{km\leftarrow k'm} = \frac{\left|h_p^{k'm}\right|^2 P_p^{k'm}}{\left|h_p^{km}\right|^2 P_p^{km}} \tag{5-91}$$

式中,定义 $(C/N_0)^{km} = \left|h_p^{km}\right|^2 P_p^{km}/N_0$ 为第 km 个定位信号的信噪比;$(\text{CPR})^{km\leftarrow k'}$ 表示第 km 个定位信号处接收到的所有通信信号对定位信号功率的比值,它从侧面反映了网络中的所有通信用户对定位用户干扰的大小;$(\text{PPR})^{km\leftarrow k'm}$ 表示第 km 个定位信号处接收到的其他基站播发的定位信号对其自身的功率比。

目标是使整个网络系统下所有定位用户的定位误差最小,出于这个目的,功率分配的目标函数为

$$\max_{P_p^{km}} -\frac{1}{M}\sum_{m=1}^{M}(\Psi^m)^2 \tag{5-92}$$

实际应用中可通过最大化所有定位用户的平均定位误差的负值来等价于使整个系统中的定位误差最小。在进行功率分配时,首先考虑通信用户的服务质量,为了对网络中的通信业务不会造成过大的干扰,限定所有的通信用户的误码率均将低于一个阈值:

$$\text{BER}^{kn} \leqslant \Xi_{\text{th}} \quad \forall k, \forall n \tag{5-93}$$

这样可得：

$$I^{kn} \leqslant \frac{\gamma \left| h_c^{kn} \right|^2 P_c T_c}{\text{erfc}^{-1}(\Xi_{\text{th}}/K)} - 2N_0 = I_{\text{th}}^{kn} \quad \forall k, \forall n \tag{5-94}$$

式中，I_{th}^{kn} 是对第 kn 个通信用户的干扰门限阈值，它和通信服务质量 QoS 相关。

注意到所有通信和定位信号还需要满足总功率的限制：

$$\sum_{m=1}^{M} P_p^{km} + NP_c \leqslant P_T^k \quad \forall k \tag{5-95}$$

这里 P_T^k 即为每个基站处的总功率，假设所有 P_c 都是相等的，故可以得到定位信号的总功率约束：

$$P_{\text{th}}^k = P_T^k - NP_c \tag{5-96}$$

$$\sum_{m=1}^{M} P_p^{km} \leqslant P_{\text{th}}^k \quad \forall k \tag{5-97}$$

为了接收到尽可能多的定位信号，确保距离较远的基站播发的定位信号自相关值不会被距离较近的基站处的互相关值所淹没，来自不同基站的定位信号应满足式（5-98）：

$$\frac{\left| h_p^{km} \right|^2 P_p^{km}}{\left| h_p^{k'm} \right|^2 P_p^{k'm}} \geqslant \Omega \quad \forall m, \forall k, \forall k', k \neq k' \tag{5-98}$$

式中，Ω 是自相关和互相关的比值，通常由伪随机码长度决定。从而可以将式（5-98）改写成：

$$\left| h_p^{km} \right|^2 P_p^{km} \geqslant \Omega \left| h_p^{k'_k m} \right|^2 P_p^{k'_k m} \quad \forall m, \forall k \tag{5-99}$$

这里的 $k'_k m$ 表示除了接收第 km 个定位信号之外，km 用户接收到的最强信号的索引。

根据上述分析可知，对整个系统的功率分配方案进行建模，相应的凸优化问题为

$$\text{OP1}: \max_{P_p^{km}} -\frac{1}{M} \sum_{m=1}^{M} (\Psi^m)^2$$

并使得 $I^{kn} \leqslant I_{\text{th}}^{kn} \quad \forall k, \forall n$

$$\sum_{m=1}^{M} P_p^{km} \leqslant P_{\text{th}}^k \quad \forall k$$

$$\left| h_p^{km} \right|^2 P_p^{km} \geqslant \Omega \left| h_p^{k'_k m} \right|^2 P_p^{k'_k m} \quad \forall m, \forall k \tag{5-100}$$

OP1 可以使用拉格朗日对偶法来求解，其主要思想是通过构建朗格朗日函数使原来的约束优化问题转换成无条件约束的优化问题，可通过最大化拉格朗日函数构建原始问题的对偶问题。当所求解的变量满足给出的约束条件时，并且问题本身满足 KKT 条件时，对偶问题将与原始问题等价。若是不满足任意一个约束条件，可以通过设置乘子变量，使得对偶问题的值趋于∞，即此时无解。OP1 问题的拉格朗其函数如式（5-101）所示：

$$L(\{P_\mathrm{p}^{km}\},\mu,\nu,\beta) = -\frac{1}{M}\sum_{m=1}^{M}\sum_{k=1}^{K}(\lambda^{km}\sigma_\rho^{km})^2 + \sum_{k=1}^{K}\sum_{n=1}^{N}\mu^{kn}(I_\mathrm{th}^{kn}-I^{kn}) +$$

$$\sum_{k=1}^{K}\nu^k\left(P_\mathrm{th}^k - \sum_{m=1}^{M}P_\mathrm{p}^{km}\right) + \sum_{m=1}^{M}\sum_{k=1}^{K}\beta^{km}\left(\left|h_\mathrm{p}^{km}\right|^2 P_\mathrm{p}^{km} - \varrho\,\Omega\left|h_\mathrm{p}^{k'_km}\right|^2 P_\mathrm{p}^{k'_km}\right) \quad (5\text{-}101)$$

式中，$\mu=\{\mu^{kn},\forall k,\forall n\}\in \mathbf{C}^{K\times N}\geqslant 0$，$\nu=\{\nu^k,\forall k\}\in \mathbf{C}^{1\times K}\geqslant 0$，和 $\beta=\{\beta^{km},\forall k,\forall m\}\in \mathbf{C}^{K\times M}\geqslant 0$ 分别是约束条件(5-94)、(5-97)、(5-99)相关的对偶变量矩阵。

接下来给出 OP1 的对偶问题，当其求解的变量满足约束条件时，该问题将与原始问题等价：

$$\mathcal{G}(\mu,\nu,\beta) = \max_{P_\mathrm{p}^{km}} \mathcal{L}(\{P_\mathrm{p}^{km}\},\mu,\nu,\beta) \quad (5\text{-}102)$$

在 $\mathcal{G}(\mu,\nu,\beta)$ 对偶问题中，将 P_p^{km} 视为常数。则对偶问题 $\mathcal{G}(\mu,\nu,\beta)$ 的优化问题可以表述为

$$\min \mathcal{G}(\mu,\nu,\beta)$$
$$\text{并使得 } \mu\geqslant 0, \nu\geqslant 0, \beta\geqslant 0 \quad (5\text{-}103)$$

显而易见的是，将 P_p^{km} 看作是常数后，函数 $\mathcal{L}(\{P_\mathrm{p}^{km}\},\mu,\nu,\beta)$ 和 μ,ν,β 之间就变成了线性关系，$\mathcal{G}(\mu,\nu,\beta)$ 也就变成了对该线性方程求解最大值，因为对偶优化问题总是凸的。接下来采用对偶分解方法来求解该问题，通过引入变换 $\sum_{n=1}^{N} = \sum_{m=1}^{M}\sum_{n\in N_m}$ 将对偶函数 $\mathcal{G}(\mu,\nu,\beta)$ 分成 $K\times M$ 个独立的子问题，其中，$N_m=\{(2G-1)(m-1)+1,\cdots,(2G-1)m\}$ 表示的是第 m 个定位用户下所有的通信用户索引。对式(5-103)作变形分解如下：

$$\mathcal{G}(\mu,\nu,\beta) = \sum_{k=1}^{K}[\mathcal{G}^k(\mu,\nu,\beta)] = \sum_{k=1}^{K}\left\{\sum_{m=1}^{M}\mathcal{G}^{km}(\mu,\nu,\beta) + \nu^k P_\mathrm{th}^k\right\} \quad (5\text{-}104)$$

$$\mathcal{G}^{km}(\mu,\nu,\beta) = \max_{P_\mathrm{p}^{km}}\left\{-\frac{1}{M}(\lambda^{km}\sigma_\rho^{km})^2 - \nu^k P_\mathrm{p}^{km} + \sum_{n\in N_m}\mu^{kn}(I_\mathrm{th}^{kn}-I^{kn}) - \right.$$

$$\left.\frac{1}{M}(\lambda^{km}\sigma_\rho^{km})^2 - \nu^k P_\mathrm{p}^{km} + \sum_{n\in N_m}\mu^{kn}(I_\mathrm{th}^{kn}-I^{kn})\right\} \quad (5\text{-}105)$$

当给定一个 ν^k 时，$\mathcal{G}^k(\mu,\nu,\beta)$ 可以成功被分解为 M 个子问题。现在已经将对偶函数 $\mathcal{G}(\mu,\nu,\beta)$ 分成 $K\times M$ 个独立的子问题，通过求解每一个子问题来获得对偶问题的解的集合。子问题的凸优化模型为

$$\mathrm{OP2}:\max_{P_\mathrm{p}^{km}} -\frac{1}{M}(\lambda^{km}\sigma_\rho^{km})^2 - \nu^k P_\mathrm{p}^{km}$$

$$\text{并使得 } I^{kn}\leqslant I_\mathrm{th}^{kn}\, n\in N_m$$

$$\left|h_\mathrm{p}^{km}\right|^2 P_\mathrm{p}^{km} \geqslant \varrho\,\Omega\left|h_\mathrm{p}^{k'_km}\right|^2 P_\mathrm{p}^{k'_km} \quad (5\text{-}106)$$

接下来能够构建问题 OP2 的拉格朗日函数：

$$\widetilde{\mathcal{L}}(P_\mathrm{p}^{km}\widetilde{\mu}^{kn},\widetilde{\beta}^{sm}) = -\frac{1}{M}(\lambda^{km}\sigma_\rho^{km})^2 - \nu^k P_\mathrm{p}^{km} + \sum_{n\in N_m}\mu^{kn}(I_\mathrm{th}^{kn}-I^{kn})$$

$$+\tilde{\beta}^{km}\left(\left|h_{\mathrm{p}}^{km}\right|^{2}P_{\mathrm{p}}^{km}-\varrho\Omega\left|h_{\mathrm{p}}^{k'_k,m}\right|^{2}P_{\mathrm{p}}^{k'_k,m}\right) \qquad (5\text{-}107)$$

式中,$\tilde{\mu}^{kn}$ 和 $\tilde{\beta}^{km}$ 分别是与凸优化问题 OP2 中约束条件相对应的非负对偶乘子变量。同样,我们可以得到 OP2 的对偶问题为

$$\tilde{\mathcal{G}}^{km}(\tilde{\mu}^{kn},\tilde{\beta}^{km})=\max_{P_{\mathrm{p}}^{km}}\mathcal{L}(\{P_{\mathrm{p}}^{km}\},\tilde{\mu}^{kn},\tilde{\beta}^{km}) \qquad (5\text{-}108)$$

对偶问题 $\tilde{\mathcal{G}}^{km}(\tilde{\mu}^{kn},\tilde{\beta}^{km})$ 的优化问题可以表述为

$$\min \tilde{\mathcal{G}}^{km}(\tilde{\mu}^{kn},\tilde{\beta}^{km})$$

并使得 $\tilde{\mu}^{kn} \geqslant 0, \quad \forall n \in N_m$

$$\tilde{\beta}^{km} \geqslant 0 \qquad (5\text{-}109)$$

到此,OP2 问题中的最佳功率分配方案 $\widetilde{P}_{\mathrm{P}}^{km}$ 在 KKT 条件下可解,OP2 的 KKT 条件如下:

$$\sum_{n \in N_m} \mu^{kn}(I_{\mathrm{th}}^{kn}-I^{kn})=0 \qquad (5\text{-}110)$$

$$\tilde{\beta}^{km}\left(\left|h_{\mathrm{p}}^{km}\right|^{2}P_{\mathrm{p}}^{km}-\varrho\Omega\left|h_{\mathrm{p}}^{k'_k m}\right|^{2}P_{\mathrm{p}}^{k'_k m}\right)=0 \qquad (5\text{-}111)$$

$$\frac{\partial \mathcal{L}(\{P_{\mathrm{p}}^{km}\},\tilde{\mu}^{kn},\tilde{\beta}^{km})}{\partial P_{\mathrm{p}}^{km}}=0 \qquad (5\text{-}112)$$

将 $\tilde{\mathcal{L}}(\{P_{p}^{km}\},\tilde{\mu}^{kn},\tilde{\beta}^{km})$ 带入求导令其为 0 可得:

$$\frac{\partial \mathcal{L}}{\partial P_{\mathrm{p}}^{km}}=\frac{-\frac{1}{M}\partial(\lambda^{km}\sigma_{\rho}^{km})^{2}-\nu^{k}P_{\mathrm{p}}^{km}}{\partial P_{\mathrm{p}}^{km}}+\frac{\partial \sum_{n \in N_m}\mu^{kn}(I_{\mathrm{th}}^{kn}-I^{kn})}{\partial P_{\mathrm{p}}^{km}}+$$
$$\frac{\partial\{\tilde{\beta}^{km}(\left|h_{\mathrm{p}}^{km}\right|^{2}P_{\mathrm{p}}^{km}-\varrho\Omega\left|h_{\mathrm{p}}^{k'_k m}\right|^{2}P_{\mathrm{p}}^{k'_k m})\}}{\partial P_{\mathrm{p}}^{km}}-\frac{1}{M}\left(\frac{\lambda^{km}\tilde{\sigma}_{\rho}^{km}}{P_{p}^{km}}\right)^{2}-$$
$$\nu^{k}-\sum_{n \in N_m}\tilde{\mu}^{kn}\underbrace{\frac{\partial I^{kn}}{\partial P_{p}^{km}}}_{J^{kn}}+\tilde{\beta}^{km}\left|h_{p}^{km}\right|^{2} \qquad (5\text{-}113)$$

$$\widetilde{P}_{\mathrm{P}}^{km}=\underbrace{\lambda^{km}}_{\text{geometric-dilution}}\times\underbrace{\tilde{\sigma}_{\rho}^{km}}_{\text{ranging-factor}}\times\underbrace{\left[M(\tilde{\beta}^{km}\left|h_{p}^{km}\right|^{2}-\nu^{k}-\sum_{n \in N_m}\tilde{\mu}^{kn}J^{kn})\right]^{-1/2}}_{\text{constrain-scale}}$$

$$(5\text{-}114)$$

式中,$J^{kn}=\dfrac{\partial I^{kn}}{\partial P_{\mathrm{p}}^{km}}$,如下所示:

$$J^{kn}=\sum_{k'=1}^{K}\left|h_{\mathrm{p}}^{kn\leftarrow k'm}\right|^{2}T_{\mathrm{p}}\mathrm{sinc}^{2}\left(m-\frac{n}{G}\right) \qquad (5\text{-}115)$$

通过求解 OP2,给出了最佳功率分配方案 $\widetilde{P}_{p}^{km}$ 的闭解表达式。但此时仍不能获得 $\widetilde{P}_{\mathrm{P}}^{km}$ 的完备解,因为不知道对偶变量的值。从式(5-104)中可以看到 OP1 的对偶问题由 K 个独立的子问题构成。对于每一个子问题,我们知道的是 ν^k 对所有的定位用户而言

是相同的,这是因为 ν^k 是与基站处的发射总功率限制相关的,但是 μ^{kn} 和 β^{km} 分别对于通信用户和定位用户是不一样的。接下来将使用次梯度法迭代更新 (μ,ν,β) 的值,通过分层算法来求解 $\widetilde{P}_{\mathrm{P}}^{km}$ 的完备解,次梯度法保证了 $\widetilde{P}_{\mathrm{P}}^{km}$ 将会逐渐收敛到最优解附近。

对于一个对偶变量集合 $(\widetilde{\mu},\widetilde{\nu},\widetilde{\beta})$,若是对于任意 $\widetilde{\mu}^{kn}$,则可以得到 $\mathcal{G}^k(\widetilde{\mu}^{kn})$ 在变量 $\widetilde{\mu}^{kn}$ 处的梯度 s。

$$\mathcal{G}^k(\widetilde{\mu}^{kn}) \geqslant \mathcal{G}^k(\mu^{kn}) + s(\widetilde{\mu}^{kn} - \mu^{kn}) \tag{5-116}$$

则对偶问题的子问题可改写成如下形式:

$$\begin{aligned}
\mathcal{G}^k(\widetilde{\mu},\widetilde{\nu},\widetilde{\beta}) &= \max_{P_{\mathrm{p}}^{km}} L(\{P_{\mathrm{p}}^{km}\},\widetilde{\mu},\widetilde{\nu},\widetilde{\beta}) \\
&= \max_{P_{\mathrm{p}}^{km}} \Bigg[-\frac{1}{M}\sum_{m=1}^{M} \lambda^{km}(\tilde{\sigma}_{\rho}^{km})^2 + \sum_{n=1}^{N} \widetilde{\mu}^{kn}(I_{\mathrm{th}}^{kn} - I^{kn}) + \widetilde{\nu}^k \Bigg(P_{\mathrm{th}}^k - \\
&\quad \sum_{m=1}^{M} P_{\mathrm{p}}^{km} \Bigg) + \sum_{m=1}^{M} \widetilde{\beta}^{km} \Big(|h_{\mathrm{p}}^{km}|^2 P_{\mathrm{p}}^{km} - \varrho\Omega |h_{\mathrm{p}}^{k_k'm}|^2 P_{\mathrm{p}}^{k_k'm} \Big) \Bigg] \\
&\geqslant -\frac{1}{M}\sum_{m=1}^{M} \lambda^{km}(\tilde{\sigma}_{\rho}^{km})^2 + \sum_{n=1}^{N} \widetilde{\mu}^{kn}(I_{\mathrm{th}}^{kn} - I^{kn}) + \widetilde{\nu}^k \Big(P_{\mathrm{th}}^k - \sum_{m=1}^{M} P_{\mathrm{p}}^{km} \Big) + \\
&\quad \sum_{m=1}^{M} \widetilde{\beta}^{km} \Big(|h_{\mathrm{p}}^{km}|^2 P_{\mathrm{p}}^{km} - \varrho\Omega |h_{\mathrm{p}}^{k_k'm}|^2 P_{\mathrm{p}}^{k_k'm} \Big) \\
&= \mathcal{G}^k(\mu,\nu,\beta) + (\widetilde{\nu}^k - \nu^k)\Big(P_{\mathrm{th}}^k - \sum_{m=1}^{M} P_{\mathrm{p}}^{km} \Big) + \sum_{n=1}^{N} (\widetilde{\mu}^{kn} - \mu^{kn})(I_{\mathrm{th}}^{kn} - I^{kn}) + \\
&\quad \sum_{m=1}^{M} (\widetilde{\beta}^{km} - \beta^{km})\Big(|h_{\mathrm{p}}^{km}|^2 P_{\mathrm{p}}^{km} - \varrho\Omega |h_{\mathrm{p}}^{k_k'm}|^2 P_{\mathrm{p}}^{k_k'm} \Big)
\end{aligned} \tag{5-117}$$

由式(5-117)易得,$\widetilde{\mathcal{G}}^{km}(\widetilde{\mu}^{kn},\widetilde{\beta}^{km})$ 关于对偶变量的次梯度为

$$\widehat{u}^{kn} = I_{\mathrm{th}}^{kn} - I^{kn} \tag{5-118}$$

$$\widehat{\beta}^{km} = |h_{\mathrm{p}}^{km}|^2 P_{\mathrm{p}}^{km} - \varrho\Omega |h_{\mathrm{p}}^{k_k'm}|^2 P_{\mathrm{p}}^{k_k'm} \tag{5-119}$$

此时能够获得在确定 ν^k 下的关于 $(\widetilde{\mu}^{kn},\widetilde{\beta}^{km})$ 的最佳功率分配方案。然后,可以通过迭代 ν^k 自身的梯度来获得解算最后的最优解:

$$\widehat{v}^k = P_{\mathrm{th}}^k - \sum_{m=1}^{M} P_{\mathrm{p}}^{km} \tag{5-120}$$

通过式(5-120)的梯度,可以迭代更新 (μ,ν,β) 来获取最佳功率分配方案。

由于上述方法中综合考虑了定位和通信的需求,因此将其称为通导联合功率分配方法(Positioning-Communication Joint Power Allocation,PCJPA)。接下来,分别从移动网络中 MS-NOMA 信号的定位精度和覆盖性能展开讨论,对比了 PCJPA 算法和传统的功率平均分配(Uniform-Loading)算法的性能。在定位场景中,设置有 4 个基站设备,其

坐标分别为(0,0)(200,0)(200,200)(0,200),并假设有 20 个定位用户随机分布在覆盖范围内。每次仿真进行 50 次蒙特卡洛实验,定位信号的子载波间隔分别设置为通信信号子载波间隔的 30 倍和 50 倍,即整个系统带宽分别为 20 M 和 50 M。假设当定位用户不能接收到 3 个以上基站的定位信号时,该用户不能定位,此时将其定位误差设置为 0。

从图 5-27 中可以很清楚地看到所有的定位用户(1000 个)都能够定位,这意味着 PCJPA 算法成功解决了"远近干扰"。同时可以看到在图 5-28 中,施加 Uniform-Loading 算法的定位用户遭受了严重的"远近干扰"影响,几乎有一半的用户不能定位,覆盖性能为 50.8%。然后还可以看到,在靠近系统边缘的用户定位误差更大,这是因为其几何精度因子较差。

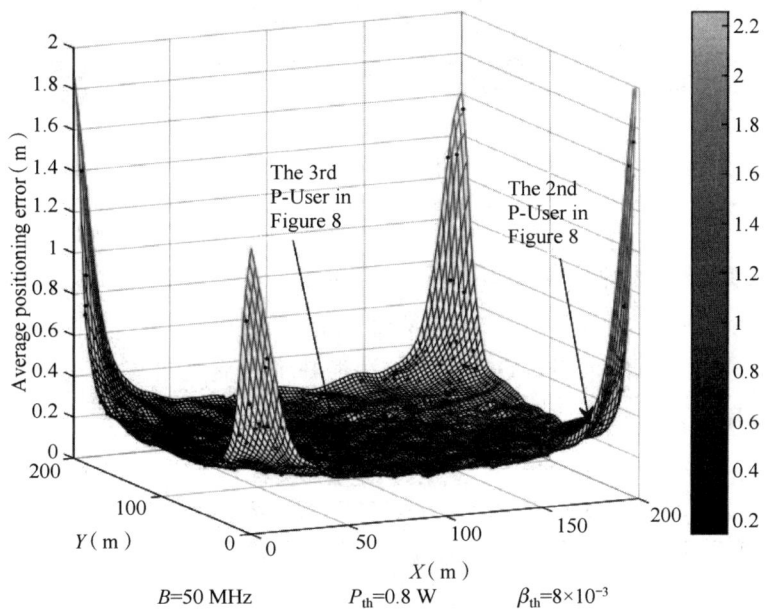

图 5-27　PCJPA 算法下 MS-NOMA 信号的定位精度和覆盖性能

此外,表 5-4 还对比了 MS-NOMA 信号与 PRS 信号的性能,可以看到 MS-NOMA 信号的定位性能有大幅度提升。在 $B=20$ MHz 和 $B=50$ MHz 两种场景下,MS-NOMA 信号的定位精度相比 PRS 信号分别提升了 96.44% 和 96.31%,且误差均在 1 m 以下。需要注意的是,虽然使用 PCJPA 算法后的定位误差比使用 Uniform-Loading 算法的误差稍微高了一点,但这是因为 PCJPA 算法的覆盖性能为 100%,这其中包括了网络中的边缘用户,这些用户往往由于较差的几何精度因子导致定位误差较大。而在 Uniform-Loading 算法中,这些用户往往由于远近效应的干扰,导致其不能定位,我们在统计所有定位用户的平均定位误差时移除了这些点,如图 5-28 所示。实际上,PCJPA 算法在统计相同位置的定位用户上性能更优,即若去除不能定位的点,相同位置的点中(即图 5-29 中 CDF 概率在 50% 之下的定位用户),PCJPA 算法的定位误差更小,例如当 $B=$

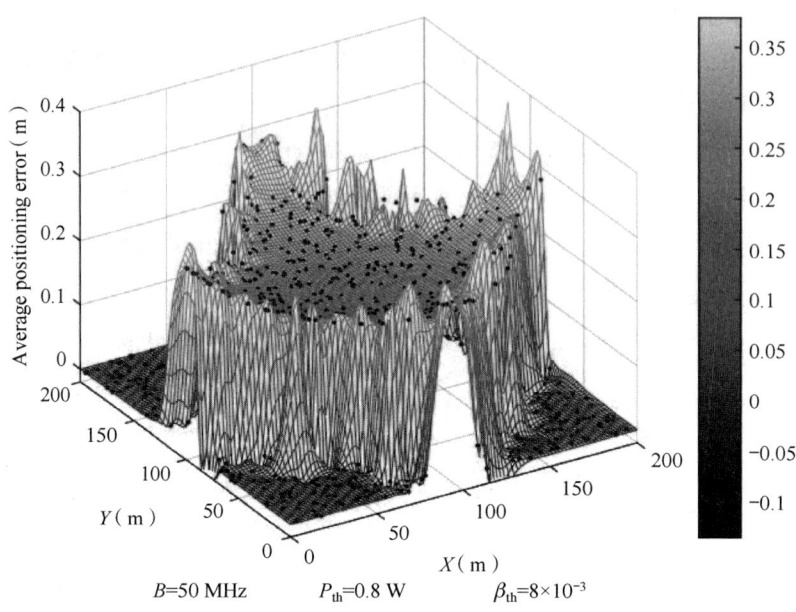

图 5-28 Uniform-Loading 算法下 MS-NOMA 信号的定位精度和覆盖性能

50 MHz 时，PCJPA 算法的定位误差是 0.17 m，相比 Uniform-Loading 算法的 0.20 m，性能提升 15%；在 $B=20$ MHz 时，PCJPA 算法的误差是 0.41 m，相比 Uniform-Loading 算法性能提升 24%。总的来说，PCJPA 算法在提升了大概 1 倍覆盖性能的同时，仅仅只有 10% 的定位用户定位性能弱于传统的功率分配策略，这表现出了 PCJPA 算法良好的性能。

表 5-4 不同信号源在不同分配方案下的性能

信号源		MS-NOMA		PRS	
分配方案		PCJPA	Uniform-Loading	Reuse factor	No Reuse factor
定位误差	20 MHz	0.57 m	0.54 m	15.44 m	14.88 m
	50 MHz	0.21 m	0.20 m	5.90 m	5.64 m
覆盖性能	20 MHz	100 %	50.8 %	72.6 %	45.4 %
	50 MHz	100 %	50.8 %	79.2 %	46.6 %

从图 5-30 中可以很容易看出，平均定位误差随着总功率的增加而减小。而且，系统带宽对定位误差的影响较为明显，即带宽越大定位性能越好。值得注意的是，当总功率约束增加到一定程度时，这些曲线将趋于某个固定的值。这意味着，尽管功率约束在变化，但此时 QoS 约束将占据主导地位，平均定位误差受限于 QoS 约束，将不再减小。其次由不同深浅的曲线可以看出，如果我们设置的 QoS 约束较低，则其定位误差将会更高。

同理，图 5-31 所示为平均定位误差在不同 QoS 约束下的性能。显而易见，平均定位误差将随着 BER 门限的增加而逐渐减小。当系统带宽越大时定位性能越好。同样值得

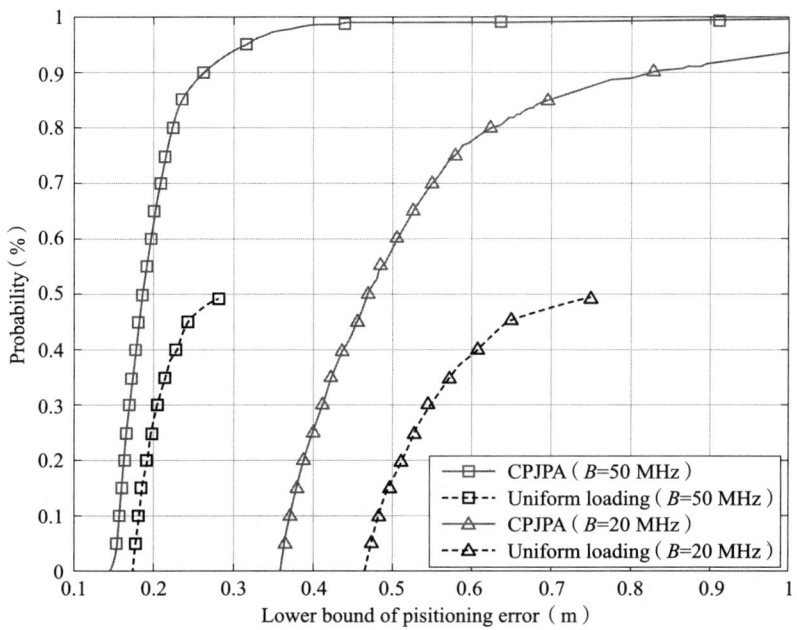

图 5-29 MS-NOMA 信号在不同分配策略下的 CDF 图

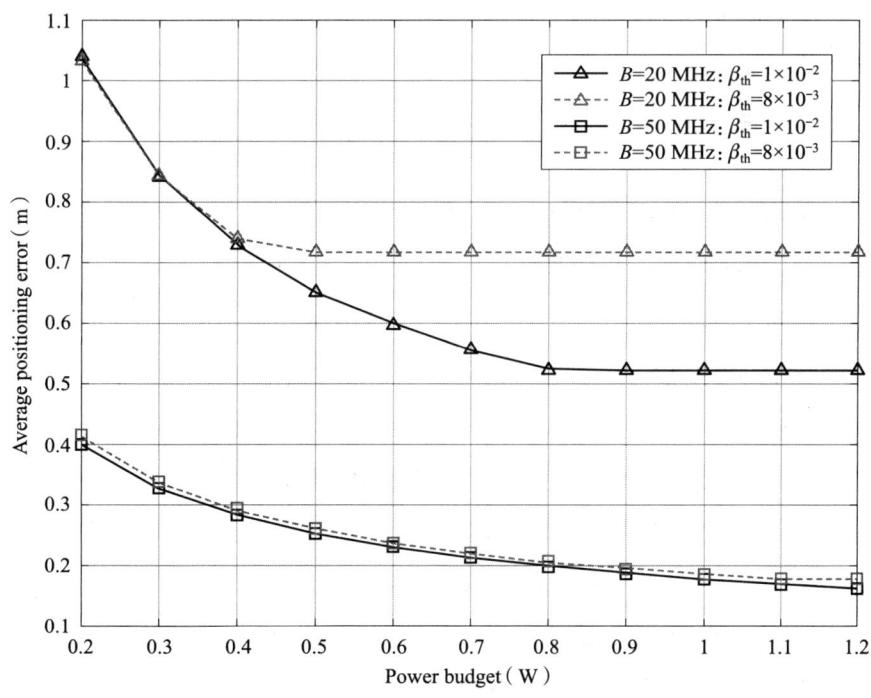

图 5-30 平均定位误差在不同总功率约束下的性能

注意的是,随着 BER 门限的增加,这些曲线趋于某些定值。这是因为,此时的总功率约束限制了定位性能的提高。显然,较高的功率预算可以获得更好的定位性能。另外,我们发现带宽较小的曲线收敛的较慢,这是因为当带宽较小时,定位信号的子载波间隔变小,相当于较多的定位信号集中在较窄的频率范围内,因此频谱泄露比较严重,而这是导致干扰的直接原因。

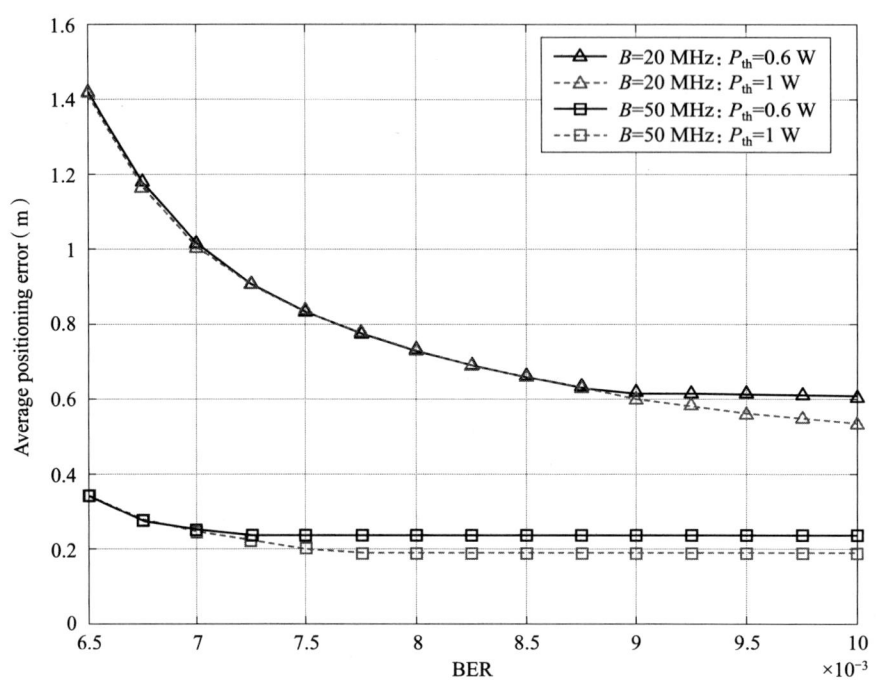

图 5-31 平均定位误差在不同 BER 约束下的性能

2. 基于 MS-NOMA 上行信号的功率分配

此前关于 MS-NOMA 下行信号的研究主要考虑了为不同位置的定位用户分配功率来使定位用户测距误差最小。由于上行链路对信号功率更敏感,因此,与下行信号不同,需要在上行 MS-NOMA 信号中对通信信号功率和定位信号功率都进行分配[41]。

1) 单基站场景

考虑如图 5-32 所示的典型上行通导一体化场景,该基站共服务 M 个定位用户和 N 个通信用户。为了不失一般性,对该场景我们使用如下假设:①每个定位用户使用了独立的扩频序列。②由于本节采用的是 MS-NOMA 上行信号,因此所有通信用户和定位用户的功率都应该被分配,分配通信用户功率是为了保证在基站处接收到的通信信号具有足够的信噪比,分配定位用户的功率以获取最优的测距性能。③基站能够通过零延迟无差错反馈信道获取两类用户各自与基站间的传输信道状态信息。④由于通信和定位信号都采用了 OFDM 调制技术,因此可以假设不同通信子载波之间不存在干扰,同样地,不同定位子载波之间也不存在干扰。

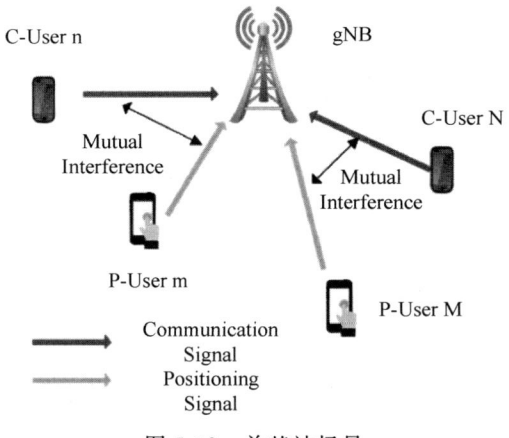

图 5-32 单基站场景

基站收到的第 n 个通信用户的误码率(BER)为

$$\mathrm{BER}(n) = K\,\mathrm{erfc}\left(\frac{\lambda\,|h_{c,n}|^2 P_{c,n} T_c}{f_n + 2N_0}\right) \tag{5-121}$$

式中：

$$f_n = \sum_{m=1}^{M} |h_{p,m}|^2 T_p P_{p,m} \mathrm{sinc}^2\left(m - \frac{n}{G}\right) \tag{5-122}$$

K 和 λ 表示由调制方式和编码方式所决定的系数，$h_{c,n}$ 表示第 n 个通信用户和基站间的传输信道增益，$P_{c,n}$ 表示分配给第 n 个通信用户的功率。T_c 表示通信符号的周期。式(5-122)的 f_n 表示全部定位信号对 n 个通信用户的干扰。

通常来说，只要第 n 个通信用户的误码率符合一个给定的目标门限 $\mathrm{BER}_{\mathrm{target}}$，那么通信用户的通信质量就能够得到满足，所以我们可以得到式(5-123)：

$$\mathrm{BER}(n) \leqslant \mathrm{BER}_{\mathrm{target}} \tag{5-123}$$

第 m 个定位信号的码相位估计误差的下界可以表示为

$$(\sigma_\rho^m)^2 = \frac{a T_p}{P_{p,m} B_{\mathrm{fe}}} \left(\frac{N_0}{2|h_{p,m}|^2} + \frac{\sum_{n=1}^{N} |h_{c,n}|^2 P_{c,n} \sin^2\left(\frac{n}{G}\pi\right)}{|h_{p,m}|^2 B_{\mathrm{fe}}} \right) \tag{5-124}$$

需要注意 $(\sigma_\rho^m)^2$ 表示的是锁相环的码相位估计误差，并不是实际的测距误差，码相位测距误差和测距误差的转换关系如下：

$$\mathrm{error} = l * \frac{\sigma_\rho^m}{T_p} \tag{5-125}$$

式中，l 表示单个码片的长度：

$$l = \frac{c}{(\Delta f_c \times G)} \tag{5-126}$$

式中,c 表示光速,G 表示单个定位用户占据的带宽上覆盖的通信用户数量。

整个上行 MS-NOMA 系统中的两类用户的总功率应该受到限制,如式(5-127)所示:

$$\sum_{n=1}^{N} P_{c,n} + \sum_{m=1}^{M} P_{p,m} \leqslant P_{\text{budget}} \tag{5-127}$$

式中,P_{budget} 表示分配给整个 MS-NOMA 系统的总功率上限。

在 MS-NOMA 上行系统模型中,目标是在最小的功率消耗下,实现定位用户最优的测距精度,同时需要满足通信用户的 QoS 约束,可以得到如下原始优化问题。在 OP0 中,目标函数有两个,第一个目标函数是为了使系统消耗的总功率最小,由于定位用户的功率相较于通信用户很小,而且定位用户数很少,因此选择了全体通信用户的总功率作为目标函数,第二个目标函数是全体定位用户的码相位估计误差。两个目标函数保证了功率消耗最小而且测距误差最小。约束总共有两个,第一个约束保证了任意一个通信用户的 BER 都要小于给定的目标门限 $\text{BER}_{\text{target}}$,即通信用户的 QoS 约束,第二个约束保证了所有用户的功率总和要小于功率门限,注意目标函数中已经含有通信用户总功率 $P_{c,n}$,因此约束中只考虑了定位用户。

$$\text{OP0}: \min \left(\sum_{n=1}^{N} P_{c,n} \right) \min \left(\sum_{m=1}^{M} (\sigma_\rho^m)^2 \right)$$

并使得 $\text{BER}(n) \leqslant \text{BER}_{\text{target}} \quad \forall n \in N$

$$\sum_{m=1}^{M} P_{p,m} \leqslant P_{\text{total}} \tag{5-128}$$

将原始问题 OP0 拆分为两个子最优化问题。在每个子问题中,一种用户的功率被认为是固定的,对另一种用户的功率进行分配。在两个子优化问题求解出来之后,采用迭代的思想,最终实现对原始问题 OP0 的求解。

在第一个子优化问题中,对通信用户功率 $P_{c,n}$ 进行分配,定位用户功率 $P_{p,m}$ 被认为是已知的,首先对式(5-118)进行数学变换,又因为 $\text{BER}_{\text{target}}$ 已知,得到:

$$P_{c,n} \geqslant \frac{\text{erfc}^{-1}\left(\frac{\beta_{\text{th}}}{K}\right)(f_n + 2N_0)}{\lambda \left| h_{c,n} \right|^2 T_c} P_{\text{th},n} \tag{5-129}$$

第一个子优化问题的目标是尽可能减小所有用户的总功率,需要求解的未知向量是通信用户的功率 $P_{c,n}$。为了保证通信用户的 QoS,每个通信用户的 BER 都应该小于 $\text{BER}_{\text{target}}$,同样地,对定位用户,每个定位用户的码相位估计误差应该小于给定的门限 σ_{th}。有了目标函数和两个约束,第一个子优化问题可以表达为

$$\text{OP1}: \min \left(\sum_{n=1}^{N} P_{c,n} \right)$$

并使得 $P_{c,n} \geqslant P_{\text{th},n} \quad \forall n \in N$

$$(\sigma_\rho^m)^2 \leqslant \sigma_{\text{th}}^2 \quad \forall m \in M \tag{5-130}$$

通过对 OP1 的观察发现，OP1 的目标函数和第一个约束关于 $P_{c,n}$ 都是线性的，对于第二个约束，$(\sigma_\rho^m)^2$ 是关于 $P_{c,n}$ 的一次函数，因此 OP1 是线性优化。而且目标函数和第二个不等式都趋向于降低 $P_{c,n}$，而第一个约束趋向于增大 $P_{c,n}$，很显然当第二个约束取等号时即可求解 OP1，OP1 的解如式(5-131)所示：

$$P_{c,N} = P_{\text{th},n} \quad \forall n \in N \tag{5-131}$$

第二个子优化问题假设每个通信用户的功率是已知的，需要求解的未知向量是定位用户的功率 $P_{p,m}$，它的目标是使定位用户获得最优的测距精度，约束包括定位用户的总功率约束和通信用户的 QoS 约束。则 OP2 写为

$$\text{OP2}: \min \left(\sum_{m=1}^{M} (\sigma_\rho^m)^2 \right)$$

并使得 $\text{BER}(n) \leqslant \text{BER}_{\text{target}} \quad \forall n \in N$

$$\sum_{m=1}^{M} P_{p,m} \leqslant P_{\text{total}} \tag{5-132}$$

对式(5-123)作数学变换：

$$f_n \leqslant f_{\text{th}} \quad \forall n \in N \tag{5-133}$$

式中：

$$f_n = \sum_{m=1}^{M} |h_{p,m}|^2 T_p P_{p,m} \operatorname{sinc}^2 \left(m - \frac{n}{G} \right) \tag{5-134}$$

$$f_{\text{th}} = \frac{\lambda |h_{c,n}|^2 P_{c,n} T_c}{\operatorname{erfc}^{-1}\left(\dfrac{\text{BER}_{\text{target}}}{K}\right) |h_{c,n}|^2 T_\rho} - 2N_0 \tag{5-135}$$

基于以上分析，第二个子优化问题 OP2 可以写为

$$\text{OP2}: \min \left(\sum_{m=1}^{M} (\sigma_\rho^m)^2 \right)$$

并使得 $f_n \leqslant f_{\text{th}} \quad \forall n \in N$

$$\sum_{m=1}^{M} P_{p,m} \leqslant P_{\text{total}} \tag{5-136}$$

通过观察 OP2，目标函数是寻找最小值，同时 $(\sigma_\rho^m)^2$ 是关于 $P_{p,m}$ 的凸函数（$P_{p,m}$ 大于等于 0 时），两个约束都是仿射的。故 OP2 是凸优化问题，可根据拉格朗日对偶法解决 OP2。OP2 的拉格朗日函数表达式为

$$\mathcal{L}(\{P_{p,m}\}, \mu, \nu) = \sum_{m=1}^{M} (\sigma_\rho^m)^2 + \sum_{n=1}^{N} \mu_n (f_n - f_{\text{th}}) + \nu \left(\sum_{m=1}^{M} P_{p,m} - P_{\text{total}} \right) \hat{v}^k$$

$$= P_{\text{th}}^k - \sum_{m=1}^{M} P_p^{km} \tag{5-137}$$

式中，$\mu=\{\mu_n, n=1,\cdots,N\}$ 和 v 是拉格朗日对偶变量。OP2 的拉格朗日对偶函数写作：

$$g(\mu,v) = \min_{P_{p,m}\geq 0} \mathcal{L}(\{P_{p,m}\},\mu,v) \tag{5-138}$$

得到的 OP2 的拉格朗日对偶问题表达为

$$\max g(\mu,v)$$
$$\text{并使得 } \mu\geq 0, v\geq 0 \tag{5-139}$$

OP2 的拉格朗日对偶函数 $g(\mu,v)$ 又可以写成：

$$g(\mu,v) = \sum_{m=1}^{M} g_m(\mu,v) - vP_{\text{total}} \tag{5-140}$$

式中：

$$g_m(\mu,v) = \min_{P_{p,m}\geq 0}\left\{(\sigma_\rho^m)^2 + \sum_{n\in N_m} u_n(f_n - f_{\text{th}}) + vP_{p,m}\right\} \tag{5-141}$$

式中，$N_m = \{(m-1)(2G-1)+1,\cdots,m(2G-1)\}$。

又因为变换：$\sum_{n=1}^{N} = \sum_{m=1}^{M}\sum_{n\in N_m}$，可将 $g(\mu,v)$ 分解为 M 个独立的子问题 OP3：

$$\text{OP3}: \min_{P_{p,m}\geq 0} (\sigma_\rho^m)^2 + vP_p \tag{5-142}$$

OP3 的拉格朗日函数表达式为

$$\mathcal{L}(\{P_{p,m}\},\tilde{\mu}_n,v) = (\sigma_\rho^m)^2 + \sum_{n\in N_m} u_n(f_n - f_{\text{th}}) + vP_{p,m}(\{P_{p,m}\},\tilde{\mu}_n,v) \tag{5-143}$$

OP3 的拉格朗日对偶函数为

$$\tilde{g}(\mu,v) = \min_{P_{p,m}\geq 0} \mathcal{L}(\{P_{p,m}\},\tilde{\mu}_n) \tag{5-144}$$

OP3 的对偶问题可以写作：

$$\max \tilde{g}_m(\mu_n)$$
$$\text{并使得 } \mu_n \geq 0 \tag{5-145}$$

依据 KKT 条件使变量的偏导为 0：

$$\frac{\partial \mathcal{L}}{\partial P_{p,m}} = -\frac{aT_p}{P_{p,m}^2 B_{\text{fe}}}\left(\frac{N_0}{2|h_{p,m}|^2} + \frac{\sum_{n=1}^{N}|h_{c,n}|^2 P_{c,n}\sin^2\left(\frac{n}{G}\pi\right)}{|h_{p,m}|^2 B_{\text{fe}}}\right) +$$
$$v + \sum_{n\in N_m}\tilde{\mu}_n\left(|h_{c,n}|^2 T_p \text{sinc}^2\left(m-\frac{n}{G}\right)\right) = 0 \tag{5-146}$$

通过求解式(5-146)，KKT 条件保证了对偶问题和原始问题具有相同的解，则第二个子优化问题 OP2 的解表达式为

$$\tilde{P}_{p,m} = \left[\frac{aT_p}{\left(v + \sum_{n\in N_m}\tilde{\mu}_n\left(|h_{c,n}|^2 T_p \text{sinc}^2\left(m-\frac{n}{G}\right)\right)\right)B_{\text{fe}}}\right.$$
$$\left.\left(\frac{N_0}{2|h_{p,m}|^2} + \frac{\sum_{n=1}^{N}|h_{c,n}|^2 P_{c,n}\sin^2\left(\frac{n}{G}\pi\right)}{|h_{p,m}|^2 B_{\text{fe}}}\right)\right]^{1/2} \tag{5-147}$$

第5章 通信导航一体化的紧耦合

在式(5-147)中,拉格朗日变量 $\tilde{\mu}_n$ 和 v 仍未确定,需要使用递阶算法逐步迭代两个变量的值进一步确定,$\tilde{\mu}_n$ 和 v 的值需要使用次梯度法来计算。次梯度方法延展了基本的梯度下降方法,可以处理一些不可导的情形,缺点是算法收敛比较慢。次梯度被定义为

$$\partial f = \{[g \mid f(x) \geqslant f(x_0) + g^T(x - x_0), \forall x \in \mathrm{dom} f, f : R^n \to R]\} \quad (5\text{-}148)$$

下面推导 $\tilde{\mu}_n$ 的次梯度:

$$\begin{aligned} g(\mu, v) &= \min_{P_{p,m} \geqslant 0} \mathcal{L}(\{P_{p,m}\}, \mu, v) \leqslant \mathcal{L}(\{P_{p,m}\}, \mu, v) \\ &= \sum_{m=1}^{M} (\sigma_\rho^m)^2 + \sum_{n=1}^{N} \mu_n (f_n - f_{\mathrm{th}}) \\ &= \mathcal{G}(\mu', v') + \Big(\sum_{n=1}^{N} (\mu_n - \mu_n')\Big)(f_n - f_{\mathrm{th}}) + \\ &\quad (v - v')(P_{p,m} - P_{\mathrm{total}}) + v(P_{p,m} - P_{\mathrm{total}}) \end{aligned} \quad (5\text{-}149)$$

结合式(5-148)和式(5-149),$\tilde{g}_m(\mu_n)$ 的次梯度为 $f_n - f_{\mathrm{th}}$。μ_n 的最优值,可以通过迭代的方法最终获得。

通过观察 OP1 和 OP2,我们发现这两个子优化问题都趋向于减小 $P_{c,n}$,因此由这两个问题组合而成的联合优化问题 OP0 是收敛的,即能够获得最优的 $P_{c,n}$ 和 $P_{p,m}$。因此可以根据上述描述的优化问题实现对通信用户和定位用户最优的功率分配,由于上述方法涉及通导联合功率分配和迭代算法,因此将其称为联合迭代功率分配算法(Joint Iterative Power Allocation Algorithm,JIPAA)。具体算法描述如下:

(1) 将全部通信用户的功率都设置为相同的初始值 $P_{c,\mathrm{init}}$,如式(5-150)所示。

$$\{P_{c,n}, \forall n \in N\} = P_{c,\mathrm{init}} \quad (5\text{-}150)$$

全部的 $P_{c,n,0}$ 都被设置为 $P_{c,\mathrm{init}}$,下标 0 代表第 0 次的迭代结果。

(2) 利用 OP2 的解〔式(5-138)〕,得到 $P_{p,m}$ 的初次循环输出 $P_{p,m,1}$,再使用 $P_{p,m,1}$ 和式(5-141),获得 $P_{c,n}$ 的初次循环输出 $P_{c,n,1}$。

(3) 重复第二步中的两次操作,直到 $P_{c,n,k}$ 和 $P_{c,n,k+1}$ 的差值足够小,$P_{p,m,k}$ 和 $P_{p,m,k+1}$ 的差值足够小,此时得到的 $P_{c,n,k}$ 和 $P_{p,m,k}$ 就是最优的 $P_{c,n}$ 和 $P_{p,m}$。

图 5-33 所示为 MS-NOMA 通导一体化系统中两种用户消耗的总功率跟随期望 BER($\mathrm{BER}_{\mathrm{target}}$)的变化图。相应地,随着通信用户数量的增加,通信用户总功率也成比例地增加,每个通信用户消耗的平均功率小于 0.2 W,这也与实际情况中对设备发射功率的限制较为符合。此外,可以发现当 $\mathrm{BER}_{\mathrm{target}}$ 相同时,JIPAA 算法消耗的功率比传统功率分配方法稍大一些,前者比后者多消耗的功率约为 15 W,不超过总功率的 5%。随着 $\mathrm{BER}_{\mathrm{target}}$ 的逐渐增大,即通信用户的通信质量逐渐恶化时,通信用户总功率也会随之减小,因为对通信用户的约束变弱了。最后,我们发现即使通信用户的通信质量恶化了,

JIPAA 算法比传统算法多消耗的功率并没有明显的变化,这说明提出的 JIPAA 算法工作在通信用户 QoS 约束更严格时工作效率更高。

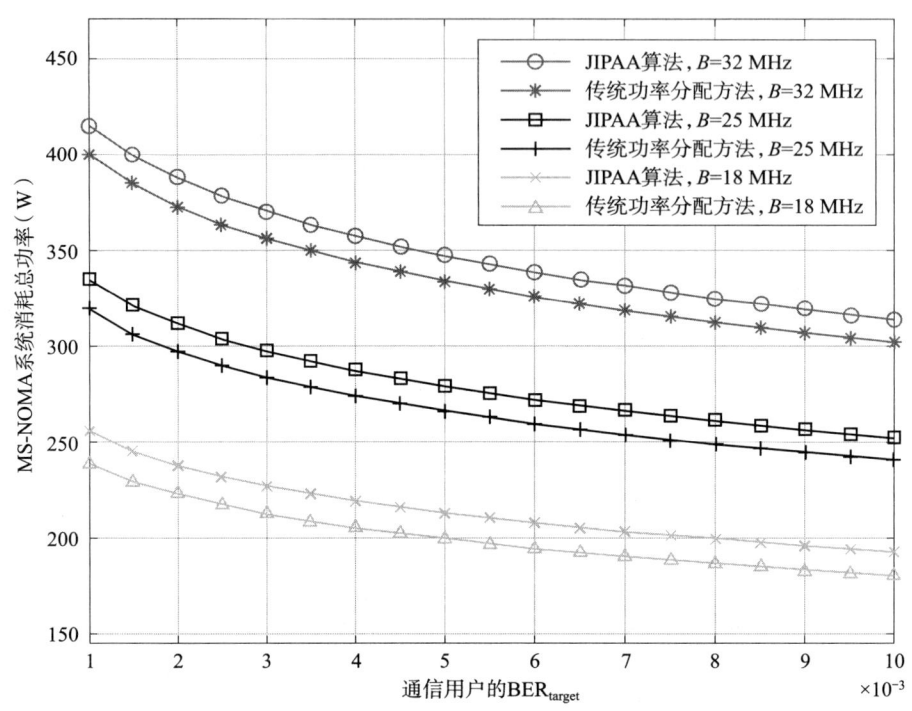

图 5-33　MS-NOMA 系统总功率随期望 BER 变化图

图 5-34 所示为该系统中通信用户的实际 BER 跟随 BER_{target} 的变化图。图中的星标线给出了 JIPAA 算法的表现,可以发现无论通信用户的带宽是多少,他们的实际 BER 与 BER_{target} 相等,这与我们对第一个子优化问题的分析相符合,取等号就可计算出分配给每个通信用户的功率值。但是当使用传统功率分配方法时,在 3 种系统总带宽的情况下,通信用户的实际 BER 都大于期望的 BER_{target}。从前面的分析可知,当 BER_{target} 相同时,两种方法中通信用户消耗的总功率是很接近的。因此可以说 JIPAA 算法凭借 5% 多消耗的功率降低了通信用户的 17% 的 BER。此外,随着用户总带宽 B 的增大,传统方法中通信用户的实际 BER 会逐渐变小,原因是总带宽 B 增大时定位用户的数量不变,而通信用户的数量却一直增大,一个定位用户频带内容纳的通信用户数量也随之增大。因此,单个通信用户受到的定位用户的干扰会逐渐变小。

图 5-35 所示为随着 BER_{target} 的增长,定位用户实际测距误差的变化趋势。容易发现传统功率分配方法在 3 种系统带宽 B 的情况下,定位用户的测距误差都大于 JIPAA 算法的测距误差,原因是传统功率分配方法的推导中没有考虑到通信用户对定位用户的干扰。可以发现,随着通信用户 BER_{target} 的增大、用户测距误差会逐渐变小,而且变小的速度会越来越慢,原因是通信用户 BER_{target} 的增大带来了通信用户功率的减小,进而导致

第 5 章 通信导航一体化的紧耦合

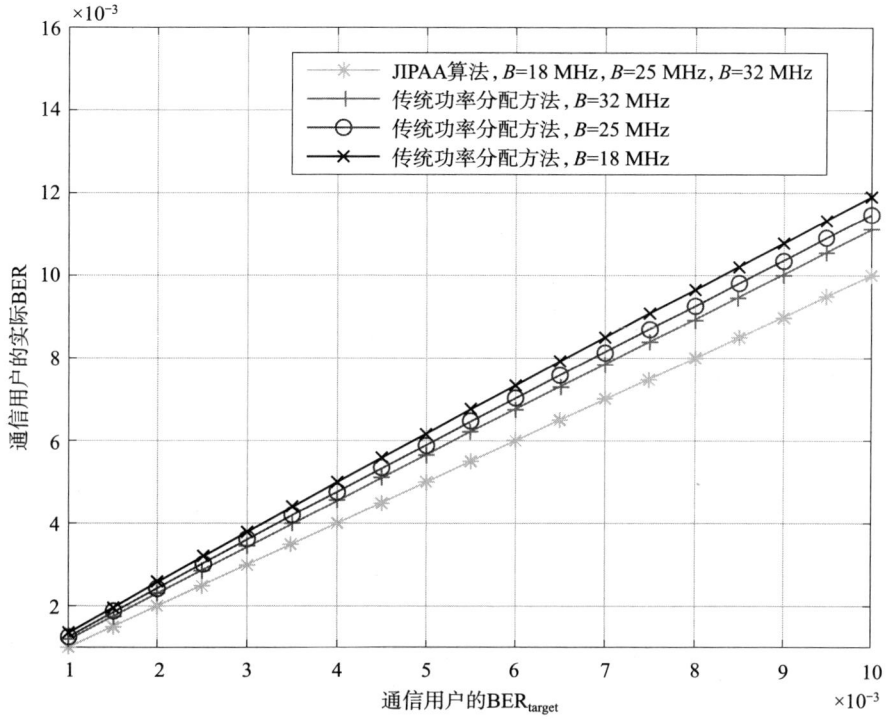

图 5-34 MS-NOMA 系统通信用户实际 BER 随期望 BER 变化图

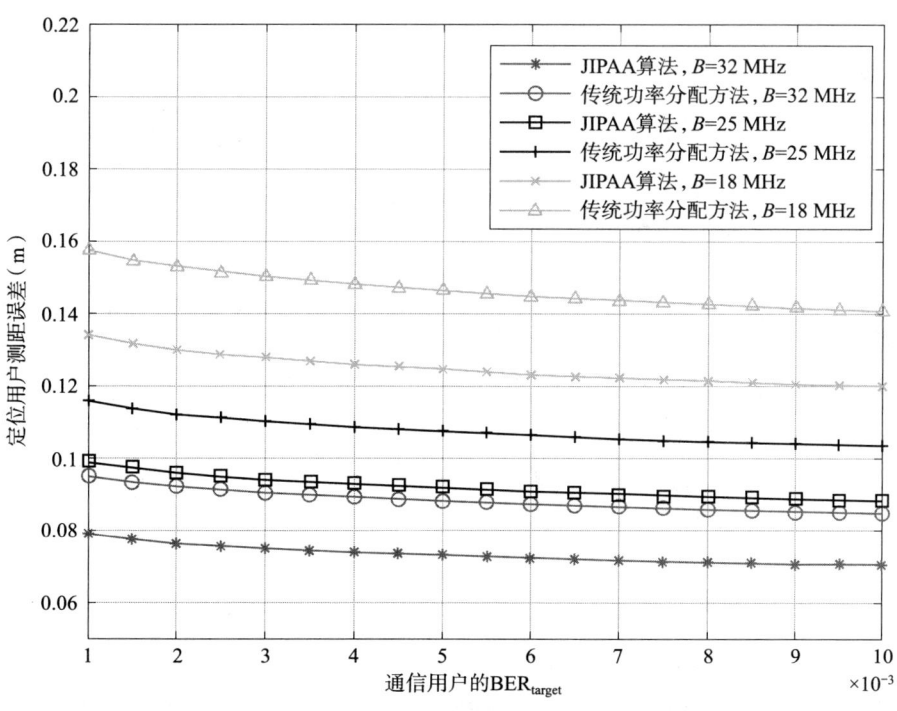

图 5-35 MS-NOMA 系统定位用户实际测距误差随期望 BER 变化图

通信信号对定位用户的干扰变小,因此定位用户的测距误差会逐渐减小。减小速度变慢的原因是通信用户 QoS 约束足够松弛时,通信用户对定位用户的干扰已经小于背景噪声的干扰了,这时通信质量的恶化无法带来足够的测距误差的改善,此时即使 JIPAA 多消耗了一些功率,对通信用户 BER 的改善也非常小。

图 5-36 中系统总带宽 B 的范围是 15～32 MHz。随着系统带宽 B 的增大,JIPAA 方法中定位用户的测距误差会逐渐减小。通常来说,一个定位用户的带宽内覆盖的通信用户数量越多,通信用户对该定位用户的干扰应该会增大,但是上面的分析中定位用户的测距误差反而减小。因为随着通信用户数量的增长,单个定位用户所占据的带宽也会逐渐增大,带宽增大的影响大于通信用户干扰增长的影响。

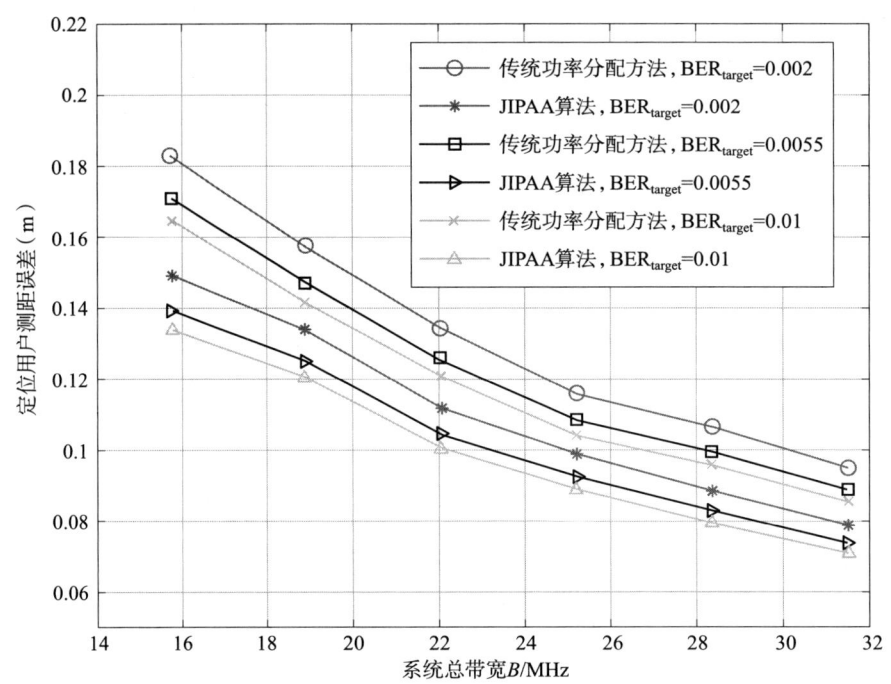

图 5-36　MS-NOMA 系统定位用户实际测距误差随系统带宽 B 变化图

图 5-37 给出了相同带宽 B 下的测距误差与总功率的关系。每条线中每个点代表了在不同的 BER_{target} 下的仿真结果。很显然,相较于传统算法,在相同的功率消耗下 JIPAA 算法能较大地改善定位用户的测距误差。当总功率消耗接近时,JIPAA 算法在 $B=18$ MHz 时改善幅度为 16.3%,$B=25$ MHz 时改善幅度为 16.0%。

2) 多基站场景

多基站下上行信号功率分配场景如图 5-38 所示[41]。MS-NOMA 上行模型中定位用户数量为 M,为了使用多边定位法,单个定位用户将向 T 个基站同时发送上行定位信号。假设基站间能够通信,当 T 个基站完成对该定位用户的测距后,所有基站就能够获得该用户与任意基站间的距离,这些基站均能够实现对该用户的精确定位。同

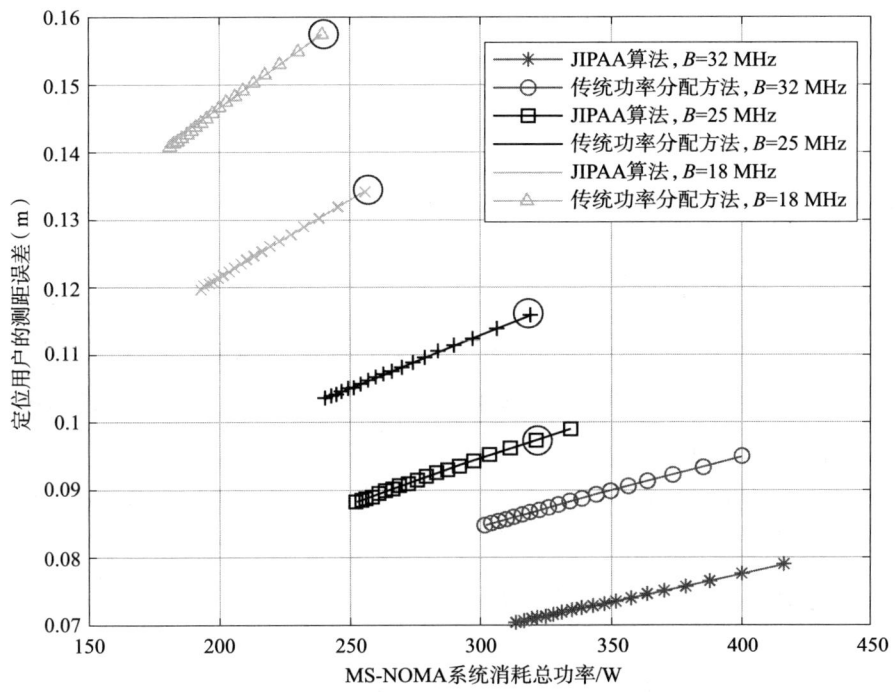

图 5-37　MS-NOMA 系统总功率随定位用户测距误差变化图

时，每个小区内的基站只服务本小区内的通信用户，每个基站覆盖范围内存在 N 个通信用户，则该系统内共有 TN 个通信用户。图 5-38 中，虚线表示定位用户发送给各个基站的上行定位信号，黑色实线表示通信用户发送给基站的上行通信信号。此外还存在通信信号和定位信号间的干扰，同一个定位用户发送给不同基站的定位信号间的干

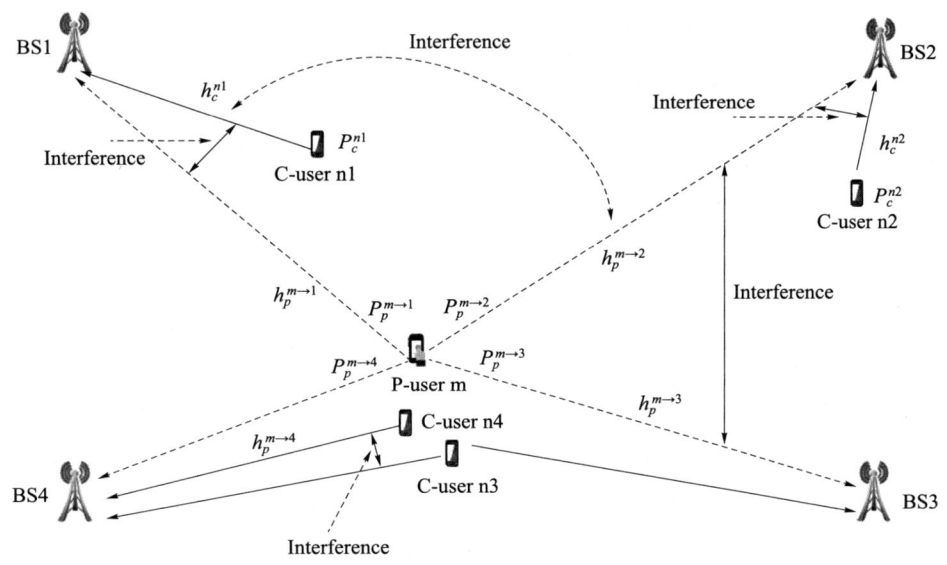

图 5-38　多基站下 MS-NOMA 上行系统功率分配场景

扰，处于 BS3 和 BS4 边缘的通信用户 C-User n3 会对 BS4 服务的通信用户 C-User n4 产生小区间干扰。

在多基站模型中，假设通信信号之间不存在小区内干扰。与下行 MS-NOMA 系统不同，在上行系统中定位信号不会受到远近效应的影响。下行系统中，单个定位用户会接收到来自 T 个基站的定位信号，因此较远基站的定位信号自相关值会受到近处基站互相关值的影响。但是在上行情境下，单个定位用户发送给所有基站的定位信号都是在一个位置发送的，任意一个基站接收到的该定位用户的 T 个上行信号都会经历相同的信道衰落，因此在上行系统中无须考虑远近干扰。但是与单基站模型只考虑小区内通信信号和定位信号之间的相互干扰不同，多基站情形下需要考虑通信用户对邻近小区的干扰。位于多个基站覆盖范围边界处的通信用户将对临近小区的通信用户产生干扰，基站边缘的通信用户上行通信信号会被邻近小区的基站接收到。综上所述，多基站 MS-NOMA 上行系统中存在以下干扰：

（1）每个定位用户发送给单个基站的上行信号都将受到所有 TN 个通信信号的干扰。

（2）每个定位用户发送给单个基站的上行信号都将受到该定位用户发送给其他基站的 $T-1$ 个定位信号的干扰。

（3）每个通信用户小区内的上行信号都将受到定位用户发送给所有基站的 TM 个定位信号的干扰。

（4）每个通信用户小区内的上行信号都将受到处于该基站服务的边缘同频通信用户上行信号的干扰。

令 $P_{c,nt}$ 表示基站 t 服务的第 n 个通信用户（以下简称通信用户 nt，nt 是一个与 n 不同的单独变量）的上行发射功率，$P_p^{m \to t}$ 表示定位用户 m 向基站 t 发送的上行定位信号功率。B_{nt} 表示服务通信用户 nt 的基站。$h_c^{nt \to t'}(t' \neq t)$ 表示通信用户 nt 与基站 t' 间的瞬时信道增益，$h_c^{B_{nt}}$ 表示通信用户 nt 与服务自己的基站 B_{nt} 间的瞬时信道增益，$h_p^{m \to t}$ 表示定位用户 m 与基站 t 间的瞬时信道增益。$\mathcal{T}$ 表示 $\{1,2,\cdots,T\}$，即全部基站的集合。$\mathcal{T}_t$ 表示 $\{1,2,\cdots,t-1,t+1,\cdots,T\}$，即除了基站 t 的其他 $T-1$ 个基站的集合。$\mathcal{K}_{nt}$ 表示 $\mathcal{T}_t$ 所包含的基站服务的边缘通信用户（与通信用户 nt 处于相同频率）集合。$\mathcal{M}$ 表示 $\{1,2,\cdots,M\}$，即全体定位用户的集合。$\mathcal{N}_t$ 表示 $\{1,2,\cdots,N\}$，即第 t 个基站服务的全体通信用户集合。$\mathcal{N}$ 表示所有通信用户的集合。

单个通信用户的上行信号将受到基站边缘的通信用户上行信号干扰和 TM 个上行定位信号的干扰，通过分析基站接收到的单个通信用户的 SINR，单个通信用户的 BER 如式(5-151)所示：

$$\text{BER}(nt) = K\operatorname{erfc}\left(\frac{\lambda \left|h_c^{nt}\right|^2 P_{c,nt} T_c}{2 \mathcal{N}_0 + f_{nt} + \alpha q_{nt}}\right) \tag{5-151}$$

式中：

$$f_{nt} = \left|h_p^{m \to B_{nt}}\right|^2 \sum_{t' \in T}\sum_{m \in \mathcal{M}} T_p P_p^{m \to t'} \operatorname{sinc}^2\left(m - \frac{n}{G}\right) \tag{5-152}$$

$$q_{nt} = \sum_{nt' \in \mathcal{K}_{nt}} \left|h_p^{nt' \to B_{nt}}\right|^2 T_c P_{c,nt'} \tag{5-153}$$

式(5-151)中，f_{nt} 表示 TM 个定位信号对通信用户 nt 的干扰，q_{nt} 表示 $\mathcal{T}_t$ 所包含基站服务的边缘通信用户对通信用户 nt 的干扰，α 是由小区间干扰消除技术决定的系数，N_0 是环境噪声的功率谱密度。

与单基站模型相比，多基站模型下第 m 个用户的第 t 个定位信号的码相位估计误差为

$$(\sigma_\rho^{m \to t})^2 = \frac{a\int_{B_0 - \frac{B_{fe}}{2}}^{B_0 + \frac{B_{fe}}{2}}[N_0 + G_s(f + m\Delta f_p) + G_1(f + m\Delta f_p)]G_p^m(f + m\Delta f_p)\sin^2(\pi f D T_p)\mathrm{d}f}{\left|h_p^{m \to t}\right|^2 P_p^{m \to t}\left[2\pi\int_{B_0 - \frac{B_{fe}}{2}}^{B_0 + \frac{B_{fe}}{2}} f G_p^m(f + m\Delta f_p)\sin(\pi f D T_p)\mathrm{d}f\right]^2} \tag{5-154}$$

$$G_s(f) = \sum_{nt' \in \mathcal{N}} \left|h_p^{nt' \to t}\right|^2 P_{c,nt'} T_c \operatorname{sinc}^2\left[(f - n\Delta f_c)T_c\right] \tag{5-155}$$

$$G_1(f) = \sum_{t' \in T_t} \left|h_p^{m \to t}\right|^2 P_p^{m \to t'} T_p \operatorname{sinc}^2\left[(f - m\Delta f_p)T_p\right] \tag{5-156}$$

$G_s(f)$ 是基站 t 接收到的通信信号，$G_1(f)$ 是基站 t 接收到的该定位用户发送给其他基站的定位信号。与 5.3.2 节中的推导过程类似，定位用户的码相位误差可以表示为

$$(\sigma_\rho^{m \to t})^2 = \frac{aT_p}{2P_p^{m \to t}\left|h_p^{m \to t}\right|^2 B_{fe}} *$$

$$\left(N_0 + \frac{2\sum_{nt' \in \mathcal{N}}\left|h_p^{nt' \to t}\right|^2 P_{c,nt'}\sin^2\left(\frac{n}{G}\pi\right)}{B_{fe}} + \frac{\left|h_p^{m \to t}\right|^2 \sum_{t' \in T_t} P_p^{m \to t'}}{B_{fe}}\right) \tag{5-157}$$

第一项是由背景噪声引起的，第二项是由所有通信用户的上行信号引起的，第三项是由定位用户 m 向除了基站 t 外其他 $T-1$ 个基站的上行定位信号引起的。

当定位用户 m 与 T 个基站的距离已知后，定位用户 m 的水平定位误差可以表示为

$$\Omega_m = \sqrt{\sum_{t \in T}\left\{\left[\sum_{i=1}^{2}(h_i^{m \to t})^2\right](\sigma_\rho^{m \to t})^2\right\}} \tag{5-158}$$

式中，$(h_i^{m \to t})$ 是矩阵 $\boldsymbol{H}^t$ 的组成向量，$\boldsymbol{H}^t$ 如式(5-159)所示：

$$\boldsymbol{H}^t = [(\boldsymbol{G}^m)^\mathrm{T} \boldsymbol{G}^m]^{-1}(\boldsymbol{G}^m)^\mathrm{T} \tag{5-159}$$

式中：

$$\boldsymbol{G}^m = \begin{bmatrix} d_x^{m\to 1} & d_y^{m\to 1} \\ d_x^{m\to 2} & d_y^{m\to 2} \\ \vdots & \vdots \\ d_x^{m\to T} & d_y^{m\to T} \end{bmatrix} \tag{5-160}$$

$$d_x^{m\to 1} = \frac{(x_m - x_t)}{\|X_t - X_m\|} \tag{5-161}$$

$X = [x, y]$ 表示基站 t 或定位用户 m 的水平坐标，$d_x^{m\to 1}$ 如式(5-161)所示。最后为了下面计算的方便，定义：

$$\tau^{m\to t} = \sqrt{\sum_{i=1}^{2} (h_i^{m\to t})^2} \tag{5-162}$$

$$(\tilde{\sigma}_\rho^{m\to t})^2 = \frac{(\sigma_\rho^{m\to t})^2}{P_p^{m\to t}} \tag{5-163}$$

与上一小节的优化问题类似，这里将目标函数中的测距误差改为了全体定位用户的定位误差，原始问题 OP4 表示为

$$\text{OP4}: \min\left(\sum_{nt\in\mathcal{N}} P_{c,nt}\right) \min\left(\sum_{m\in\mathcal{M}} \Omega_m\right)$$
并使得 $\text{BER}(nt) \leqslant \text{BER}_{\text{target}} \quad \forall nt \in N$
$$\sum_{t\in T}\sum_{m\in M} P_p^{m\to t} \leqslant P_{\text{total}} \tag{5-164}$$

将 OP4 分解为两个子最优化问题。在第一个问题中，假设定位用户功率 $P_p^{m\to t}$ 已知，在通信用户的 BER 和定位用户定位误差的约束下，使得系统消耗总功率最小，对通信用户功率 $P_{c,nt}$ 进行分配。在第二个问题中，假设通信用户功率 $P_{c,nt}$ 已知，在通信用户的 BER 和定位用户总功率的约束下，使得定位用户定位误差最小，对定位用户功率 $P_p^{m\to t}$ 进行分配。具体如下：

$$\text{OP4}: \min\left(\sum_{nt\in\mathcal{N}} P_{c,nt}\right)$$
并使得 $\text{BER}(nt) \leqslant \text{BER}_{\text{target}} \quad \forall nt \in N$
$$\Omega_m \leqslant \Omega_{\text{th}} \quad \forall m \in M \tag{5-165}$$

$$\text{OP5}: \min\left(\sum_{m\in\mathcal{M}} \Omega_m\right)$$
并使得 $\text{BER}(nt)B \leqslant \text{BER}_{\text{target}} \quad \forall nt \in N$
$$\sum_{t\in T}\sum_{m\in M} P_p^{m\to t} \leqslant P_{\text{total}} \tag{5-166}$$

OP4 和 OP1 类似，在此不再赘述，解如下：

$$P_{c,nt} = \frac{\left[\text{erfc}^{-1}\left(\dfrac{\text{BER}_{\text{target}}}{K}\right)\right](2N_0 + f_{nt} + q_{nt})}{\lambda |h_c^{nt}|^2 T_c} \tag{5-167}$$

OP5 的解法和 OP2 类似，由于在 OP5 中 $P_{\mathrm{p}}^{m \to t}$ 是变量，因此首先对式(5-151)进行变换，得到：

$$f_{nt} \leqslant \frac{\lambda \left| h_{\mathrm{c}}^{nt} \right|^2 P_{c,nt} T_{\mathrm{c}}}{\mathrm{erfc}^{-1}\left(\dfrac{\mathrm{BER}_{\mathrm{target}}}{K}\right)} - q_{nt} - 2N_0 \stackrel{\Delta}{=} f_{nt,th} \tag{5-168}$$

OP5 可以重新写作：

$$\mathrm{OP5} : \min \left(\sum_{m \in \mathcal{M}} \Omega_m \right)$$

并使得 $f_{nt} \leqslant f_{nt,th} \quad \forall nt \in N$

$$\sum_{t \in \mathcal{T}} \sum_{m \in \mathcal{T}m} P_{\mathrm{p}}^{m \to t} \leqslant P_{\mathrm{total}} \tag{5-169}$$

之后，同样使用将 OP5 分解为独立子问题的思想和拉格朗日对偶法，得到 OP5 的解如式(5-170)所示：

$$\widetilde{P}_{p}^{m \to t} = \tau^{m \to t} \times \tilde{\sigma}_{\rho}^{m \to t}$$
$$\times \left\{ \nu^{t} + \sum_{nt \in \mathcal{N}_{t}^{m}} \tilde{\mu}^{m \to t} \left[\sum_{t \in \mathcal{T}} \left| h_{p}^{m \to B_{nt}} \right|^2 T_p \, \mathrm{sinc}^2 \left(m - \frac{n}{G} \right) \right] \right\}^{-\frac{1}{2}} \tag{5-170}$$

式(5-169)中，ν^t 和 $\tilde{\mu}^{m \to t}$ 均是拉格朗日乘子，可以使用次梯度法求得。$\mathcal{N}_t^m$ 表示 $\mathcal{N}^m = \sum_{m=1}^{M} \mathcal{N}_t^m$。在得到 OP4 和 OP5 的解之后，应用 JIPAA 算法，就可以得到最优的通信用户功率 $P_{c,nt}$ 和定位用户功率 $P_{\mathrm{p}}^{m \to t}$。

图 5-39 和图 5-40 分别给出了使用 JIPAA 算法和传统功率分配方法时不同位置处定位用户的定位误差。选取了 $\mathrm{BER}_{\mathrm{target}}$ 为 0.008 时 200 个定位用户的定位结果，两种方法中的定位用户都处于相同的位置，JIPAA 算法定位误差为 0.303 m，传统方法为

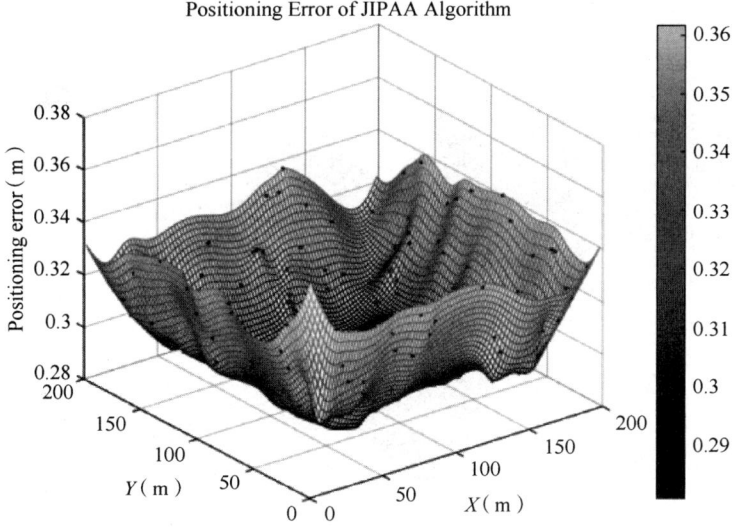

图 5-39 JIPAA 算法的定位用户定位误差示意图

0.355 m。能够看出 JIPAA 算法定位误差整体要小于传统方法,平均误差下降了 14.7%。此外,位于基站覆盖区域中心的定位用户的几何精度因子较好,因此可以获得较好的定位精度,位于边缘处的定位用户定位误差普遍较大。最后,通过这两张图可以发现,处在 4 个角落的定位用户定位效果非常差,这些用户发送给其他基站的定位信号会非常微弱。

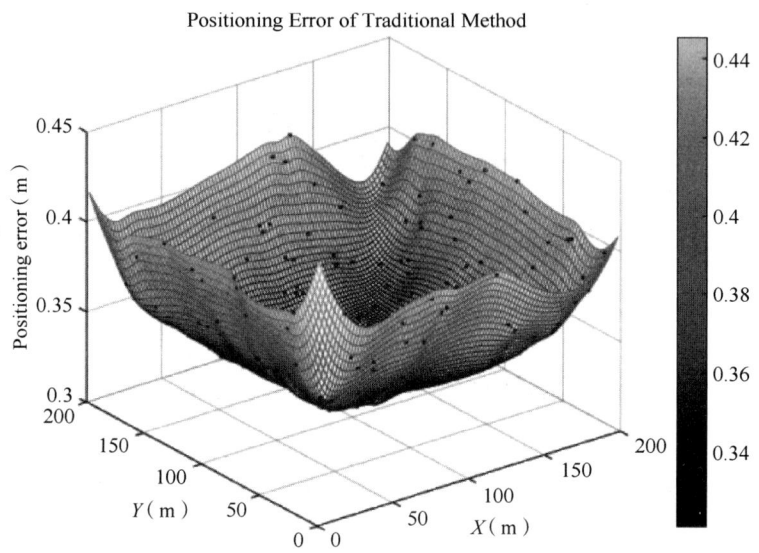

图 5-40　传统功率分配方法的定位用户定位误差示意图

图 5-41 和图 5-42 分别给出了两种方法中在不同位置的 200 个定位用户(位置同以上两图)向坐标为(0,0)的基站发送的上行信号功率。从下面两图可以看出,不同位置定

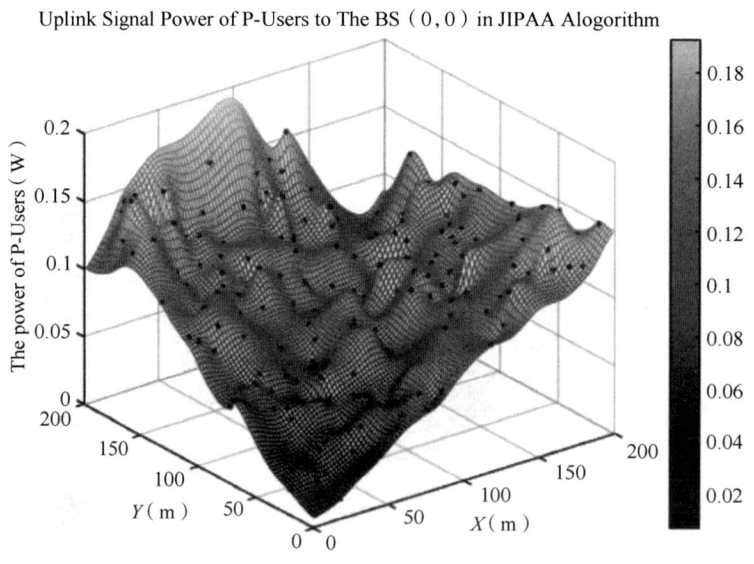

图 5-41　JIPAA 算法的定位用户功率示意图

位用户的功率都遵循从近处向远处逐渐增大的原则。不同的是,JIPAA 算法中考虑了通信用户的干扰,因此并不完全遵守传统分配方法中的平方反比关系。总的来说 JIPAA 算法定位用户的功率要稍小于传统方法。同时,可以发现 JIPAA 算法有效地避免了边缘定位用户功率出现极大值的情况,保证了边缘用户的上行功率仍处在有效范围内。

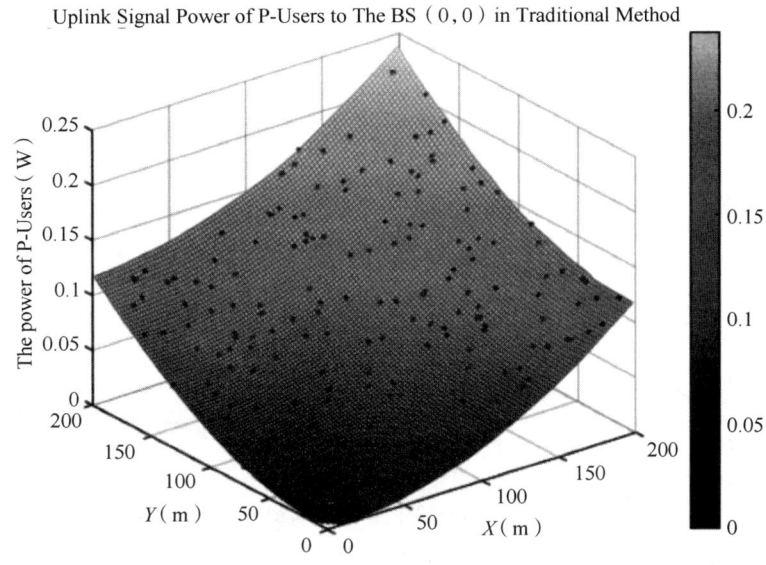

图 5-42　传统功率分配方法的定位用户功率示意图

图 5-43 所示为多基站模型下 4 个基站所有通信用户的实际 BER 与期望 BER 之间的关系。图中每一条线含有 11 个点,对应了 BER_{target} 的变化过程。可以看出,∗线表示的 JIPAA 算法在通信表现上超过了传统的功率分配方法。JIPAA 算法中通信用户的 BER 仍和理论推导相一致,都等于期望 BER,而传统的功率分配方法的 BER 大于期望 BER。同时随着系统总带宽 B 的增大,JIPAA 算法的 BER 改善幅度会逐渐变小,单个定位信号对通信用户的干扰会逐渐减弱。

图 5-44 所示为 MS-NOMA 上行系统中定位用户平均误差和全体用户平均功率变化图,这里没有选择总功率的原因是通信用户的数量远大于定位用户数量。当每个定位用户带宽上叠加的通信用户数量 G 成倍时,MS-NOMA 系统的总功率也会倍增。可以看出,通信用户期望 BER 对定位用户的定位误差影响较小,这也符合我们对 MS-NOMA 信号的期望,即通信信号对定位信号的干扰是很有限的。此外,系统总带宽 B 增大时,两种方法中定位用户的定位误差都会减小,原因是定位用户数量不变,单个定位用户占据的带宽也会变大,进而导致定位误差的减小。

3. 面向 D2D 的 MS-NOMA 信号的功率分配

由第 4 章可知,D2D 定位可有效提升定位精度,D2D 通导一体化具有很好的应用前景,但 D2D 通导一体化网络中面临很多干扰,仍需对其进行有效的功率分配以减小各类

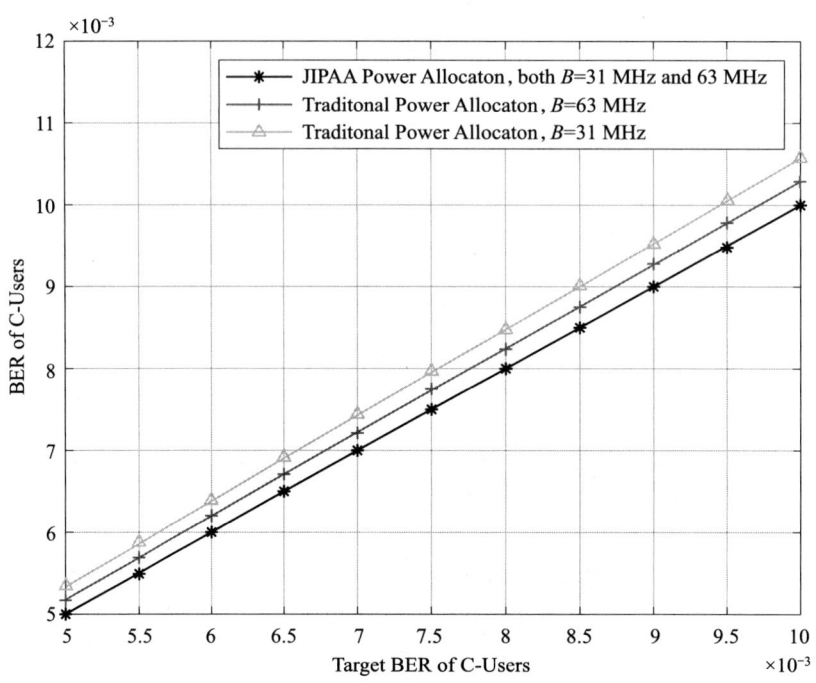

图 5-43 通信用户实际 BER 随期望 BER 变化图

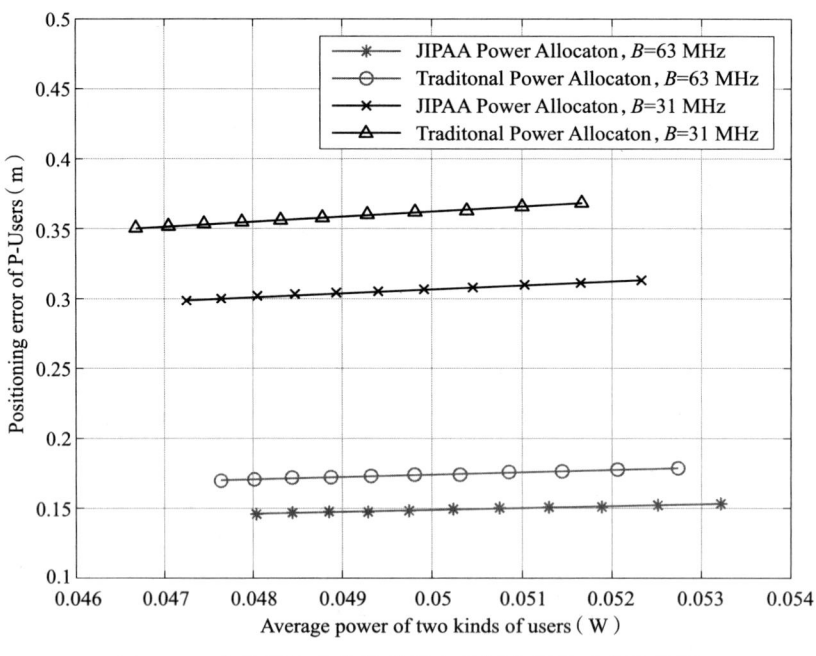

图 5-44 定位用户定位误差随全体用户平均功率变化图

干扰。一方面,要防止 D2D 通信与蜂窝通信用户的互干扰,更有效地提升所有通信用户的通信质量,必须在蜂窝网络中对 D2D 通信系统进行合理的资源分配;另一方面,由于存在许多有高精度定位需求的定位用户,在对 D2D 用户进行资源分配的同时也要考虑其对定位用户的影响。因此,需要根据所有用户的实际需求,通过分配有限的功率、带宽等资源,满足所有用户的通信质量和定位服务需求[43]。

1) 单基站场景

图 5-45 所示为单基站下 D2D 信号复用 MS-NOMA 信号上行链路模型[43]。"Interference 1"代表定位用户与蜂窝通信用户之间的相互干扰;"Interference 2"代表蜂窝通信用户对 D2D 用户的干扰;"Interference 3"代表定位用户对 D2D 用户的干扰;"Interference 4"代表 D2D 用户对基站的干扰(包含 D2D 用户对蜂窝通信用户的干扰和 D2D 用户对定位用户的干扰);n 代表第 n 个蜂窝通信用户,s 代表第 s 个 D2D 用户,m 代表第 m 个定位用户。在本节中,$\mathcal{N}=\{1,2,3,\cdots,N\}$,$\mathcal{N}$ 表示所有蜂窝通信用户的集合,N 代表蜂窝通信用户的数量;$\mathcal{M}=\{1,2,3,\cdots,M\}$,$\mathcal{M}$ 表示全体定位用户的集合,M 代表定位用户的数量;$\hat{S}=\{1,2,3,\cdots,S\}$,$\hat{S}$ 代表所有 D2D 用户的集合,S 代表 D2D 用户的数量。场景设定为完全小区覆盖下的 D2D 通信定位,并且每个 D2D 用户包括一个 D2D 发送端和一个与其对应的接收端。此外,每个 D2D 用户以一对一的方式复用蜂窝通信用户的频谱资源。因此,根据 MS-NOMA 信号中单个定位用户占据 G 个蜂窝通信用户带宽的特点,单个定位用户占用的带宽内还有 G 个 D2D 用户。

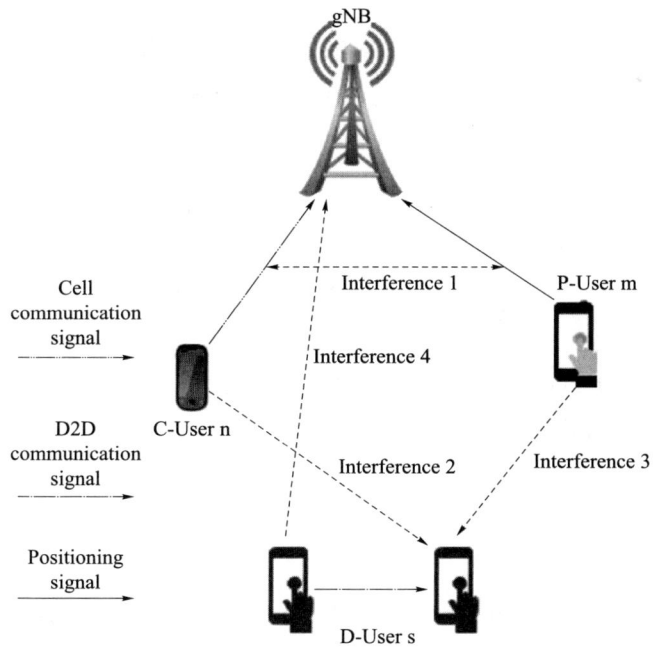

图 5-45 单基站下 D2D 信号复用 MS-NOMA 信号上行链路模型

单基站下 D2D 信号复用 MS-NOMA 信号上行链路场景,在基站接收端可以得到第 n 个蜂窝通信用户的 SNR 为

$$\gamma_c^n = \frac{\lambda \left| h_{n,c,B} \right|^2 P_c^n T_c}{I_n + 2N_0} \tag{5-171}$$

则第 n 个蜂窝通信用户的误码率（BER）为

$$\text{BER}_c^n = K \operatorname{erfc}\left(\frac{\lambda \left| h_{n,c,B} \right|^2 P_c^n T_c}{I_n + 2N_0} \right) \tag{5-172}$$

式中，λ 和 K 是由调制方式和编码方式所决定的系数，$h_{n,c,B}$ 代表第 n 个蜂窝通信用户和基站之间的传输信道增益，P_c^n 代表第 n 个蜂窝通信用户的功率，T_c 代表蜂窝通信信号的符号周期，N_0 代表环境噪声的归一化单边 PSD，I_n 代表全部定位信号和全部 D2D 发送端信号对第 n 个蜂窝通信用户的干扰，其表达式如下：

$$I_n = \sum_{m=1}^{M} \left| h_{m,p,B} \right|^2 T_p P_p^m \operatorname{sinc}^2\left(m - \frac{n}{G}\right) + \sum_{s=1}^{S} \left| h_{s,d,B} \right|^2 T_d P_d^s \operatorname{sinc}^2(s - n) \tag{5-173}$$

式中，P_p^m 代表第 m 个定位用户的功率，P_d^s 代表第 s 个 D2D 用户的功率，$h_{m,p,B}$ 代表第 m 个定位用户和基站间的传输信道增益，$h_{s,d,B}$ 代表第 s 个 D2D 发送端和基站间的传输信道增益，T_p 和 T_d 分别代表定位信号和 D2D 信号的符号周期。再根据香农定理，在基站接收端可以得到第 n 个蜂窝通信用户的通信速率为

$$R_c^n = B_0 \log_2(1 + \gamma_c^n) \tag{5-174}$$

式中，B_0 代表单个蜂窝通信用户占用的带宽。

在 D2D 接收端可以得到第 s 个 D2D 用户的 SNR 为

$$\gamma_d^s = \frac{\lambda \left| h_{s,d} \right|^2 P_d^s T_d}{I_s + 2N_0} \tag{5-175}$$

则第 s 个 D2D 用户的 BER 表达式为

$$\text{BER}_d^s = K \operatorname{erfc}\left(\frac{\lambda \left| h_{s,d} \right|^2 P_d^s T_d}{I_s + 2N_0} \right) \tag{5-176}$$

式中，$h_{s,d}$ 表示第 s 个 D2D 用户发射端和其接收端之间的传输信道增益，I_s 表示全部定位信号和全部蜂窝通信信号对第 s 个 D2D 用户的干扰，其表达式如下：

$$I_s = \sum_{m=1}^{M} \left| h_{m,p,s} \right|^2 T_p P_p^m \operatorname{sinc}^2\left(m - \frac{s}{G}\right) + \sum_{n=1}^{N} \left| h_{n,c,s} \right|^2 T_c P_c^n \operatorname{sinc}^2(n - s) \tag{5-177}$$

式中，$h_{m,p,s}$ 代表第 m 个定位用户和第 s 个 D2D 接收端之间的传输信道增益，$h_{n,c,s}$ 代表第 n 个蜂窝通信用户和第 s 个 D2D 接收端之间的传输信道增益，则第 s 个 D2D 用户的通信速率为

$$R_d^s = B_0 \log_2(1 + \gamma_d^s) \tag{5-178}$$

由 5.3.2 节可知，第 m 个定位信号的码相位估计误差的下界可以表示为

$$(\sigma_\rho^m)^2 = \frac{aT_p}{P_p^m B_{fe}} \left(\frac{N_0}{2|h_{p,m,B}|^2} + \frac{\sum_{n=1}^{N} |h_{c,n,B}|^2 P_c^n \sin^2\left(\frac{n}{G}\pi\right)}{|h_{p,m,B}|^2 B_{fe}} + \right.$$

$$\left. \frac{\sum_{s=1}^{S} |h_{d,s,B}|^2 P_d^s \sin^2\left(\frac{s}{G}\pi\right)}{|h_{p,m,B}|^2 B_{fe}} \right) \tag{5-179}$$

式中,第 m 个定位信号的码相位估计误差 $(\sigma_\rho^m)^2$ 和实际测距误差 error_m 的转换关系如下:

$$\text{error}_m = (l \times \sigma_\rho^m)/T_p \tag{5-180}$$

式中,l 代表单个码片的长度,其式如下:

$$l = c/(\Delta f_c \times G) \tag{5-181}$$

式中,c 表示光速,G 代表 MS-NOMA 信号系统中单个定位用户占用带宽上所覆盖的蜂窝通信用户数。

以系统总吞吐量最大为目标建立优化问题模型,为了确保定位用户的测距误差需求,第 m 个定位用户的测距误差 error_m 应小于测距误差阈值 error_{th},同时,为了保证所有通信用户的通信质量,第 n 个蜂窝通信用户的误码率 BER_c^n 应小于蜂窝通信误码率阈值 BER_{th}^C,第 s 个 D2D 用户的误码率 BER_d^s 也应小于 D2D 通信误码率阈值 BER_{th}^D。此外,每个通信用户的发射功率都应该小于自身的最大发射功率。因此,我们将这个问题模型表示为

$$\max: R_{sum} = B_0 \left[\sum_{n=1}^{N} \log_2(1+\gamma_c^n) + \sum_{s=1}^{S} \log_2(1+\gamma_d^s) \right]$$

并使得 $\text{error}_m \leqslant \text{error}_{th}$

$$\text{BER}_c^n \leqslant \text{BER}_{th}^C$$

$$\text{BER}_d^s \leqslant \text{BER}_{th}^D$$

$$0 < P_c^n \leqslant P_c^{max}$$

$$0 < P_d^s \leqslant P_d^{max} \tag{5-182}$$

为了求解原问题模型,介绍一种基于粒子群优化算法的功率分配策略(Particle Swarm Optimization-Based Power Allocation,PSOBPA)。首先,根据 MS-NOMA 信号中每个定位用户占用 G 个蜂窝通信用户带宽的特点,将每个定位用户和其占用带宽内的所有蜂窝通信以及其占用带宽内的所有 D2D 用户分为一组,从而将原功率分配问题转化为 M 个独立的子问题,其式如下:

并使得 $\text{error}_m \leqslant \text{error}_{th}$

$$\text{BER}_c^n \leqslant \text{BER}_{th}^C$$

$$\text{BER}_d^s \leqslant \text{BER}_{th}^D$$

$$0 < P_c^n \leqslant P_c^{\max}$$

$$0 < P_d^s \leqslant P_d^{\max}$$

$$\max : R_{\text{sum}}^m = B_0 \left[\sum_{n=1}^{G} \log_2(1+\gamma_c^n) + \sum_{s=1}^{G} \log_2(1+\gamma_d^s) \right] \tag{5-183}$$

由于 MS-NOMA 信号中定位信号的功率对总吞吐量的影响很小,我们将其设定为固定值,得到的所有子问题的最大吞吐量之和为系统最大吞吐量,它可以表示为

$$R_{\text{sum}} = \sum_{m=1}^{M} R_{\text{sum}}^m \tag{5-184}$$

接下来,将 D2D 信号的功率与 MS-NOMA 信号中蜂窝通信信号的功率比作粒子的位置。假设在一个 $(s+n)$ 维度的目标搜索空间内,有 J 个种群,每个种群有 Z 个粒子,并且 $j \in \{1,2,\cdots,J\}$ 和 $z \in \{1,2,\cdots,Z\}$,那么第 z 个粒子的位置 X_z 和飞行速度 V_z 都可以用一个 $(s+n)$ 维的向量表示,它们的表达式如下:

$$X_z = (x_{z1}, x_{z2}, \cdots, x_{z(n+s)}) \tag{5-185}$$

$$V_z = (v_{z1}, v_{z2}, \cdots, v_{z(n+s)}) \tag{5-186}$$

P_b 代表第 z 个粒子可以得到的子问题最大吞吐量,Q_b 代表第 j 个种群中所有粒子可以得到的子问题最大吞吐量,当前的个体最优值 P_b 和全局最优值 Q_b 分别可以表示为

$$P_b(i,z) = B_0 \left[\sum_{n=1}^{G} \log_2(1+\gamma_c^n) + \sum_{s=1}^{G} \log_2(1+\gamma_d^s) \right] \tag{5-187}$$

$$Q_b(i) = \max\{P_b(i,z)\}, z \in \{1,2,\cdots,Z\} \tag{5-188}$$

在每次迭代中,所有粒子都会更新它们的飞行速度与位置,它们表达式如下:

$$v_{z(s+n)}(i) = w v_{z(s+n)}(i-1) + c_1 r_1 [P_b(i,z) - x_{z(s+n)}(i)] + c_2 r_2 [Q_b(i) - x_{z(s+n)}(i)] \tag{5-189}$$

$$x_{z(s+n)}(i+1) = x_{z(s+n)}(i) + v_{z(s+n)}(i) \tag{5-190}$$

式中,w 是惯性权重,c_1 和 c_2 是学习因子,r_1 和 r_2 是 0 和 1 之间的随机数,i 为当前迭代次数。

算法具体步骤如下:

① 初始化两个大小为 $Z \times (s+n)$ 的矩阵,其中 Z 为粒子数,$(s+n)$ 为 D2D 用户和蜂窝通信用户数之和,最大的迭代次数为 $I_{\max}$。迭代次数 i 从 0 开始。将 D2D 信号的功率与 MS-NOMA 信号中蜂窝通信信号的功率比作粒子的位置,并随机分布粒子的位置为

$$X_z^i = [q_{zd1}^i, q_{zd2}^i, \cdots, q_{zds}^i, q_{zc1}^i, q_{zc2}^i, \cdots, q_{zcn}^i] \tag{5-191}$$

式中,$q_{zd1}^i, q_{zd2}^i, q_{zd3}^i, \cdots, q_{zds}^i$ 和 $q_{zc1}^i, q_{zc2}^i, \cdots, q_{zcn}^i$ 分别代表第 i 次迭代 D2D 用户的信号功率和 MS-NOMA 信号中蜂窝通信用户的信号功率,即第 i 次迭代时第 z 个粒子所处的位置。第 i 次迭代粒子的速度可以表达为

$$V_z^i = [v_{z1}^i, v_{z2}^i, \cdots, v_{zs}^i, v_{z(s+1)}^i, v_{z(s+2)}^i, \cdots, v_{z(s+n)}^i] \tag{5-192}$$

由粒子的初始位置和子问题的目标函数(5-184)计算各个粒子的适应度值，初始化各个粒子的个体最优值 $P_b^0 = X_z^i$，再比较所有粒子的个体最优值可以得到一个初始的全局最优值 Q_b^0。

② 迭代次数 $i = i + 1$。

③ 由子问题的目标函数(5-184)和粒子当前位置计算各个粒子的适应度值。

④ 更新个体最优值 P_b^i。对于每个粒子，用它的适应度值和个体极值 $p_{z(n+s)}(i-1)$ 比较，如果前者大于后者，则用前者替换掉后者，得到的个体最优值就是当前求解子问题得到的最大总吞吐量。

⑤ 更新群体最优值 Q_b^i，即当所有个体都完成了 i 次迭代之后，对比得到的子问题总吞吐量最大值对应的位置坐标(全局最优值)。

⑥ 通过式(5-189)和式(5-190)依次更新粒子的位置与速度。

⑦ 当 $\text{error}_m > \text{error}_{\text{th}}$、$\text{BER}_c^g > \text{BER}_{\text{th}}^C$、$\text{BER}_d^g > \text{BER}_{\text{th}}^D$ 或者 $i < I_{\max}$ 时，返回步骤②，否则停止迭代并输出全局最优值 Q_b^i。

图 5-46 所示为系统总吞吐量随定位用户的信号功率变化图。从图 5-46 可以看出，在使用相同功率分配方法时，系统总吞吐量随着带宽的增加而增加。此外，从中还可以看出，在使用相同的算法和系统带宽时，增加定位用户的信号功率对系统总吞吐量的影响不大。因此，本节将 MS-NOMA 信号中定位用户的信号功率设定为一个固定

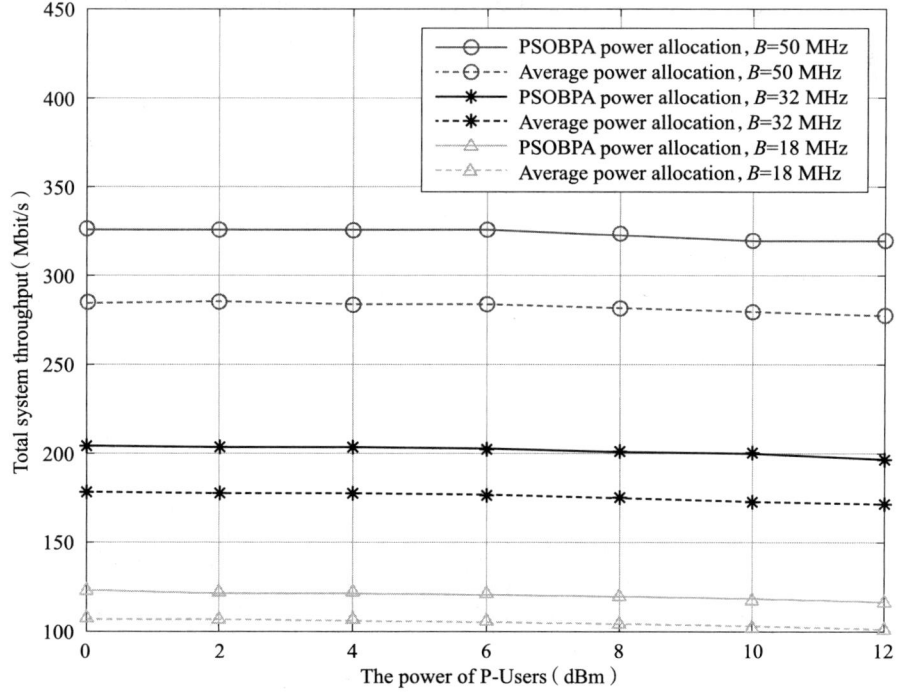

图 5-46 系统总吞吐量随定位用户的信号功率变化图

值(6 dBm),然后分配 MS-NOMA 信号中蜂窝通信用户的信号功率和 D2D 用户的信号功率,以最大限度地提高系统总吞吐量。通过图 5-46 还可以看出,相同定位用户功率和系统带宽的条件下,与平均功率分配方法相比,PSOBPA 功率分配策略具有更高的系统总吞吐量。表 5-5 给出了不同带宽下两种功率分配方法的系统总吞吐量,从中可以得到,在相同带宽下 PSOBPA 功率分配策略比平均功率分配算法的系统总吞吐量提升了大约 15%。

表 5-5 不同带宽下两种功率分配算法的系统总吞吐量

	PSOBPA 功率分配	平均功率分配	系统总吞吐量提升
50 MHz	326.21 Mbit/s	283.64 Mbit/s	15.01 %
32 MHz	203.12 Mbit/s	177.27 Mbit/s	14.58 %
18 MHz	120.85 Mbit/s	105.01 Mbit/s	15.08 %

图 5-47 所示为单个通信用户子载波带宽为 30 kHz 并且使用 PSOBPA 功率分配策略时所有通信用户的误码率,从图中可以看出,所有蜂窝通信用户的误码率均小于设置的蜂窝通信误码率阈值 0.08,所有 D2D 用户的误码率也都小于设置的 D2D 通信误码率阈值 0.04,说明 PSOBPA 功率分配策略能保证所有通信用户的通信质量。此外,通过图 5-47 还发现,同一子载波内大多数 D2D 用户的误码率都低于蜂窝通信用户的误码率,这是由于实际中相比较于蜂窝通信用户与基站间的通信,D2D 的发送端和接收端的距离比较近,所以它往往在使用较少功率资源的情况下仍能实现更高的通信质

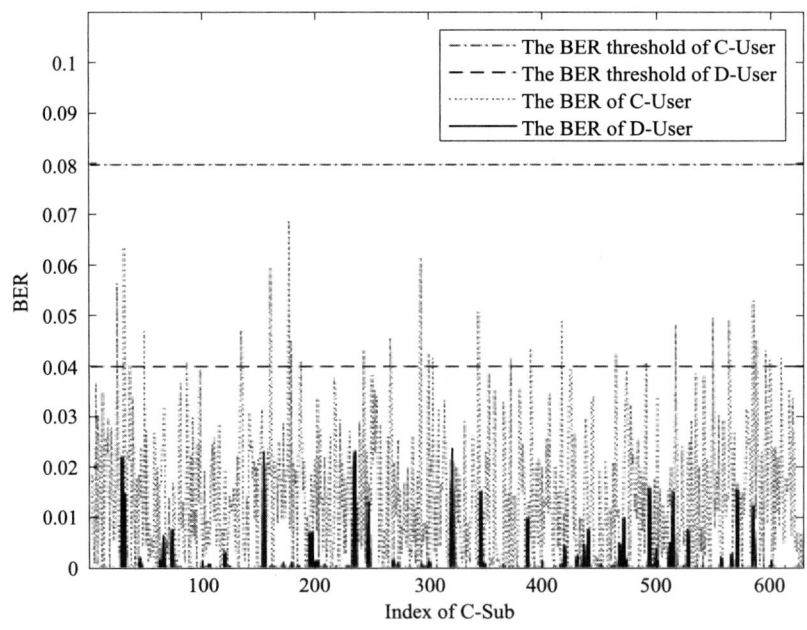

图 5-47 每个通信子载波内的通信用户的误码率

量。因此，D2D 技术在应急通信、车联网等对于通信质量要求高的近距离通信场景拥有巨大发展潜力。

图 5-48 所示为系统总吞吐量与 D2D 用户通信距离的变化关系，从图 5-48 可以看出，使用 PSOBPA 策略进行功率分配时的系统吞吐量大于使用平均功率分配算法的系统吞吐量，并且随着 D2D 信号的发射端和其对应的接收端之间的距离增加，系统总吞吐量会变少，这是因为 D2D 的发射功率相同时，更长的传播距离会导致 D2D 接收端接收到的信号功率更低，导致 D2D 用户的通信质量下降，最终导致系统总的吞吐量下降。

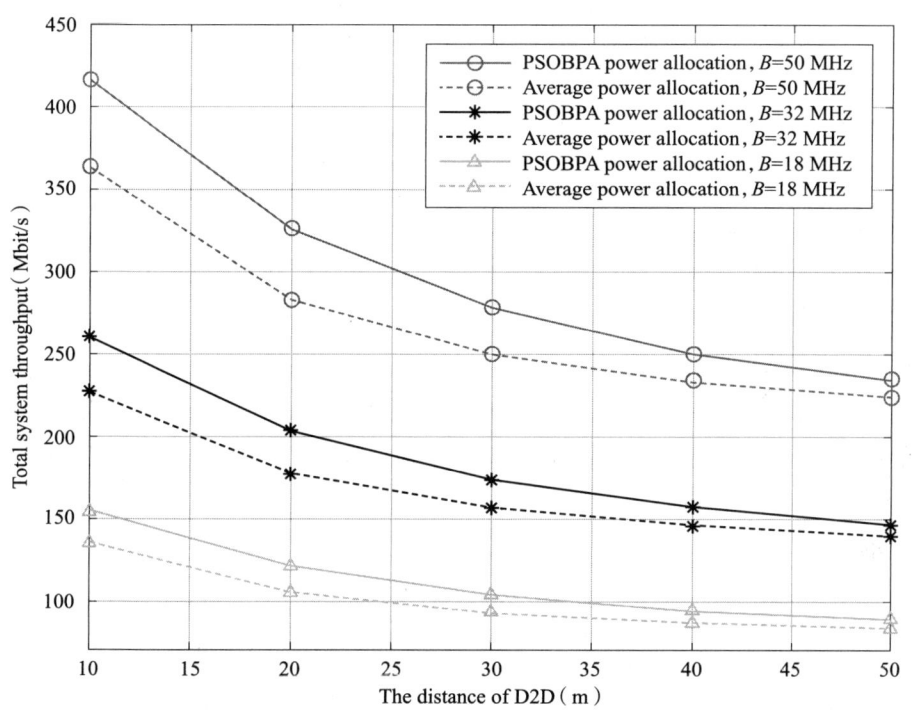

图 5-48 系统总吞吐量随 D2D 用户通信距离的变化图

表 5-6 是不同带宽下两种功率分配算法所有定位用户的平均测距精度，从表中可以看出，所有定位用户的平均测距精度会随着系统总带宽的增大而减小，并且在相同带宽下，PSOBPA 功率分配策略比平均功率分配算法的平均测距精度大约提升了 4%，说明 PSOBPA 功率分配策略能提升系统的整体定位性能。

表 5-6 不同带宽下两种功率分配算法的平均测距精度

	PSOBPA 功率分配	平均功率分配	平均测距精度提升
50 MHz	0.41 m	0.43 m	4.65%
32 MHz	0.67 m	0.70 m	4.29%
18 MHz	1.07 m	1.12 m	4.47%

图 5-49 所示为在 50 MHz、32 MHz 和 18 MHz 这 3 个带宽下使用 PSOBPA 功率分配策略时每个定位用户的测距精度,从中可以看出,定位用户的测距误差会随着系统总带宽的增大而减小。此外,在 50 MHz 带宽下所有定位用户的测距误差均小于设置的测距误差阈值 0.6 m,在 32 MHz 带宽下所有定位用户的测距误差均小于设置的测距误差阈值 0.8 m,在 18 MHz 带宽下所有定位用户的测距误差均小于设置的测距误差阈值 1.4 m,说明 PSOBPA 功率分配策略能保证所有定位用户的测距精度。

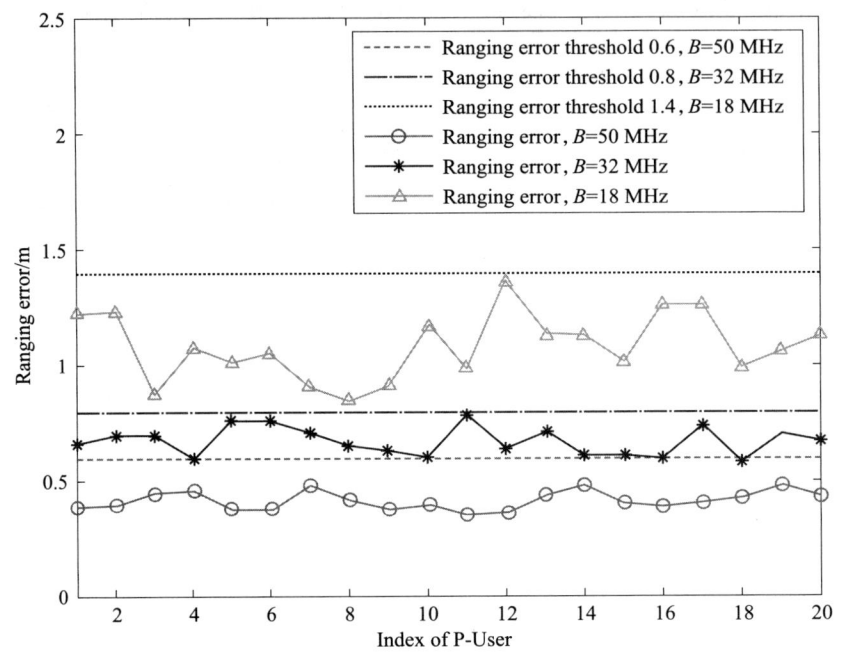

图 5-49 每个定位用户的测距精度

2) 多基站场景

图 5-50 所示为多基站下 D2D 通信信号复用 MS-NOMA 通信信号的功率分配模型[43]。假设在每个基站的覆盖范围内有 M 个定位用户、S 个 D2D 用户和 N 个蜂窝通信用户,并且所有基站已知每个用户的信道状态信息,此外基站之间可以通过网络相互通信。为了使用多边定位法,定位用户首先会播发定位信号,当 T 个基站接收到定位用户播发的定位信号之后,就可以解算得到它们距离该定位用户的距离,由于基站之间是可以通过网络相互通信的,因此这些基站就可以根据测距结果和自身的地理坐标解算获得定位用户的位置。此外,基站在接收到其所服务的中心区域蜂窝通信用户的信号时,所接收到的信号强度要比从相邻小区发送到的干扰信号强得多,所以这时相邻小区发送到的干扰信号对中心区域蜂窝通信用户造成的干扰可以忽略。另外本章假设各基站只为自己小区内的蜂窝通信用户和 D2D 用户提供服务,并且同一小区相同类型用户的信号之间不存在干扰。

在图 5-50 中，单箭头虚线代表从定位用户终端传输到每个基站的上行定位信号，单箭头点划线代表从蜂窝通信用户终端传输到基站的上行通信信号，单箭头实线代表从每个 D2D 用户的发送端传输到其接收端的通信信号；双箭头实线 Interference 1～Interference 7 代表多基站场景下 7 种不同类型的信号间干扰，具体如下：

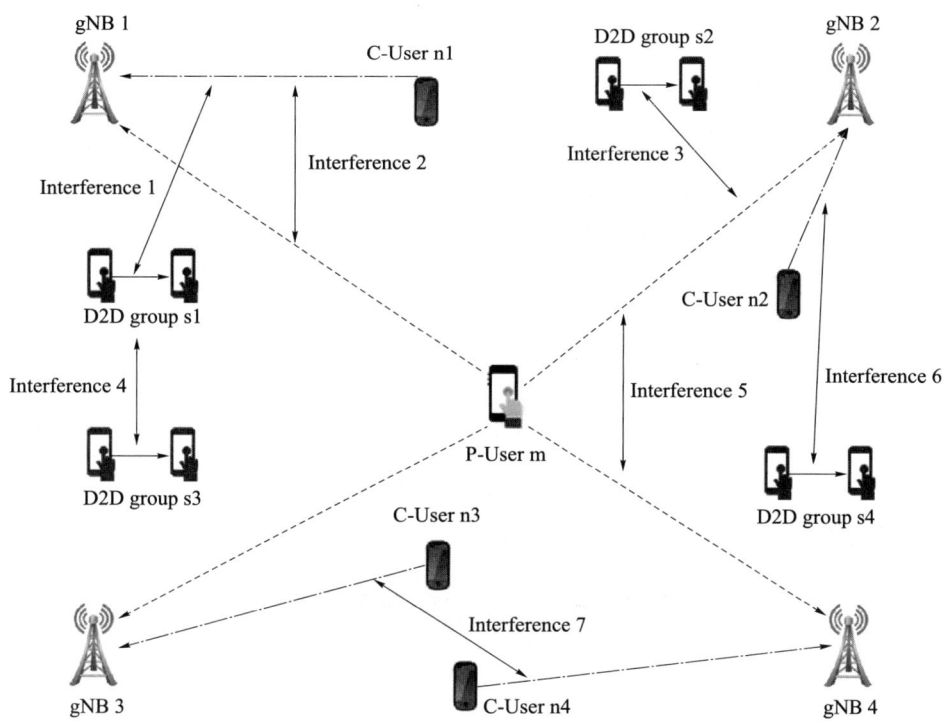

图 5-50　多基站下 D2D 信号复用和 MS-NOMA 信号的功率分配模型

（1）"Interference 1"代表同一小区内的蜂窝通信用户的上行通信信号与 D2D 用户发送端发送给其接收端的通信信号之间的相互干扰；

（2）"Interference 2"代表定位用户发送至所有基站的上行定位信号和蜂窝通信用户的上行通信信号之间的相互干扰；

（3）"Interference 3"代表 D2D 用户发送端发送给其接收端的通信信号与定位用户发送给所有基站的上行定位信号之间的相互干扰；

（4）"Interference 4"代表 D2D 用户发送端发送给其接收端的通信信号和相邻小区 D2D 用户发送端发送给其接收端的通信信号之间的相互干扰；

（5）"Interference 5"表示定位用户发送给某个基站的上行定位信号和该用户发送给其他基站的上行定位信号之间的相互干扰；

（6）"Interference 6"代表蜂窝通信用户的上行通信信号和相邻小区 D2D 用户发送端发送给其接收端的通信信号之间的相互干扰；

（7）"Interference 7"代表不同小区的两个蜂窝通信用户的上行通信信号之间的相互干扰。

在本节中，$\mathcal{T}=\{1,2,\cdots,T\}$，表示全部基站的集合；$\mathcal{T}_t=\{1,2,\cdots,t-1,t+1,\cdots,T\}$，表示除了基站 t 以外其他 $T-1$ 个基站的集合；$\mathcal{N}_t=\{1,2,\cdots,N\}$，表示第 t 个基站服务的所有蜂窝通信用户的集合；nt 是一个与 n 不同的单独变量，它表示基站 t 服务的第 n 个蜂窝通信用户，又称之为蜂窝通信用户 nt；$\hat{S}_t=\{1,2,3,\cdots,S\}$，表示基站 t 中全体 D2D 用户的集合，$\hat{S}$ 表示全部 D2D 用户的集合；st 是一个与 s 不同的单独变量，它表示基站 t 中的第 s 个 D2D 用户，又称之为 D2D 用户 st；$\mathcal{M}=\{1,2,\cdots,M\}$，表示所有定位用户的集合；$\theta_{\text{st,nt}}$ 表示第 t 个基站中与蜂窝通信用户 nt 同频的 D2D 用户 st 的集合；$\theta_{\text{nt,st}}$ 表示第 t 个基站中与 D2D 用户 st 同频的蜂窝通信用户 nt 的集合；$\mathcal{K}_{\text{nt}'}(t'\neq t)$ 表示 $\mathcal{T}_t$ 所包含的基站服务的边缘蜂窝通信用户 nt′ 的集合（与基站 t 中的蜂窝通信用户 nt 同频）；$\phi_{\text{nt}',\text{st}}$ 表示 $\mathcal{T}_t$ 所包含的基站服务的边缘蜂窝通信用户 nt′ 的集合（与基站 t 中的 D2D 用户 st 同频）；$\omega_{\text{st}',\text{nt}}$ 表示 $\mathcal{T}_t$ 包含的基站中边缘 D2D 用户 st′ 的集合（与基站 t 中的蜂窝通信用户 nt 同频）；$z_{\text{st}'}$ 表示 $\mathcal{T}_t$ 包含的基站中的边缘 D2D 用户 st′ 的集合（与基站 t 中的 D2D 用户 st 同频）；P_c^{nt} 表示基站 t 服务的第 n 个蜂窝通信用户的上行通信信号功率；P_d^{st} 表示基站 t 中的第 s 个 D2D 用户的发送端发送给其接收端的通信信号功率；$P_p^{m\to t}$ 表示定位用户 m 向基站 t 发送的信号功率；多基站场景下的瞬时信道增益如表 5-7 所示。

表 5-7 多基站场景下的瞬时信道增益

瞬时信道增益	定义
h_c、h_p、h_d	分别为蜂窝通信、定位和 D2D 通信波形的瞬时信道增益
h_c^{nt}	蜂窝通信用户 nt 和服务自己的基站 t 间的 h_c
$h_p^{m\to t}$	表示定位用户 m 和基站 t 间的 h_p
h_d^{st}	基站 t 中第 s 个 D2D 用户的发送端和其接收端间的 h_d
$h_p^{m\to \text{st}}$	定位用户 m 和 D2D 用户 st 接收端间的 h_p
$h_c^{\text{nt}\to t'}$	蜂窝通信用户 nt 和基站 t' 间的 h_c
$h_c^{\text{nt}\to \text{st}}$	蜂窝通信用户 nt 和相同基站 D2D 用户 st 接收端间的 h_c
$h_c^{\text{nt}\to \text{st}'}$	蜂窝通信用户 nt 和不同基站 D2D 用户 st′ 接收端间的 h_c
$h_d^{\text{st}'\to \text{st}}$	D2D 用户 st′ 发送端和 D2D 用户 st 接收端间的 h_d
$h_d^{\text{st}\to t}$	D2D 用户 st 的发送端和基站 t 间的 h_d
$h_d^{\text{st}\to t'}$	D2D 用户 st 发送端和基站 t' 间的 h_d
$h_d^{\text{st}'\to t}$	D2D 用户 st′ 的发送端和基站 t 间的 h_d

在多基站 D2D 信号复用 MS-NOMA 信号上行链路的场景下，单个蜂窝通信用户的上行信号会收到相邻小区蜂窝通信用户的上行信号、相同小区的 D2D 通信信号、相邻小

区的 D2D 通信信号以及 TM 个上行定位信号的干扰,因此,在第 t 个基站接收到的蜂窝通信用户 nt 的 SINR 为

$$\gamma_c^{\mathrm{nt}} = \frac{\lambda \left| h_c^{\mathrm{nt}} \right|^2 P_c^{\mathrm{nt}} T_c}{I_c^{\mathrm{nt}'\to \mathrm{nt}} + I_c^{\mathrm{st}\to \mathrm{nt}} + I_c^{\mathrm{st}'\to \mathrm{nt}} + I_c^{m\to \mathrm{nt}} + 2N_0} \tag{5-193}$$

式中,$I_c^{\mathrm{nt}'\to \mathrm{nt}}$ 代表蜂窝通信用户 nt 收到来自相邻小区的蜂窝通信用户 nt' 上行信号的干扰,$I_c^{\mathrm{st}\to \mathrm{nt}}$ 代表蜂窝通信用户 nt 收到来自相同小区的 D2D 用户 st 通信信号的干扰,$I_c^{\mathrm{st}'\to \mathrm{nt}}$ 代表蜂窝通信用户 nt 收到来自相邻小区的 D2D 用户 st' 通信信号的干扰,$I_c^{m\to \mathrm{nt}}$ 代表蜂窝通信用户 nt 收到 TM 个上行定位信号的干扰,它们的表达式分别为

$$I_c^{\mathrm{nt}'\to \mathrm{nt}} = \sum_{\mathrm{nt}' \in \kappa_{\mathrm{nt}'}} \alpha \left| h_c^{\mathrm{nt}'\to \mathrm{nt}} \right|^2 T_c P_c^{\mathrm{nt}'} \tag{5-194}$$

$$I_c^{\mathrm{st}\to \mathrm{nt}} = \sum_{\mathrm{st} \in \theta_{\mathrm{st,nt}}} \left| h_d^{\mathrm{st}\to t} \right|^2 T_d P_d^{\mathrm{st}} \mathrm{sinc}^2(s-n) \tag{5-195}$$

$$I_c^{\mathrm{st}'\to \mathrm{nt}} = \sum_{\mathrm{st}' \in \omega_{\mathrm{st}',\mathrm{nt}}} \left| h_d^{\mathrm{st}'\to t} \right|^2 T_d P_d^{\mathrm{st}'} \mathrm{sinc}^2(s-n) \tag{5-196}$$

$$I_c^{m\to \mathrm{nt}} = \left| h_p^{m\to t} \right|^2 \sum_{t \in T_t} \sum_{m \in \mathcal{M}} T_p P_p^{m\to t} \mathrm{sinc}^2\left(m - \frac{n}{G}\right) \tag{5-197}$$

式中,α 代表小区间干扰消除技术所决定的系数。由此,可以得到蜂窝通信用户 nt 的误码率 $\mathrm{BER}_c^{\mathrm{nt}}$ 和通信速率 R_c^{nt} 分别为

$$\mathrm{BER}_c^{\mathrm{nt}} = K\,\mathrm{erfc}(\gamma_c^{\mathrm{nt}}) \tag{5-198}$$

$$R_c^{\mathrm{nt}} = B_0 \log_2(1+\gamma_c^{\mathrm{nt}}) \tag{5-199}$$

单个 D2D 用户的通信信号会收到相邻小区的 D2D 用户通信信号、相同小区和相邻小区的蜂窝通信用户的上行信号以及 TM 个上行定位信号的干扰。在 D2D 用户 st 的接收端,可以得到 D2D 用户 st 的 SINR 为

$$\gamma_d^{\mathrm{st}} = \frac{\lambda \left| h_d^{\mathrm{st}} \right|^2 P_d^{\mathrm{st}} T_d}{I_d^{\mathrm{st}'\to \mathrm{st}} + I_d^{\mathrm{nt}\to \mathrm{st}} + I_d^{\mathrm{nt}'\to \mathrm{st}} + I_d^{m\to \mathrm{st}} + 2N_0} \tag{5-200}$$

式中,$I_d^{\mathrm{st}'\to \mathrm{st}}$ 代表 D2D 用户 st 收到的来自相邻小区的 D2D 用户 st' 通信信号的干扰,$I_d^{\mathrm{nt}\to \mathrm{st}}$ 代表 D2D 用户 st 收到的来自相同小区的蜂窝通信用户 nt 上行信号的干扰,$I_d^{\mathrm{nt}'\to \mathrm{st}}$ 代表 D2D 用户 st 收到的来自相邻小区的蜂窝通信用户 nt' 上行信号的干扰,$I_d^{m\to \mathrm{st}}$ 代表 D2D 用户 st 收到的 TM 个上行定位信号的干扰,它们的表达式分别为

$$I_d^{\mathrm{st}'\to \mathrm{st}} = \sum_{\mathrm{st}' \in z_{\mathrm{st}'}} \alpha \left| h_d^{\mathrm{st}'\to \mathrm{st}} \right|^2 T_d P_d^{\mathrm{st}'} \tag{5-201}$$

$$I_d^{\mathrm{nt}\to \mathrm{st}} = \sum_{\mathrm{nt} \in \theta_{\mathrm{nt,st}}} \left| h_c^{\mathrm{nt}\to \mathrm{st}} \right|^2 T_c P_c^{\mathrm{nt}} \mathrm{sinc}^2(n-s) \tag{5-202}$$

$$I_d^{\mathrm{nt}'\to \mathrm{st}} = \sum_{\mathrm{nt}' \in \phi_{\mathrm{nt}',\mathrm{st}}} \left| h_c^{\mathrm{nt}'\to \mathrm{st}} \right|^2 T_c P_c^{\mathrm{nt}'} \mathrm{sinc}^2(n-s) \tag{5-203}$$

$$I_d^{m\to \mathrm{st}} = \left| h_p^{m\to \mathrm{st}} \right|^2 \sum_{t \in T} \sum_{m \in \mathcal{M}} T_p P_p^{m\to t} \mathrm{sinc}^2\left(m - \frac{s}{G}\right) \tag{5-204}$$

则 D2D 用户 st 的误码率 BER_d^{st} 和通信速率 R_d^{st} 分别为

$$\text{BER}_d^{\text{st}} = K\,\text{erfc}(\gamma_d^{\text{st}}) \tag{5-205}$$

$$R_d^{\text{st}} = B_0 \log_2(1+\gamma_d^{\text{st}}) \tag{5-206}$$

同时，由 5.3.2 节的分析可知，在多基站场景下，定位用户 m 的第 t 个定位信号的码相位估计误差为

$$(\sigma_\rho^{m\to t})^2 = \frac{aT_p}{P_p^{m\to t} B_{fe}} \times \left(\frac{N_0}{2|h_p^{m\to t}|^2} + \frac{\sum_{\text{st}'\in \hat{S}} |h_d^{\text{st}'\to t}|^2 P_d^{\text{st}'} T_d \,\text{sinc}^2\!\left(\frac{s\pi}{G}\right)}{|h_p^{m\to t}|^2 B_{fe}} + \frac{\sum_{\text{nt}'\in \mathcal{N}} |h_c^{\text{nt}'\to t}|^2 P_c^{\text{nt}'} \,\text{sinc}^2\!\left(\frac{n\pi}{G}\right)}{|h_p^{m\to t}|^2 B_{fe}} + \frac{\sum_{t'\in\mathcal{T}} P_p^{m\to t'}}{2B_{fe}} \right) \tag{5-207}$$

式中，第一项由背景噪声引起，第二项由所有同频 D2D 用户的通信信号引起的，第三项由所有同频蜂窝通信用户的上行通信信号引起，最后一项是由第 m 个定位用户向其他 $T-1$ 个基站的上行定位信号引起。

当第 m 个定位用户得到与所有基站的距离时，可以得到其水平定位误差为

$$\Omega_m = \sqrt{\sum_{t\in\mathcal{T}} \left\{ \left[\sum_{i=1}^{2} \bm{h}_i^{m\to t}\right] (\sigma_\rho^{m\to t})^2 \right\}} \tag{5-208}$$

式中，$\bm{h}_i^{m\to t}$ 是一个向量，它由以下矩阵 $\bm{H}^t$ 组成：

$$\bm{H}^t = [(\bm{G}^m)^{\text{T}} \bm{G}^m]^{-1} (\bm{G}^m)^{\text{T}} \tag{5-209}$$

式中：

$$\bm{G}^m = \begin{bmatrix} d_x^{m\to 1} & d_y^{m\to 1} \\ d_x^{m\to 2} & d_y^{m\to 2} \\ \vdots & \vdots \\ d_x^{m\to T} & d_y^{m\to T} \end{bmatrix} \tag{5-210}$$

式中：

$$d_x^{m\to 1} = \frac{(x_m - x_t)}{\|X_t - X_m\|} \tag{5-211}$$

$$d_y^{m\to 1} = \frac{(y_m - y_t)}{\|X_t - X_m\|} \tag{5-212}$$

式中，$X_t = (x_t, y_t)$ 表示基站 t 的水平坐标，$X_m = (x_m, y_m)$ 表示定位用户 m 的水平坐标。

以多基站系统总吞吐量 $R_{\text{sum},T}$ 最大为目标建立优化问题模型。由于多基站下各信号受到的干扰比较严重，为了确保定位用户的定位精度和通信用户的通信质量，第 m 个定位用户的定位误差 Ω_m 应小于定位误差阈值 Ω_{th}，蜂窝通信用户的误码率应小于蜂窝

通信用户的误码率阈值 $\text{BER}_{\text{th}}^{C}$，D2D 用户的误码率应小于 D2D 用户的误码率阈值 $\text{BER}_{\text{th}}^{D}$ 的。此外每个通信用户的信号功率都应该小于自身的最大发射功率。因此，我们将这个问题模型表达为

$$\max: R_{\text{sum},T} = B_0 \sum_{t \in \mathcal{T}} \left[\sum_{n=1}^{N} \log_2(1+\gamma_c^{\text{nt}}) + \sum_{s=1}^{S} \log_2(1+\gamma_d^{\text{st}}) \right]$$

$$\text{并使得 } \Omega_{\text{m}} \leqslant \Omega_{\text{th}}$$

$$\text{BER}_c^{\text{nt}} \leqslant \text{BER}_{\text{th}}^{C}$$

$$\text{BER}_d^{\text{st}} \leqslant \text{BER}_{\text{th}}^{D}$$

$$0 < P_c^{\text{nt}} \leqslant P_c^{\max}$$

$$0 < P_d^{\text{st}} \leqslant P_d^{\max} \tag{5-213}$$

式中，$m \in \mathcal{M}, n \in \mathcal{N}, s \in \hat{S}$。为了求解这个优化问题，本节进一步分析其在多个基站场景下的定位性能和通信性能。在多基站的场景下，由于不同基站之间的距离和信号传播路径是不同的，每个基站接收到的信号强度可能会不同。对于定位性能来说，多个基站可以通过定位用户终端播发的 MS-NOMA 上行信号测量信号到达各个基站的时间差来确定用户的位置，合理的功率分配策略可以提高基站间的协作效率，从而提高用户定位的准确性。对于通信性能来说，合理的功率分配策略有利于多个基站通过跨基站干扰协调来避免互相干扰，从而提高通信质量和网络容量。

因此，本节分析在多基站场景下的定位性能和通信性能，对 D2D 用户的信号功率和 MS-NOMA 信号系统中蜂窝通信用户的信号功率进行分配。首先，将多基站优化问题分成以下 M 个独立的子问题：

$$\max: R_{\text{sum},T}^{m} = B_0 \sum_{t \in \mathcal{T}} \left[\sum_{n=1}^{G} \log_2(1+\gamma_c^{\text{nt}}) + \sum_{s=1}^{G} \log_2(1+\gamma_d^{\text{st}}) \right]$$

$$\text{并使得 } \Omega_{\text{m}} \leqslant \Omega_{\text{th}}$$

$$\text{BER}_c^{\text{nt}} \leqslant \text{BER}_{\text{th}}^{C}$$

$$\text{BER}_d^{\text{st}} \leqslant \text{BER}_{\text{th}}^{D}$$

$$0 < P_c^{\text{nt}} \leqslant P_c^{\max}$$

$$0 < P_d^{\text{st}} \leqslant P_d^{\max} \tag{5-214}$$

全部子问题的最大吞吐量之和就是系统最大吞吐量，其式如下：

$$R_{\text{sum},T} = \sum_{m=1}^{M} R_{\text{sum},T}^{m} \tag{5-215}$$

接下来，将多基站场景下所有 D2D 用户的信号功率和 MS-NOMA 信号系统中所有蜂窝通信用户的信号功率类比为粒子的位置。假设在一个 $t \times (s+n)$ 维的目标搜索空间中（其中 t 为基站数目），有 J 个种群，每个种群有 Z 个粒子组成，并且 $j \in \{1,2,\cdots,J\}$ 和

$z\in\{1,2,\cdots,Z\}$,那么第 z 个粒子的位置和飞行速度都是一个 $t\times(s+n)$ 维的向量,它们分别可以表示为式(5-216)和式(5-217):

$$X_z=(x_{z11},x_{z12},\cdots,x_{z1(n+s)},x_{z21},x_{z22},\cdots,x_{z2(n+s)},\cdots,x_{zt1},x_{zt2},\cdots,x_{zt(n+s)})$$
(5-216)

$$V_z=(v_{z11},v_{z12},\cdots,v_{z1(n+s)},v_{z21},v_{z22},\cdots,v_{z2(n+s)},\cdots,v_{zt1},v_{zt2},\cdots,v_{zt(n+s)})$$
(5-217)

当前第 z 个粒子和整个粒子群搜索到的最优位置,可以分别表示为式(5-218)和式(5-219):

$$P_b(i,z)=B_0\sum_{t\in\mathcal{T}}\left[\sum_{n=1}^{G}\log_2(1+\gamma_c^{\mathrm{nt}})+\sum_{s=1}^{G}\log_2(1+\gamma_d^{\mathrm{st}})\right] \quad (5\text{-}218)$$

$$Q_b(i)=\max\{P_b(i,z)\},z\in\{1,2,\cdots,Z\} \quad (5\text{-}219)$$

此外,第 i 次迭代所有粒子都会按式(5-220)和式(5-221)分别更新自己的速度和位置。

$$v_{zt(s+n)}(i)=wv_{zt(s+n)}(i-1)+c_1r_1[P_b(i,z)-x_{zt(s+n)}(i)]+$$
$$c_2r_2[Q_b(i)-x_{zt(s+n)}(i)] \quad (5\text{-}220)$$

$$x_{zt(s+n)}(i+1)=x_{zt(s+n)}(i)+v_{zt(s+n)}(i) \quad (5\text{-}221)$$

算法具体步骤如下:

(1) 初始化两个大小为 $Z\times t\times(s+n)$ 的矩阵,Z 为粒子数,t 为基站数目,$(s+n)$ 为 D2D 用户和蜂窝通信用户数之和,最大的迭代次数为 I_{max}。让 i 从 0 开始迭代,将 D2D 用户的信号功率和 MS-NOMA 信号中蜂窝通信用户的信号功率类比为粒子的位置,并随机分布粒子的位置为

$$X_z^i=[x_z^i,y_z^i] \quad (5\text{-}222)$$

式中,$x_z^i=(q_{zd11}^i,q_{zd12}^i,\cdots,q_{zd1s}^i,q_{zd21}^i,q_{zd22}^i,\cdots,q_{zd2s}^i,\cdots,q_{zdt1}^i,q_{zdt2}^i,\cdots,q_{zdts}^i)$ 和 $y_z^i=(q_{zc11}^i,q_{zc12}^i,\cdots,q_{zc1s}^i,q_{zc21}^i,q_{zc22}^i,\cdots,q_{zc2s}^i,\cdots,q_{zct1}^i,q_{zct2}^i,\cdots,q_{zcts}^i)$,它们分别代表第 i 次迭代 D2D 用户的信号功率和蜂窝通信用户的信号功率,即第 i 次迭代时第 z 个粒子所处的位置。第 i 次迭代粒子的速度可以表达为

$$V_z^i=[V_x^{zi},V_y^{zi}] \quad (5\text{-}223)$$

式中,$V_x^{zi}=(v_{zd11}^i,v_{zd12}^i,\cdots,v_{zd1s}^i,v_{zd21}^i,v_{zd22}^i,\cdots,v_{zd2s}^i,\cdots,v_{zdt1}^i,v_{zdt2}^i,\cdots,v_{zdts}^i)$ 和 $V_y^{zi}=(v_{zc11}^i,v_{zc12}^i,\cdots,v_{zc1s}^i,v_{zc21}^i,v_{zc22}^i,\cdots,v_{zc2s}^i,\cdots,v_{zct1}^i,v_{zct2}^i,\cdots,v_{zcts}^i)$。由粒子初始位置和子问题的目标函数(5-215)计算每个粒子的适应度值,初始化所有粒子的个体最优值 $P_b^0=X_z^i$,再比较所有粒子的个体最优值得到一个初始的全局最优值 Q_b^0。

(2) 迭代次数 $i=i+1$。

(3) 由粒子最新位置和子问题的目标函数(5-214)计算得到各个粒子的适应度值。

(4) 更新个体最优值 P_b^i。

(5) 更新群体最优值 Q_b^i(全局最优值)。

(6) 通过式(5-220)和式(5-221)依次更新粒子的速度和位置。

(7) 当 $\Omega_m > \Omega_{th}$、$BER_c^{nt} > BER_{th}^C$、$BER_c^{st} > BER_{th}^D$ 或者 $i < I_{max}$ 时,返回步骤(2),否则停止迭代并输出全局最优值 Q_b^i。

表 5-8 所示为不同带宽下使用 PSOBPA 功率分配策略和平均功率分配算法时 4 个小区的平均吞吐量。由表中可以看出,小区的平均吞吐量随着带宽的增大而增大。此外,在带宽为 63 MHz 和 38 MHz 时,小区平均吞吐量分别提升了 9.42% 和 12.73%,说明 PSOBPA 功率分配策略的系统总吞吐量大于平均功率分配算法的系统总吞吐量。

表 5-8 不同带宽下两种功率分配算法的小区平均吞吐量

	PSOBPA 功率分配	平均功率分配	小区平均吞吐量提升
63 MHz	213.70 Mbit/s	195.31 Mbit/s	9.42 %
38 MHz	132.93 Mbit/s	117.91 Mbit/s	12.73 %

表 5-9 所示为所有定位用户在两种算法下的平均定位误差。从表中可以看出,平均定位误差随着带宽的增大而减小。此外,在带宽 63 MHz 和 38 MHz 下,平均定位精度分别提升了 15.38% 和 10.87%,这说明 PSOBPA 功率分配策略的定位性能比平均功率分配算法的定位性能更好。

表 5-9 不同带宽下两种功率分配算法所有定位用户的平均定位精度

	PSOBPA 功率分配	平均功率分配	平均定位精度提升
63 MHz	0.44 m	0.52 m	15.38 %
38 MHz	0.80 m	0.92 m	10.87 %

图 5-51 所示为使用两种功率分配方法时 D2D 用户和蜂窝通信用户的 SINR 累计分布函数图。由图中可以看出,使用平均功率分配方法时 D2D 用户的 SINR 整体优于蜂窝通信用户,这是因为 D2D 对之间的距离一般较小,因此可以获得更好的 SINR。此外,在使用 PSOBPA 功率分配策略时,当 SINR 小于 5 dB 时,蜂窝通信用户的 SINR 整体上优于 D2D 用户,当 SINR 大于 5 dB 时,D2D 用户的 SINR 整体上优于蜂窝通信用户,这是因为 PSOBPA 功率分配策略会根据设置的通信质量阈值调整蜂窝通信用户和 D2D 用户的信号功率,当蜂窝通信用户的通信性能不满足需求时,就会提高自己的功率或者减少 D2D 用户的功率以提高自己的通信性能。

图 5-52 所示为使用两种功率分配方法时 D2D 用户和蜂窝通信用户的误码率累计分布函数图。从图中可以看出,使用 PSOBPA 功率分配策略时,92.7% 的 D2D 用户和 87.6% 的蜂窝通信用户的误码率小于误码率限制,使用平均功率分配算法时,96.8% 的 D2D 用户和 71.9% 的蜂窝通信用户的误码率小于误码率限制,说明与平均功率分配算法

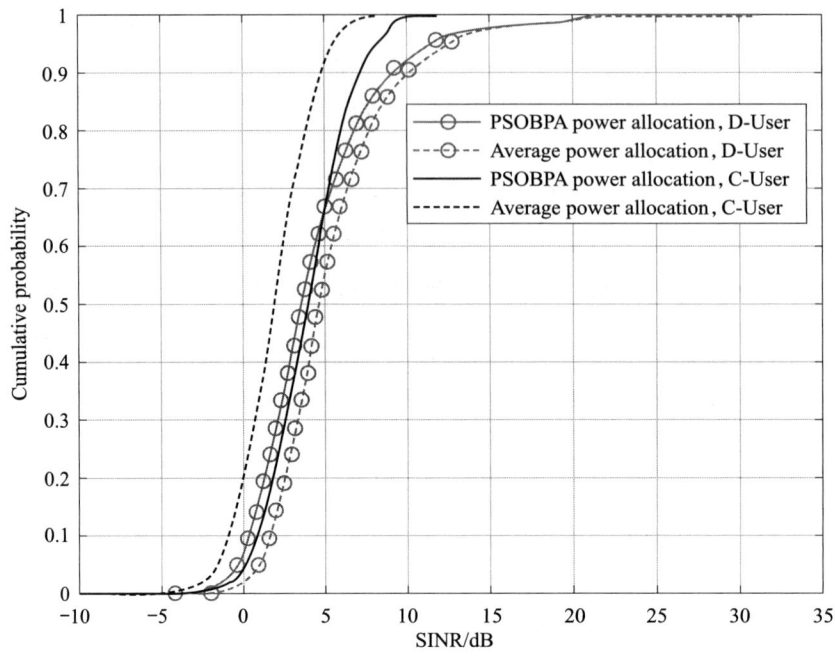

图 5-51 D2D 用户和蜂窝通信用户的 SINR 累计分布函数图

相比,PSOBPA 功率分配策略能在对 D2D 用户的通信质量影响不大的情况下,使得蜂窝通信用户的性能得到一定的提升。

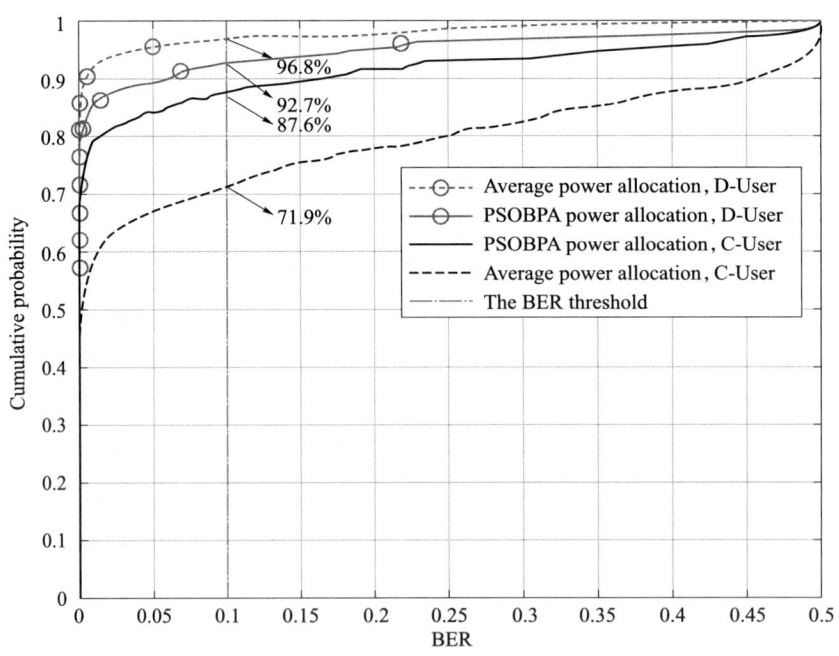

图 5-52 D2D 用户和蜂窝通信用户的误码率累计分布函数图

如图 5-53 和图 5-54 所示为系统总带宽为 63 MHz，使用 PSOBPA 功率分配策略和平均功率分配算法时处于不同位置的 100 个定位用户的定位误差。在图 5-53 中 PSOBPA 功率分配策略的平均定位误差为 0.44 m，在图 5-54 中平均功率分配方法为 0.52 m，可以得到 PSOBPA 功率分配策略的总体定位误差低于平均功率分配算法。从这两个图还可以看出，使用两种算法时位于基站覆盖中心区域的定位用户的定位误差普遍比较小，这是由于位于基站覆盖中心部分的定位用户的几何精度因子优于边缘地区的用户。另外，在 4 个基站附近的定位用户的定位误差比较大，这是由于这些用户距离其他基站比较远，因此发送到达其他基站的定位信号功率会非常小，进而导致其定位性能变差。此外，少部分位于中心区域的定位用户的定位性能会比非中心区域的定位用户定位性能差，这是因为这些定位用户受到的来自蜂窝通信用户和 D2D 用户的干扰更加严重。

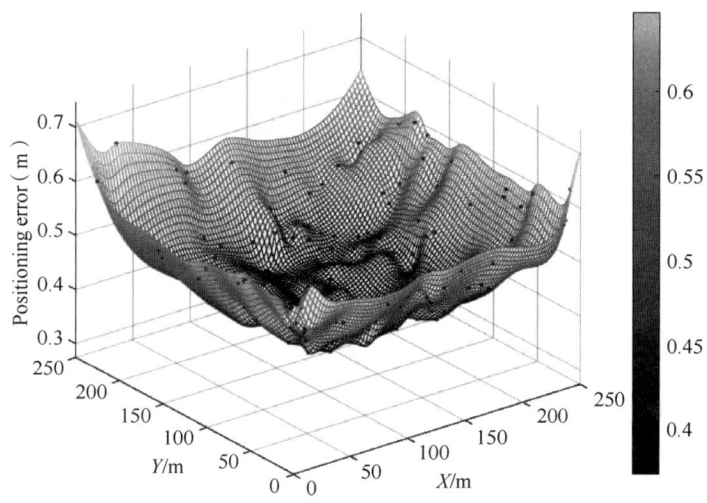

图 5-53　PSOBPA 功率分配策略的定位误差示意图

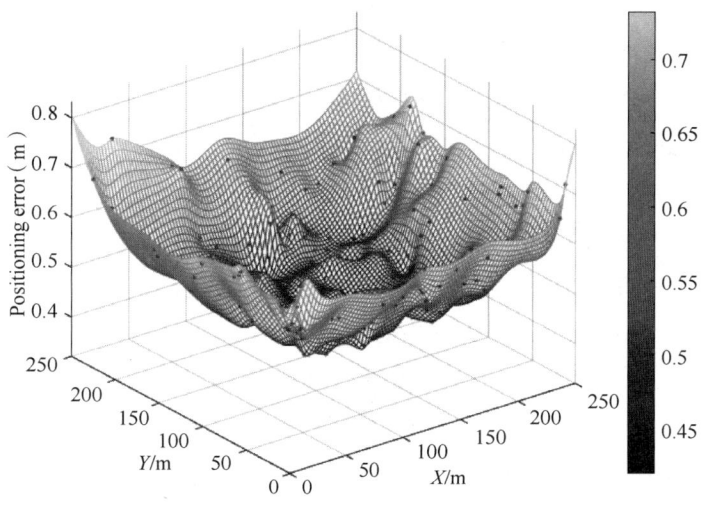

图 5-54　平均功率分配算法的定位误差示意图

图 5-55 所示为不同带宽下使用两种功率分配算法时全体定位用户的定位误差累计分布函数图。从图中能够看出,当系统的总带宽增大时,所有定位用户整体的定位误差会变得越来越小。在 38 MHz 的带宽下,使用 PSO 功率分配算法时满足定位精度要求的定位用户占 96%,而使用平均功率分配算法时满足定位精度要求的定位用户只占 87%。在 63 MHz 的带宽下,我们对定位精度提出了更高的要求,此时使用 PSOBPA 功率分配策略时满足定位精度要求的定位用户占 74%,而使用平均功率分配算法时满足定位精度要求的定位用户仅有 59%,说明使用 PSOBPA 功率分配策略时系统的定位性能比使用平均功率分配算法时要好。

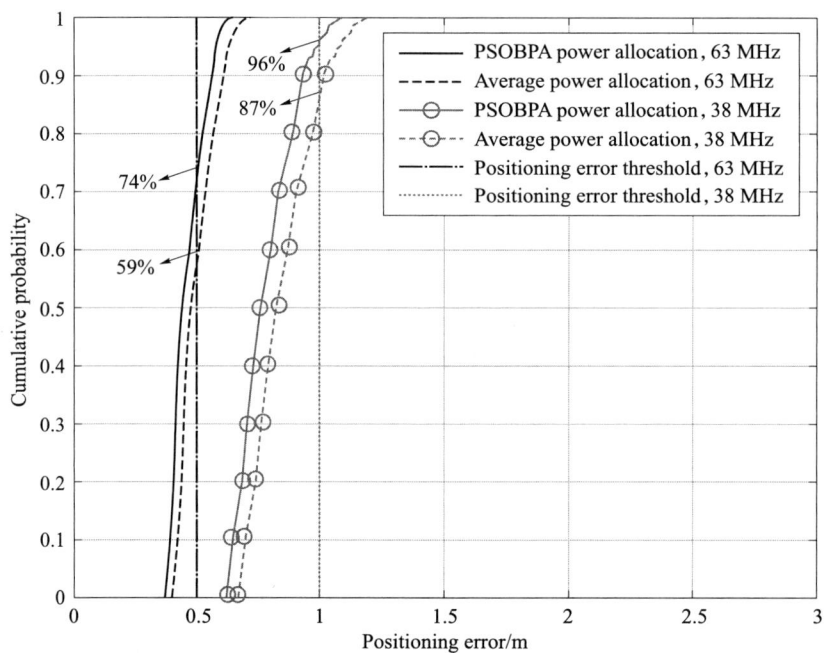

图 5-55　全体定位用户的定位误差累计分布函数

5.4.2　通信与定位之间的资源消耗对比

本节将对比 MS-NOMA 信号和传统带内 PRS 信号的资源消耗[42]。首先,定义 E_c 和 E_p 分别为单位时间内的通信信号能量和定位信号能量,定义 $E_{\text{total}} = E_c + E_p$ 作为总能量。对于 MS-NOMA 信号,因为它在时域是连续的,所以单位能量 E_c 和 E_p 满足:

$$E_c = NP_c \tag{5-224}$$

$$E_p = MP_p \tag{5-225}$$

式中,N 表示通信用户的个数,M 表示定位用户的个数,P_c 表示为每个通信用户分配的功率,P_p 表示为每个定位用户分配的功率。由上述分析可知,通过给定特定的 E_{total} 和 E_c/E_p,就可以确定 P_c 和 P_p。

为了对比,同时分析带内 PRS 信号,该信号在时域是不连续的,其能量需要由其对资源元素 RE 的占用率所决定,如式(5-226)所示:

$$\left(\frac{E_c}{E_p}\right)_{\text{in-band}} = \frac{N_{\text{RE,com}}}{N_{\text{RE,in-band}}} \tag{5-226}$$

在 MS-NOMA 信号中,通信部分的能量远大于定位部分的能量,即 $E_c \gg E_p$,故式(5-226)可转化为

$$\left(\frac{E_c}{E_p}\right)_{\text{in-band}} = \frac{N_{\text{RE,com}}}{N_{\text{RE,in-band}}} \approx \frac{N_{\text{RE,total}}}{N_{\text{RE,in-band}}} \tag{5-227}$$

在式(5-226)和式(5-227)中,N_{RE} 表示在一个测量周期内资源元素 RE 的数量,下标 com 和 total 分别表示通信部分和"通信+定位"组成的总和部分。在 MS-NOMA 信号和带内 PRS 信号进行对比时,为了获得相同的扩频增益,需要保证它们的码长在积分时间内相同。所以:

$$N_{\text{RE,in-band}} = \Delta f_p T_{\text{coh}} \tag{5-228}$$

式中,Δf_p 表示定位信号的子载波间隔,T_{coh} 表示相干积分时间,注意到:

$$N_{\text{RE,total}} = \frac{N T_{\text{meas}}}{T_c} \tag{5-229}$$

定义 N 为系统中通信用户的数量,G 为定位用户子载波间隔与通信用户子载波间隔的之比,T_c 为通信用户的符号周期,即 $G = \Delta f_p / \Delta f_c = \Delta f_p \cdot T_c$,将式(5-228)和式(5-229)代入式(5-227)可得:

$$\left(\frac{E_c}{E_p}\right)_{\text{in-band}} = \frac{N T_{\text{meas}}}{\Delta f_p T_c T_{\text{coh}}} = \frac{N T_{\text{meas}}}{G T_{\text{coh}}} \tag{5-230}$$

为更直观地理解上述公式,给出了带内 PRS 资源元素消耗示意图,如图 5-56 所示。

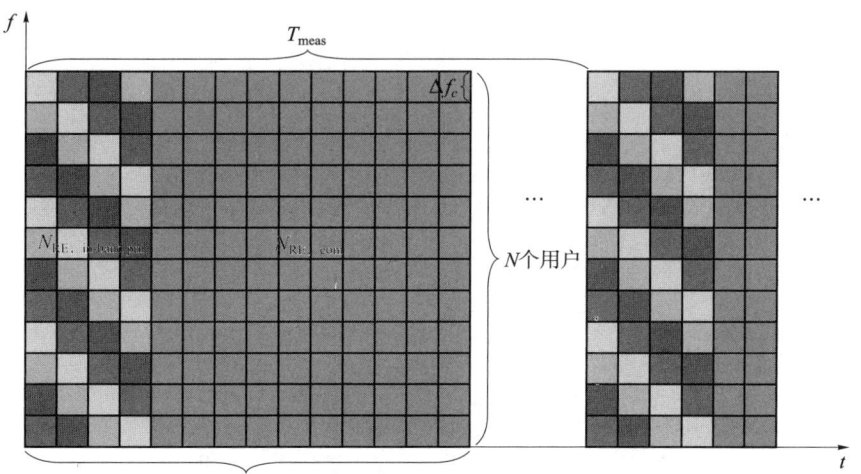

图 5-56 带内 PRS 资源元素消耗示意图

为了方便对比,可以利用误码率等效思想对两种信号进行资源元素消耗对比。对于 MS-NOMA 信号中的定位信号,虽然特有的波形结构导致其不单独占用频带资源,即不直接占用资源元素 RE,但共频带信号中的定位信号会对通信信号产生额外的 BER 损耗,这可以等效看作占用了本应属于通信的资源元素 RE。因此,引入一个资源元素消耗参数 A 来衡量 MS-NOMA 信号等效的资源元素 RE 的消耗,如式(5-231)所示:

$$A_{\text{co-band}} = \frac{1}{N} \sum_{n} \text{BER}^n - \text{BER}_0 = \frac{1}{N} \sum_{n} \text{Kerfc}\left(\frac{\lambda P_c T_c}{I^n + 2N_0}\right) - \text{BER}_0 \quad (5\text{-}231)$$

式中,BER_0 表示在没有定位信号影响下的通信误码率。如果在计算式(5-231)中的 BER 时,将表达式中的 P_c 和 P_p 替换为 E_c 和 E_p,则可以得到 MS-NOMA 信号的能量消耗。

而对于带内 PRS 信号,根据 PRS 的时频资源栅格结构可知,它是直接占用资源元素的,所以它的资源元素消耗参数 A 可以直接通过 PRS 所占用的 RE 数量与总 RE 数量之比来衡量,由式(5-232)所示:

$$A_{\text{in-band}} = \frac{N_{\text{RE,in-band}}}{N_{\text{RE,tatal}}} \quad (5\text{-}232)$$

可得:

$$A_{\text{in-band}} = \frac{N_{\text{RE,in-band}}}{N_{\text{RE,total}}} = \left(\frac{NT_{\text{meas}}}{GT_{\text{coh}}}\right)^{-1} \quad (5\text{-}233)$$

图 5-57 所示为共频带信号中定位信号与带内 PRS 之间资源元素消耗的比较。显然,在整个区域,共频带信号中定位信号比带内 PRS 消耗更少的资源元素。这意味着,虽然共频带信号中定位信号对通信信号存在一定的干扰,但是由误码率等效所转换过来的资源元素消耗仍小于带内 PRS。

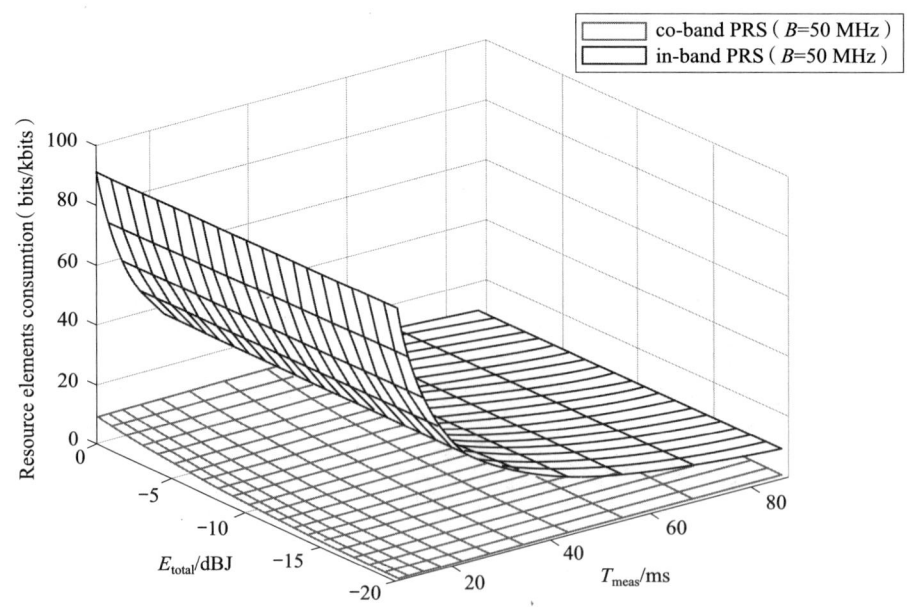

图 5-57 共频带信号中定位信号与带内 PRS 之间资源元素消耗的比较

此外，当 E_{total} 增加时，$A_{\text{co-band}}$ 略有增加。这是因为当通信部分的功率增加时，式(5-231)中的 BER_0 会略有下降。相比较而言，$A_{\text{in-band}}$ 与总带宽 B 和总能量 E_{total} 没有关系。这是因为由图 5-56 的资源栅格图样可知，对于带内 PRS，总带宽和总能量的改变对于通信和定位信号所占资源的比例并没有影响。另外，从图 5-57 中还可以看出，当 T_{meas} 减少时，$A_{\text{in-band}}$ 显著增加。因为带内 PRS 需要更多的 PRS 时帧资源来确保频繁的定位测量，这会消耗大量的资源元素。相反，$A_{\text{co-band}}$ 的资源元素消耗与 T_{meas} 无关。这是因为共频带信号中的定位信号的波形是连续的，接收机可以在其计算能力内随时进行定位测量。因此，相比之下共频带信号更适用于自动驾驶、智慧农业等需要频繁定位的场景，而带内 PRS 很难满足该种场景需求。

通过给出特定的 E_{total} 和 E_c/E_p，可以确定 P_c 和 P_p，即可以确定信号的测距精度。基于此，本项目在不同能量的情况下，对共频带信号和带内 PRS 的测距精度进行了仿真比较，结果如图 5-58 所示。很明显，在相同的能量下，5G 共频带信号总是比带内 PRS 具有更高的测距精度。

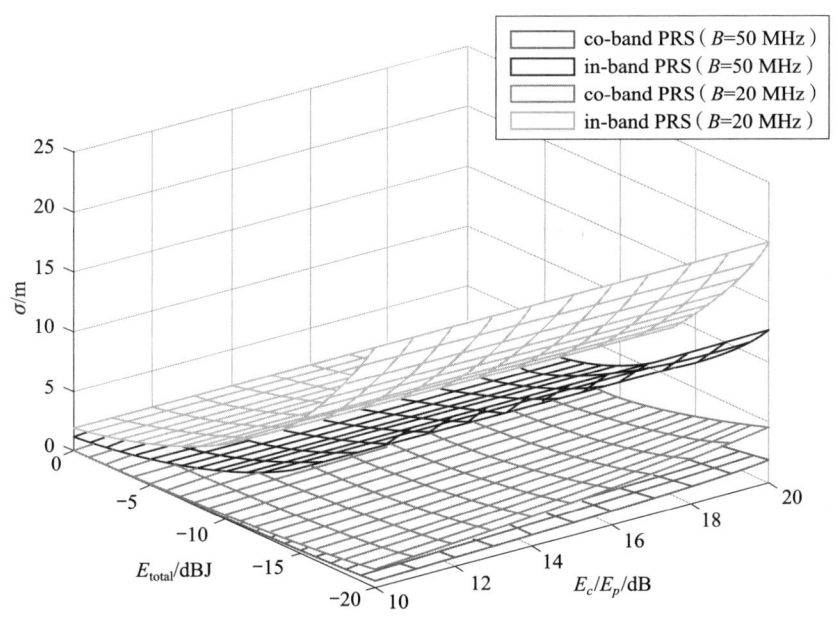

图 5-58　共频带信号与带内 PRS 能量消耗对比

此外，可以看出这两种信号在消耗更多能量时测距性能都会变好。而且当定位部分的比例降低时（即 E_c/E_p 增加时），共频带信号的测距性能会逐渐下降。这是因为通信部分对定位部分的干扰逐渐增加。作为比较，带内 PRS 的测距精度在 E_c/E_p 变化时保持恒定。这是因为带内 PRS 和通信信号波形采用了 TDMA，这意味着在变化时，通信定位两部分虽然具有不同的周期但仍具有相同的功率，所以在功率未变的情况下带内 PRS 的测距精度也不会发生变化。即便如此，当通信信号能量比定位信号能量高 100 倍时（$E_c/E_p=20$ dB 时），共频带信号的测距精度仍优于带内 PRS。可见，共频带信号可在比带内 PRS 消耗更少总能量的同时达到更优的测距性能，即其具备更高的能量效率。

第6章
通信导航一体化的应用

本章将从智能反射面到智慧交通,从低空经济到低轨卫星等未来场景,介绍几种通导一体化的应用案例,以展示这一技术如何在多个行业中提供创新的解决方案。

6.1 通信导航一体化在智能反射面中的应用

随着移动通信技术的快速发展,以 5G、物联网及可穿戴设备为核心的应用场景将实现真正的"万物互联"。精确的位置信息作为"物"的重要属性之一,在未来网络中将会越来越重要。为了提高位置服务能力,基于 5G、超宽带、蓝牙等新型定位手段层出不穷。虽然不同定位系统定位精度的影响因素各不相同,但它们都受到多径效应的影响——直射径与反射、折射径的相互混叠,会使信号相关峰严重畸变,导致测距精度明显下降;来自不同方向的多径信号也会使角度测量产生巨大误差,从而严重影响定位准确性。传统方法只能通过天线设计、接收机基带信号处理、滤波技术、空间信息补偿等手段尽量减小多径的影响,这些方法不光会消耗大量的计算资源,多径消除效果也不够理想。

智能反射面(Intelligent Reflecting Surface,IRS),也称为可重构智能表面或超表面,近几年得到了广泛关注。它是一种极薄的人造平面阵列,一般由亚波长尺寸的周期阵列单元构成。通过改变周期单元的结构与尺寸,智能反射面能够实现许多不同于自然界中常规材料的超常物理特性,如图 6-1 所示。例如,通过控制智能反射面结构,可以改变电磁波的反射/折射方向,即令电磁波的传播不再符合自然界中的斯涅尔定律。这样,通过控制智能反射面的结构特性或材料属性,电磁波在空间中的传播便是"可控"的。

因此,利用智能反射面,不光可以通过控制电磁波的传播路径降低未知多径的影响,甚至可以利用多径,通过让信号绕过障碍物或增强直射径信号来提高定位性能。图 6-2

第 6 章 通信导航一体化的应用

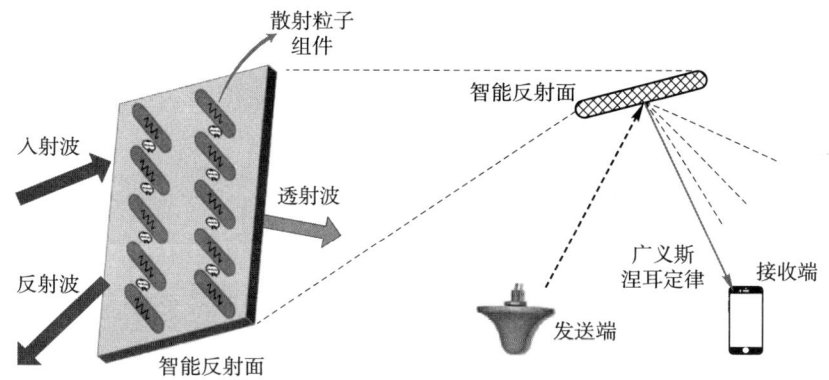

图 6-1 智能反射面工作原理示意图

所示为使用智能反射面定位示意图。在传统定位场景中，信号 3、信号 4 会被墙壁遮挡，终端无法收到足够数量的信号，因此无法定位。另外，如信号 2 所示的多径信号也会对终端的测距精度带来严重影响，即使在能收到足够数量信号的情况下也无法得到高精度的定位结果。利用智能反射面，类似信号 2 的无用多径信号可被智能反射面吸收，从而消除多径对测距精度的影响；而天线 2、天线 3 发出的信号也可通过智能反射面控制反射方向，到达接收机。因此，可通过智能反射面优化入射与反射波的路径，并利用适当的定位模型来实现高精度定位。

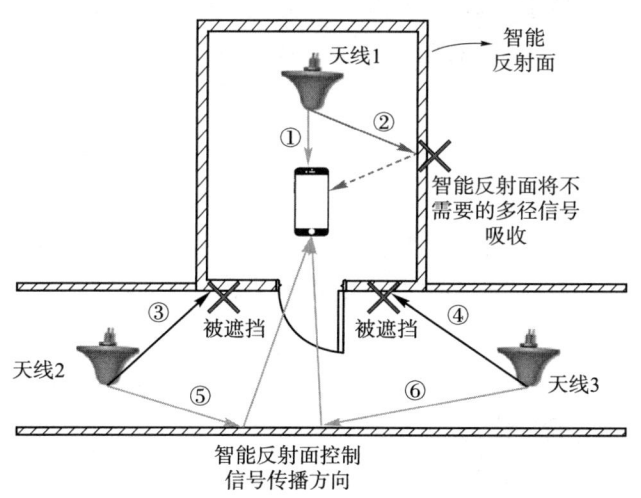

图 6-2 使用智能反射面定位示意图

6.1.1 基于智能反射面的新型定位架构

智能反射面的应用使电磁波的传播具有可控性，与传统定位系统相比，基于智能反射面的定位系统不再只包括信源和接收机,还应包括电磁环境控制环节。定位过程也从被动式的信号解算变为主动式的"环境控制+位置估计"。因此整个定位系统架构发生了较大的变化。为此,本节建立了一种新型的"层次化环境控制-位置解算联合定位架构",如图 6-3 所示。

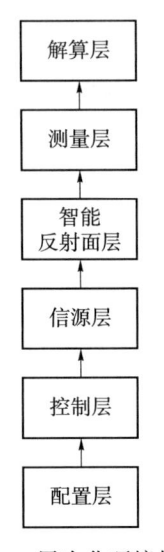

图 6-3 层次化环境控制-位置解算联合定位架构

1. 配置层

配置层是指整个定位系统的数据与计算中心,可将其理解为整个定位系统的"大脑"。配置层可收集定位系统中的各种数据,并通过相关算法来给出信源、智能反射面的配置参数,从而实现整个定位系统的最优化运行。

2. 控制层

由硬件元件与连线组成的控制层可以对智能反射面中的可重构结构进行编程控制。控制层中的连线将可重构的智能反射面开关与配置层相连,以便对开关进行单独控制。从功能上,控制层接收配置层的指令,完成对智能反射面的结构控制,从而实现对电磁波传播方向的控制。

3. 信源层

指定位信号源。一般为位置已知的无线基站或传感器节点。在新型定位架构中,定位信号源不再只播发全向的广播信号,还要向不同定位用户播发定向信号,因此信源层也需接受配置层指令,实现对信号的定向播发。

4. 智能反射面层

由智能反射面组成的硬件层,智能反射面的状态受控制以实现需要的电磁功能。智能反射面层包含主动和被动部分,即包含传导材料(被动)和开关(主动)。改变开关的状态(传导/绝缘)就可以改变智能反射面的电磁特性。

5. 测量层

测量层完成对定位信号的测量,如传播时间、到达角度等信息。测量层将测量的结果传递给解算层。与传统定位信号测量过程不同,智能反射面对信号的反射、折射会导致信号相位的变化,测量模型中还需要考虑智能反射面的影响。

6. 解算层

解算层负责将定位网中收集到的所有信息整合,实现对接收机位置的精确估计。与传统定位网络不同,基于智能反射面的定位系统可将接收机位置和信号传播路径进行联合估计。该过程既不同于香农模型,也不同于维纳滤波模型,而是可通过定位估计进一步优化环境信道,从而实现环境控制与定位估计的联合解算,如图 6-4 所示。

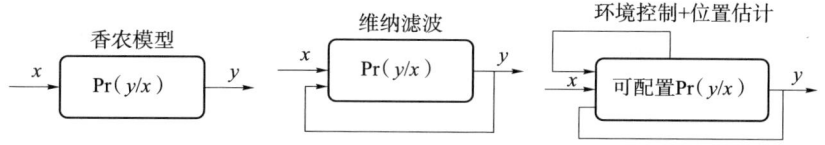

图6-4 基于智能反射面的定位解算模型

6.1.2 基于用户位置与IRS波束联合优化的非视距定位方法

基于上述智能反射面定位架构,建立非视距场景下智能反射面定位模型,如图6-5所示,其中基站(Base Station,BS)与移动终端(Mobile Terminals,MT)之间的视距路径被完全遮挡,θ_i为BS发射波束到IRS的入射角,θ_r为波束通过IRS相移之后的反射角,θ_s为通过MT观测IRS的角度,l_1、l_2分别为BS、MT与IRS的垂直距离。定位信号采用OFDM调制,共包含N个子载波。

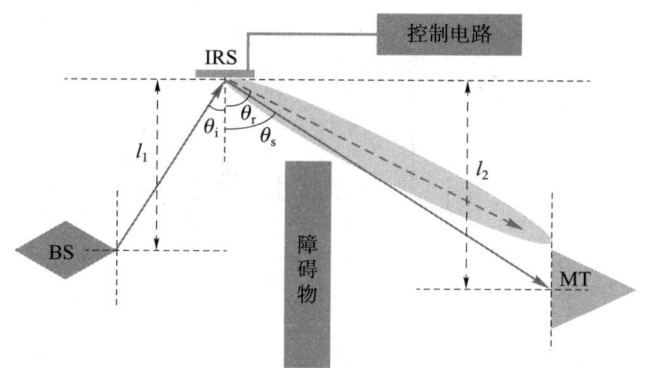

图6-5 非视距场景下智能反射面定位模型

不同于自由空间中的信道衰减,由于IRS的加入,定位系统中级联信道的路径损耗需要考虑入射角θ_i、反射角θ_r以及观测角θ_s的影响,根据电磁波散射场的传播原理,通过IRS反射波束的增益还与反射面的面积ab以及BS与IRS的距离r_i有关[44]。因此,路径损耗可以表示为

$$L^{-l*}(r_i,r_r,\theta_2)=\left(\frac{ab}{4\pi N_m r_i r_r}\right)^2 G_T G_R \cos^2(\theta_i) \times \left\{\frac{\sin\left[\frac{\pi b}{\lambda}(\sin(\theta_s)-\sin(\theta_r))\right]}{\frac{\pi b}{\lambda}(\sin(\theta_s)-\sin(\theta_r))}\right\}^2$$

(6-1)

式中,G_T、G_R分别是BS的发射天线增益和MT的接收天线增益,λ为电磁波波长,a、b分别为IRS尺寸的长和宽,r_r为IRS与MT的距离,N_m为组成IRS的反射单元的数量。由此可知,当$\theta_r=\theta_s$的时候,路径损耗最小,可以表述为

$$A(r_i, r_r, \theta_s) = (N_m \sqrt{L_p^{-1*}(r_i, r_r, \theta_s)})^2 \tag{6-2}$$

将 IRS 的相移配置矩阵定义如下：

$$\Theta = \sqrt{A} \, \text{diag}(e^{j\phi_1}, e^{j\phi_2}, \cdots, e^{j\phi_{N_m}}) \tag{6-3}$$

式中，$\phi_n \in [-\pi, \pi]$ 表示 IRS 中第 n 个反射单元的相移。不同观测角下的 IRS 路径损耗如图 6-6 所示，可以看出，当 a 和 b 小于波长时，IRS 像普通反射体一样，并不能提供增益。随着 IRS 尺寸的增大，路径损耗的最大值和一般值都变大，而波束的宽度在减小。当 $\theta_r = \theta_s$ 时，波束的主瓣对准了接收机 MT，此时得到最大增益。结果表明，IRS 的尺寸增大可以起到提高增益的效果，但是存在边际效应，即增大 IRS 尺寸获得的信号增益提升越来越小。

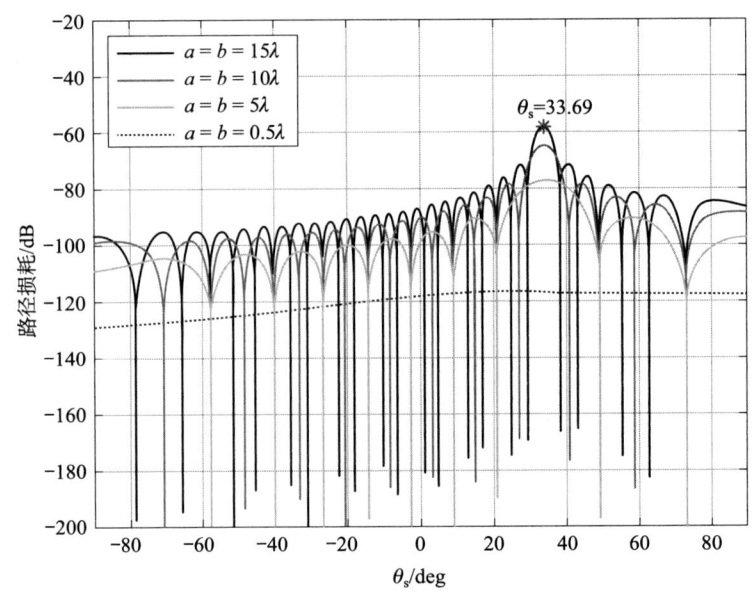

图 6-6 不同观测角下的 IRS 路径损耗

结合相移配置矩阵，级联信道可以表示为 $H_2^H \Theta H_1$，其中 $H_1 \in C^{N_m \times N_t}$，$H_2 \in C^{N_r \times N_m}$ 分别表示 BS-IRS 信道和 IRS-MT 信道。MT 的接收信号可以表示为

$$y = H_2^H \Theta H_1 \boldsymbol{\omega} s + z \tag{6-4}$$

式中，$\boldsymbol{\omega}$ 表示 BS 的波束赋形矩阵，s 表示传输符号，z 是独立同分布的加性白高斯噪声，在接收器处的功率谱密度为 $N_0/2$。

类似传统 MIMO 信道模型，BS-IRS 之间的信道 H_1 可表示为

$$H_1 = t_1 a_{M,T}(\theta_i) a_{T,M}^H(\theta_i) \tag{6-5}$$

式中，$t_1 = e^{-j2\pi(n-1)\tau/(NT_s)}$ 表示信道 H_1 第 n 个子载波中由传播时间 τ 产生的相位差，T_s 为信号采样间隔，$a_{M,T}$ 和 $a_{T,M}$ 分别代表 IRS 反射单元和 BS 阵列天线的响应矩阵

$$\boldsymbol{a}_{M,T}(\theta_i) = \frac{1}{\sqrt{N_m}}[\alpha_1^r(\theta_i), \alpha_2^r(\theta_i), \cdots, \alpha_{N_m}^r(\theta_i)]^T \tag{6-6}$$

$$\boldsymbol{a}_{T,M}(\theta) = \frac{1}{\sqrt{N_t}}[\alpha_1^t(\theta_i), \alpha_2^t(\theta_i), \cdots, \alpha_{N_t}^t(\theta_i)]^T \tag{6-7}$$

响应矩阵由 IRS 的各个反射单元或 BS 的各个天线的相位响应组成，$\alpha_x^m(\theta_i) = e^{-j2\pi x \frac{d}{\lambda} \sin\theta_i}$，$\alpha_y^m(\theta_i) = e^{-j2\pi y \frac{d}{\lambda} \sin\theta_i}$ 分别代表了 IRS 中第 x 个反射单元和 BS 的第 y 根天线的相位响应。天线阵列中天线间距和 IRS 反射单元的间距 d 都设为二分之一波长（$\lambda/2$）。同理，IRS-MT 部分的信道 H_2 可通过 IRS 和 MT 的响应矩阵以及距离产生的相移来表示。

由于智能反射面信道在空间信号中的稀疏性，信道在波束空间域可表示为

$$H_v = \widetilde{\boldsymbol{A}}_R^H H_2^H \boldsymbol{\Theta} H_1 \widetilde{\boldsymbol{A}}_I \tag{6-8}$$

式中，满秩的 $\widetilde{\boldsymbol{A}}_R$ 和 $\widetilde{\boldsymbol{A}}_I$ 为波束域中的响应矩阵，$\widetilde{N}_r$ 和 $\widetilde{N}_t$ 分别为波束域中入射角与反射角的分辨率：

$$\widetilde{\boldsymbol{A}}_R = [\alpha_R(\check{\theta}_r, -\widetilde{N}_r), \cdots, \alpha_R(\check{\theta}_r, \widetilde{N}_r)] \tag{6-9}$$

$$\widetilde{\boldsymbol{A}}_I = [\alpha_I(\check{\theta}_i, -\widetilde{N}_t), \cdots, \alpha_I(\check{\theta}_i, \widetilde{N}_t)] \tag{6-10}$$

该表示下的信道 H_v 是稀疏的，如图 6-7 所示，并且图中的峰值位置包含了定位解算所需的 θ_i 和 θ_s 信息。

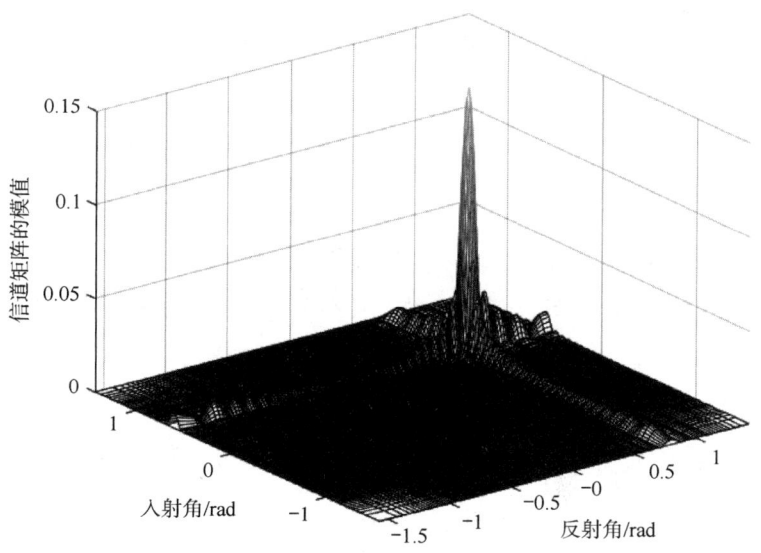

图 6-7 智能反射面定位信道的稀疏表示

因此，可由式(6-4)和式(6-8)推导出 MT 接收到 L 个波束信号的表达式为

$$y_v = \boldsymbol{\Omega} h_v + z \tag{6-11}$$

式中,$h_v = \text{vec}(H_v)$,$\boldsymbol{\Omega} = [\Omega_{(1)}, \cdots, \Omega_{(L)}]^T$,$\Omega_{(l)} = (\widetilde{\boldsymbol{A}}_R \omega s)^T \otimes \widetilde{\boldsymbol{A}}_I$。鉴于 h_v 的稀疏性,在接收信号 y_v 和传感矩阵 $\boldsymbol{\Omega}$ 已知的条件下,可通过压缩感知技术来估计 h_v。由于信道的角度信息可由支撑集的索引获得,图 6-7 中的峰值即为迭代中内积最大的传感矩阵的列,通过这一列的索引,可以获得其对应的信道角度信息。而信道的距离信息则包含在峰值位置对应的相位中,通过不同子载波的相位差解算得到。因此,最终所需的输出只需要支撑集对应的传感矩阵的索引以及信道矩阵中模值最大元素的相位,无须恢复信道矩阵中的所有元素。

在传统的正交匹配追踪(Orthogonal Matching Pursuit, OMP)算法中,存在最小二乘法矩阵求逆不准确的问题,为了解决该问题,可将支撑集也进行正交化,使得整个迭代过程完全在正交域中。因此算法的输入包括传感矩阵 $\boldsymbol{\Omega}$ 和接收信号 y_v。初始化迭代计数器 $\ell = 1$,正交系数向量 $\chi_n = 0$,支撑集 Υ 为空集,残差向量 $\boldsymbol{r}_{n,-1} = 0$,$\boldsymbol{r}_{n,0} = y_v$。$\varepsilon_{n,i}$ 是 $\boldsymbol{\Omega}$ 的第 i 列。通过优化下式的问题,求取每个信号的残差在观测矩阵中每一列的投影并取最大值作为支撑集的新索引,加入支撑集中,本质上就是求最相关的列向量:

$$n_\ell = \underset{i=1,\cdots,N_t N_r}{\arg\max} \sum_{n=0}^{N-1} \left| \frac{\langle \boldsymbol{r}_{n,\ell-1}, \varepsilon_{n,i} \rangle}{\|\varepsilon_{n,i}\|_2} \right| \tag{6-12}$$

然后对支撑集新引入的列向量进行正交化:

$$\boldsymbol{\sigma}_{n,\ell} = \varepsilon_{n,n_\ell} - \sum_{t=0}^{\ell-1} \frac{\langle \varepsilon_{n,n_\ell}, \boldsymbol{\sigma}_{n,t} \rangle}{\|\boldsymbol{\sigma}_{n,t}\|_2^2} \boldsymbol{\sigma}_{n,t} \tag{6-13}$$

更新中间变量 $\widehat{\chi}_n$(作为最后求解 h_v 的参数)和残差向量:

$$\widehat{\chi}_n = \frac{\langle \boldsymbol{r}_{n,\ell-1}, \boldsymbol{\sigma}_{n,\ell} \rangle}{\|\boldsymbol{\sigma}_{n,\ell}\|_2^2} \tag{6-14}$$

$$\boldsymbol{r}_{n,\ell} = \boldsymbol{r}_{n,\ell-1} - \widehat{\chi}_n \boldsymbol{\sigma}_{n,\ell} \tag{6-15}$$

迭代上述步骤直到 $\ell \leq P$,满足输入的稀疏度,即找到最相关的 P 个列向量从而恢复出稀疏度为 P 的稀疏矩阵。再进行矩阵的 QR 分解,将矩阵分解为正交矩阵和上三角矩阵相乘的形式,对于支撑集对应的原始列向量集合 $\Omega_{P_\ell} = [\varepsilon_{n,n_1}, \cdots, \varepsilon_{n,n_P}]$ 和正交化之后的列向量集合 $\boldsymbol{\Lambda}_n = [\boldsymbol{\sigma}_{n,1}, \cdots, \boldsymbol{\sigma}_{n,P}]$,可以将其表示为 $\Omega_{P_\ell} = \boldsymbol{\Lambda}_n \boldsymbol{R}_n$,从而求出上三角矩阵 $\boldsymbol{R}_n$,进而有 $y_v = \boldsymbol{\Lambda}_n \boldsymbol{R}_n \widehat{h}_v$,并且由于 $y_v = \boldsymbol{\Lambda}_n \widehat{\chi}_n$,所以可以计算得到 h_v 的估计值:

$$\widehat{h}_v = \boldsymbol{R}_n^{-1} \widehat{\chi}_n \tag{6-16}$$

然后计算定位参数,首先通过迭代的结果得到支撑集的索引 $n_{i,\ell}$ 和 $n_{r,\ell}$ 求出的信道表示中 θ_i、θ_s 对应的角度的估计值

$$\widehat{\theta}_{i,\ell} = \arcsin\left(\frac{\lambda}{d} \frac{n_{i,\ell} - \widetilde{N}_t}{\widetilde{N}_t}\right) \tag{6-17}$$

$$\hat{\theta}_{r,\ell} = \arcsin\left(\frac{\lambda}{d}\frac{n_{r,\ell}-\widetilde{N}_r}{\widetilde{N}_r}\right) \quad (6\text{-}18)$$

最后根据相邻子载波的相位差得到定位参数到达时间从而求得 BS-IRS-MT 反射路径的总距离 r。

当定位过程完成后,移动终端将解算出的位置信息、信道信息传送给基站,基站根据解算结果对基站以及智能反射面的波束进行优化。移动终端接收到的信噪比表达式为

$$\rho = \left|\frac{H_2^H \Theta H_1 \omega}{\sigma^2}\right|^2 \quad (6\text{-}19)$$

为了达到最高的定位精度,需要对智能天线的配置矩阵 Θ 以及基站的波束赋形矩阵 ω 进行优化,使信噪比 ρ 最高,由此可以得到以下的优化问题:

$$\text{P1}: \max_{\Theta,\omega} \left|H_2^H \Theta H_1 \omega\right|^2 \quad (6\text{-}20)$$

$$\text{并使得} \|\omega\|^2 \leqslant P_{T\max} \quad (6\text{-}21)$$

$$0 \leqslant \phi_n \leqslant 2\pi, \forall n=1,\cdots,N_m \quad (6\text{-}22)$$

式中,$P_{T\max}$ 为基站的最大发射功率。基于交替优化的原则,将最大比例传输(Maximum Ratio Transmission,MRT)对应的波束赋形矩阵:

$$\omega^* = \sqrt{\frac{P_{T\max}}{P_T}} \frac{(H_2^H \Theta H_1)^H}{\|H_2^H \Theta H_1\|^2} \quad (6\text{-}23)$$

作为最优波束赋形矢量代入 P1,此时优化问题 P1 可以简化为优化问题 P2:

$$\text{P2}: \max_{\phi_i} \|H_2^H \Theta H_1\|^2 \quad (6\text{-}24)$$

$$\text{并使得 } 0 \leqslant \phi_i \leqslant 2\pi, \forall i=1,\cdots,N_m \quad (6\text{-}25)$$

因此智能反射面第 i 个元件的相移可以通过式(6-26)获得:

$$\phi_i^* = \underset{\phi_i}{\arg\max} \|H_2^H \Theta H_1\|^2 \quad (6\text{-}26)$$

接下来通过仿真对比上述联合优化反射面定位方法与未联合优化方法的定位性能。除特别说明外,仿真中的主要参数取值为载频 $f_c=3$ GHz,信道带宽 $B=10$ MHz,光速 $c=299\,792\,458$ m/s,收发天线数 $N_t=N_r=31$,子载波数 $N=10$,系统噪声功率 0 dBm。BS 和 MT 的位置分别设为 $\text{pos}_{BS}=[0,0]$ 和 $\text{pos}_{MT}=[40\text{ m},-10\text{ m}]$。IRS 的位置为 $[20\text{ m}, 20\text{ m}]$。天线系统的增益为 $G_T=G_R=10$ dB。IRS 的尺寸为 $a=b=10\lambda$,发射波束的数量为 $L=40$。在每一个条件下进行 100 次蒙特卡洛实验。

优化前后的定位误差对比如图 6-8 所示。结果表明,在发射功率较低的条件下,IRS 优化方法能保持定位误差处于较低的水平,当 P_T 从 -10 到 0 dBW 时,定位误差从 1.5 m 降到了 0.2 m。然而对于未优化的情况,定位误差普遍高于优化后的 2 倍以上,尤其当信号功率过低时,会出现解算失败的情况。

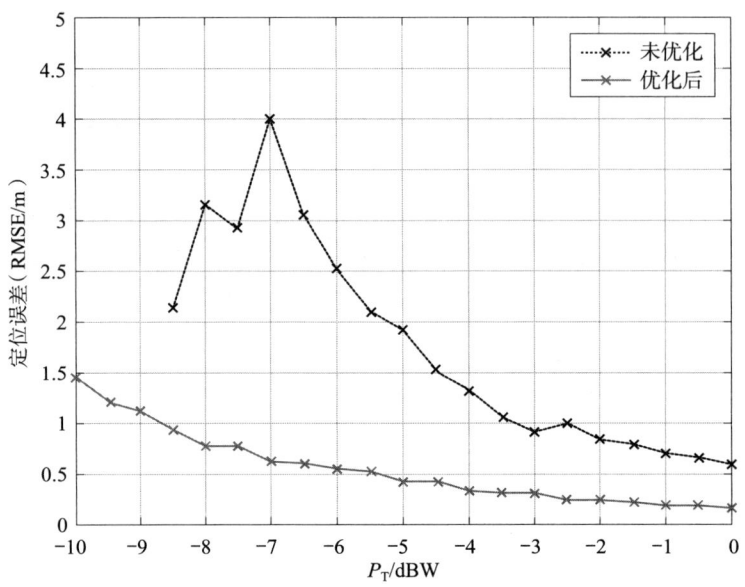

图 6-8 优化前后的定位误差对比

图 6-9 和图 6-10 分别给出了估计得到的观测角和距离的均方根误差曲线,发现在发射功率较低的条件下,观测角和测距误差共同影响定位结果的准确性,而随着发射功率的提高,最终定位误差收敛的结果取决于测距误差的影响。并且由于信道虚拟表示的分辨率影响,观测角的误差下限由信道虚拟表示的分辨率决定,而测距误差则主要取决于估计得到的 $\hat{h}_v$ 相位的准确性。因此,结果也表明了 h_v 的峰值决定了观测角的估计结果,不同子载波的 h_v 的相位差则决定了测距结果。

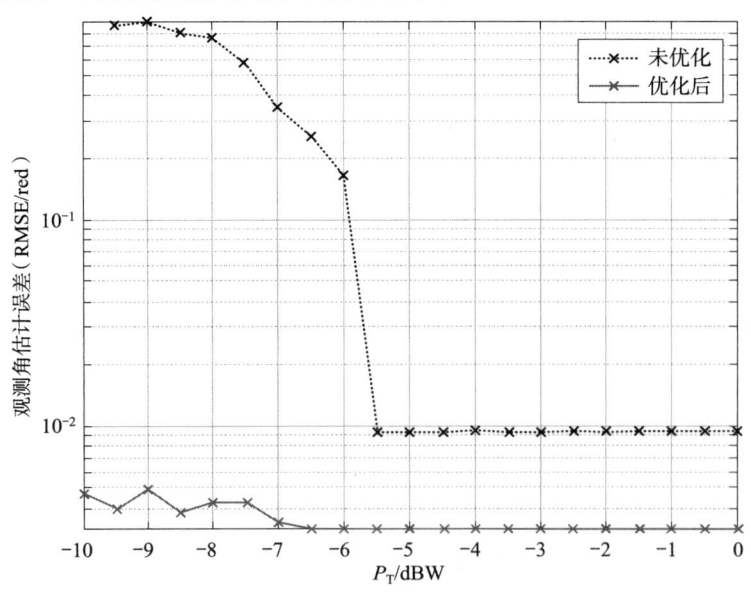

图 6-9 优化前后估计观测角的误差对比

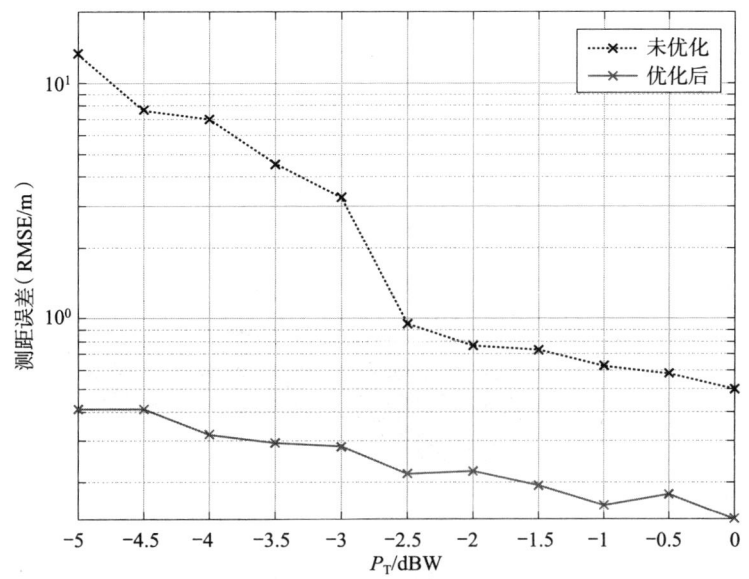

图 6-10 优化前后的测距误差对比

为了验证 IRS 辅助定位的有效性和可靠性,对比了优化前后在 MT 处于不同位置时的定位误差,如图 6-11 和图 6-12 所示。在未优化的情况下存在一些特定角度范围的盲区,这是因为普通方法无法使反射角对准 MT 从而导致有些角度的损耗位于图 6-6 中的一些极小值,而优化定位方法具有良好的鲁棒性,可以在比较大的范围保持较低的定位误差。

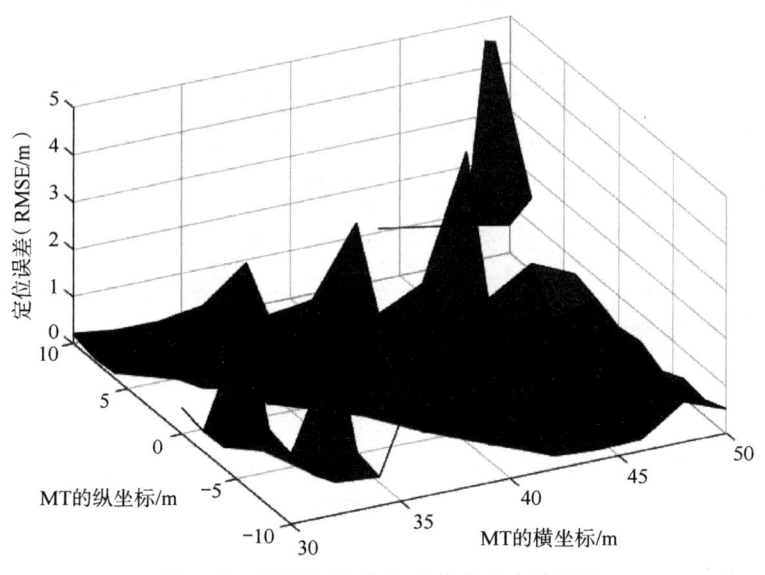

图 6-11 不同 MT 位置未优化的定位误差

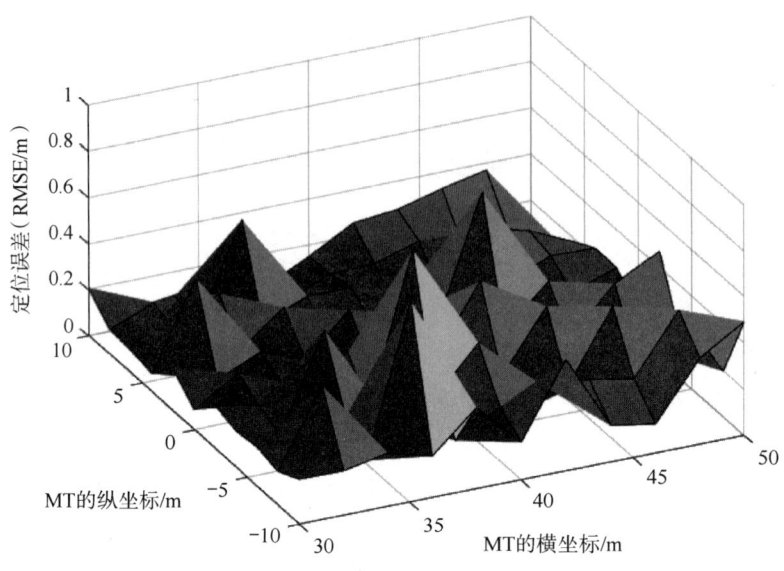

图 6-12 不同 MT 位置优化后的定位误差

6.1.3 智能反射面定位技术研究展望

定位与智能反射面技术分属两个不同学科,虽然目前国内外分别对两者进行了大量研究,但是将智能反射面用于定位的研究仍处于起步阶段。由于智能反射面对电磁波的控制特性,其定位模型和算法将与传统定位方式有很大不同,并可极大地提高定位性能。

1. 智能反射面衍生新型定位场景

智能反射面体积小、功耗低、重量轻,易于布设在楼宇、房间等位置,也可将其与柔性材料相结合,制作成可穿戴设备,从而在全空间实现对电磁环境的控制。利用无处不在的智能反射面,可实现精准的波束控制及超大规模的协同定位,同时也会大幅提高定位系统的复杂性,使定位过程不再是被动的接收定位信号,而需要定位环节的各个部分实现系统化的协同控制。

2. 智能反射面定位与通信技术的结合

部署 IRS 的通信系统可有效地提高系统吞吐量并降低能耗,其在通信系统中有着更广泛应用。实际场景中,考虑到系统建设成本及通信与导航的集成使用需求,智能反射面定位通常要在通信系统上实现,因此如何将智能反射面定位与通信技术相结合,实现面向智能反射面的通信导航一体化也是发展方向之一。

3. 智能反射面定位中的资源分配

传统定位信号多以广播形式播发,并不区分用户,智能反射面由于其方向性,需要给不同用户播发不同的波束,合理分配波束资源是智能反射面定位的基础。由此还会带来类似于通信系统的用户容量问题，如何实现高并发定位也是智能反射面定位需要解决的问题之一。另外，面对不同用户的差异化定位需求（例如无人设备与行人对定位精度和定位可靠性的需求明显不同），如何给不同用户合理地分配带宽、功率、波束等有限的物理资源，也是未来智能反射面定位的发展方向之一。

4. 人工智能在智能反射面定位中的应用

近几年，人工智能与定位技术的结合得到了广泛研究，大量研究成果表明人工智能对定位性能有显著的提升。在更复杂的智能反射面定位中，利用人工智能实现对定位性能的增强也是未来发展方向之一。

6.2 通信导航一体化在隧道定位中的应用

高精度的列车定位是智能交通系统的重要组成部分，但目前广泛使用的应答器仅能在列车经过时提供精确位置；转速计不能输出列车的绝对位置，且容易积累误差；GNSS虽然可以提供米级精度的连续定位，但其信号容易被遮挡，难以在地下或隧道中使用。

漏泄同轴电缆（Leaky Coaxial Cable，LCX）通过在其外导体层上切割的一系列的开孔辐射和接收电磁波，它因安装简便、信号覆盖均匀和较小的小区间干扰等优点，常被作为天线广泛应用于隧道环境中。通过 LCX 在隧道中广播定位信号是提高定位信号覆盖问题的有效方式。理论上，LCX 能在其带宽内播发任何无线信号（包括类 GNSS 信号、通信信号等）。在实际应用中，由于 LCX 通常作为通信系统的天线使用，因此利用 LCX 播发通导一体化信号在性能、成本和多系统维护等方面的具有明显优势[45]。

LCX 的结构示意图如图 6-13 所示，LCX 的开孔通常以 d 的间距周期性排列，电磁波以表面波和辐射波的形式从开孔泄露，每个开口都会辐射或接收传输总能量的一小部分能量。开口的倾斜角度会影响 LCX 周围的电场分布——当开口垂直分布时，电场只存在于纵向方向上；当开口有一定倾斜角度时，横向和纵向将都会存在电场。为了分析简便，本节所介绍的漏缆定位均采用了垂直开口，其他形式的开口可通过将电场分解到不同方向以同样的方法进行研究。

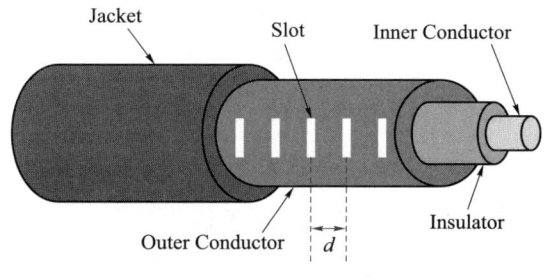

图 6-13 LCX 结构示意图

每个开口都可以被视为一个偶极子天线,这样,LCX 周围的电场可以被视为一系列磁偶极子的叠加:

$$E = \sum_{i=1}^{M} E^{(i)} = \sum_{i=1}^{M} E_0^{(i)} \frac{e^{-jKr^{(i)}}}{r^{(i)}} \sin(\theta^{(i)}) \quad (6-27)$$

式中,M 是开孔的数量,$E^{(i)}$ 是第 i 个开孔处的电场分布,其强度为 $E_0^{(i)}$。$r^{(i)}$ 和 $\theta^{(i)}$ 分别是场点与第 i 个开孔中心之间的距离和角度。$K = 2\pi f/c$ 是自由空间电磁波的传播常数,其中 f 和 c 分别是电磁波的频率和光速。定义 $\alpha^{(i)}$ 和 $\beta^{(i)}$ 分别为第 i 个开孔中心处电场强度的幅度衰减和相位变化,那么,电场强度表达式为

$$E_0^{(i)} = E_0 \cdot \alpha^{(i)} \cdot e^{-j\beta^{(i)}} \quad (6-28)$$

式中,$E_0 = E_0^{(1)}$ 是第一个开孔处的电场强度,幅度衰减与 LCX 的纵向衰减常数(α_0,单位为 dB/100 m)及传播路径的距离有关:

$$\alpha^{(i)} = 10^{-\frac{\left(\frac{\alpha_0}{100} \times d(i-1)\right)}{20}} = 10^{-\frac{\alpha_0 d(i-1)}{2000}} \quad (6-29)$$

相位变化与传播路径的距离和 LCX 的传播常数 K_r 有关,而传播常数 K_r 又由 LCX 的材料所决定,这样相位变化可表示为

$$\beta^{(i)} = K_r d(i-1) = K\sqrt{\varepsilon_r} d(i-1) \quad (6-30)$$

式中,ε_r 是 LCX 的相对介电常数。注意上述介绍了两种传播常数:一种(K)用于无线信道,而另一种(K_r)用于 LCX 中的有线信道。

6.2.1 LCX 定位模型

LCX 定位可以分为基于指纹的方法和基于时间的方法——在基于指纹定位的方法中,可通过比较列车经过前后的信号强度或信道状态信息的变化来估计列车位置;在基于时间的方法中,可通过测量经过 LCX 辐射电磁波的传播时间,利用几何解算的方式估计列车位置。由于指纹定位的数据库易受列车运行环境等因素的影响而产生较大波动,因此本节主要介绍基于时间的 LCX 定位方法。

典型的 LCX 列车定位场景如图 6-14 所示。一根 LCX 以高度 h 平行于轨道放置,共有 M 个间距为 d 的开口,通导一体化基站(BS)放置在 LCX 的一端,列车的运行速度为 v。定义第一个开口在轨道上的投影为原点,定位接收机装配有位于 $p_1 = p$ 和 $p_2 = p + d_a$ 的双天线,用于消除几何模糊度,假定天线和 LCX 处于同一高度。

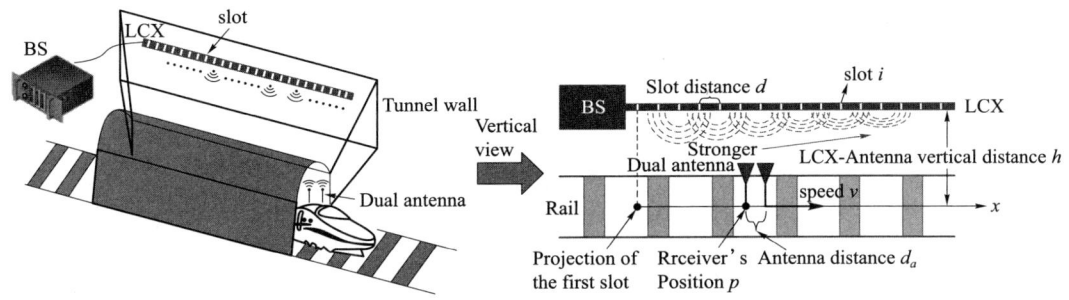

图 6-14 典型的 LCX 列车定位场景

6.2.2 多孔区分算法

本小节将介绍一种多孔区分(Multiple Slot Distinction, MSD)算法来估计列车位置，该算法通过构建一个基于位置的 LCX 信道矩阵，通过搜索生成的伪谱峰值来估计位置。具体算法如下：

设 f_c 为载波频率，Δf 为子载波间隔，$f_n = f_c + n\Delta f$ 为第 n 个子载波的信号频率。对于第 n 个子载波，为了揭示天线位置与接收信号之间的关系，将 LCX 信道 $\boldsymbol{h}[n] \in \mathbb{C}^{2\times 1}$ 分解为 3 个部分：

$$\boldsymbol{h}[n] = \boldsymbol{\Xi}[n]\boldsymbol{\Gamma}[n]\boldsymbol{\Psi}[n] \tag{6-31}$$

式中，$\boldsymbol{\Xi}[n] \in \mathbb{C}^{2\times M}$ 表示接收天线的响应向量：

$$\boldsymbol{\Xi}[n] = [\boldsymbol{\xi}_n^{(1)}(p), \boldsymbol{\xi}_n^{(2)}(p), \cdots, \boldsymbol{\xi}_n^{(M)}(p)] \tag{6-32}$$

$\boldsymbol{\Gamma}[n] \in \mathbb{C}^{M\times M}$ 表示 LCX 信道衰减矩阵：

$$\boldsymbol{\Gamma}[n] = \mathrm{diag}\{\gamma_n^{(1)}(p), \gamma_n^{(2)}(p), \cdots, \gamma_n^{(M)}(p)\} \tag{6-33}$$

$\boldsymbol{\Psi}[n] \in \mathbb{C}^{M\times 1}$ 表示延时向量：

$$\boldsymbol{\Psi}[n] = [\psi_n^{(1)}(p, v), \psi_n^{(2)}(p, v), \cdots, \psi_n^{(M)}(p, v)]^{\mathrm{T}} \tag{6-34}$$

对于接收天线的响应向量，将天线 1 定义为双天线的相位中心，这样，响应向量 $\boldsymbol{\xi}_n^{(i)}(p) \in \mathbb{C}^{2\times 1}$ 如下所示：

$$\boldsymbol{\xi}_n^{(i)}(p) = [1, \mathrm{e}^{-\mathrm{j}\frac{2\pi c}{f_n} d_a \sin(\theta^{(i)})}]^{\mathrm{T}} \tag{6-35}$$

式中，$\theta^{(i)}$ 是天线 1 和开孔 i 之间的方位角。它满足：

$$\theta^{(i)} = \arctan\left(\frac{h}{p-(i-1)d}\right) \tag{6-36}$$

LCX 的信道衰减矩阵由两部分组成：有线衰减和无线衰减。对于有线部分造成的衰减，它仅取决于 LCX 的结构，且数值上恰好与式(6-29)相等：

$$|\gamma_{\mathrm{wired},n}^{(i)}| = 10^{-\frac{\alpha_0 d(i-1)}{2000}} \tag{6-37}$$

无线部分取决于 LCX 的结构和天线的位置，根据图 6-14 中的几何关系，天线和开孔 i 之间的距离是：

$$r^{(i)} = \sqrt{(p-(i-1)d)^2 + h^2} \tag{6-38}$$

然后,将式(6-36)和式(6-38)代入式(6-27)中的并重新排列各项后,可以推导出无线部分造成的衰减如下:

$$\left|\gamma_{\text{wireless},n}^{(i)}(p)\right| = \frac{h}{h^2+(p-(i-1)d)^2} \quad (6\text{-}39)$$

将有线部分和无线部分结合起来,就可以得到 LCX 信道的衰减:

$$\gamma_n^{(i)}(p) = \left|\gamma_{\text{wired},n}^{(i)}\right|\left|\gamma_{\text{wireless},n}^{(i)}(p)\right| \quad (6\text{-}40)$$

延时取决于信号的传播路径和电磁波的传播材料,它由有线部分 $\tau_{\text{wired}}^{(i)} = \sqrt{\varepsilon_r}d(i-1)/c$ 和无线部分 $\tau_{\text{wireless}}^{(i)}(p) = \sqrt{(p-(i-1)d)^2+h^2}/c$ 组成。注意由于接收机天线和不同开孔之间存在不同的相对速度,因此对于开孔 i 中子载波 n 的多普勒频率是:

$$f_{d,n}^{(i)}(v) = \frac{vf_n}{c}\cos(\theta^{(i)}) \quad (6\text{-}41)$$

结合它们相应的频域相移,可以得到:

$$\psi_n^{(i)}(p,) = e^{-j2\pi[f_n\tau_{\text{wired}}^{(i)}+(f_n+f_{d,n}^{(i)}(v))\tau_{\text{wireless}}^{(i)}(p,v)]} \quad (6\text{-}42)$$

所有子载波的 LCX 信道矩阵 $\boldsymbol{H} \in \mathbb{C}^{N\times 2}$ 可表示为

$$\boldsymbol{H} = [\boldsymbol{h}[0],\boldsymbol{h}[1],\cdots,\boldsymbol{h}[N-1]]^{\text{T}} \quad (6\text{-}43)$$

式中,N 是子载波数量。对每个子载波 $n=0,1,\cdots,N-1$ 而言,当 LCX 播发一个已知序列 $\boldsymbol{x} = [x[0],x[1],\cdots,x[N-1]]^{\text{T}} \in \mathbb{C}^{N\times 1}$ 时,接收到的信号是 $\boldsymbol{y}[n] \in \mathbb{C}^{2\times 1}$:

$$\boldsymbol{y}[n] = \boldsymbol{h}[n]x[n] + \boldsymbol{n}[n] \quad (6\text{-}44)$$

式中,$n \in \mathbb{C}^{2\times 1}$ 是加性噪声。我们现在的目标是从接收到的信号 $\boldsymbol{y} = [\boldsymbol{y}[0],\boldsymbol{y}[1],\cdots,\boldsymbol{y}[N-1]]^{\text{T}} \in \mathbb{C}^{N\times 2}$ 中估计位置 p。

从以上分析可以看出,对于一个给定的 LCX 结构,信道矩阵仅与接收机的位置和速度有关。定义 $\boldsymbol{h}_n(p,v)$ 为 $\boldsymbol{h}[n]$ 关于 p 和 v 的函数,这样可以生成一个伪谱:

$$\mathcal{P}_S(p,v) = \frac{1}{\sum_{n=0}^{N-1}\left|\boldsymbol{y}[n] - \boldsymbol{h}_n(p,v)x[n]\right|_2}, p \in [0,(M-1)d], v \in [0,v_{\max}] \quad (6\text{-}45)$$

式中,$\|\cdot\|_2$ 表示欧几里得范数,$v_{\max}$ 是列车的最大速度。显然上述伪谱在列车真实位置和速度附近达到峰值:

$$(\hat{p},\hat{v}) = \arg\max_{p,v}\mathcal{P}_S(p,v) \quad (6\text{-}46)$$

注意到每个开孔辐射出来的信号在自由空间中将会迅速衰减,因此只有接收机附近的开孔才会对接收信号产生显著影响。从式(6-41)可以看出,接收机附近开孔的多普勒频移接近于 0,因此它们对伪谱几乎没有影响,此时有

$$\hat{p} \approx \arg\max_{p}\mathcal{P}_S(p,v=0) \quad (6\text{-}47)$$

可以通过搜索式(6-47)的峰值来获得估计位置。

6.2.3 两阶段 LCX 定位方法

式(6-47)的误差取决于定位信号的分辨率,为了进一步提高定位精度,必须设计具有

更高相位/时间分辨率的信号和相应的定位算法。本小节将介绍一种用于 LCX 定位的具有厘米级测距能力的新型通导一体化信号,然后介绍基于这种新型信号和 MSD 算法的两阶段 LCX 定位方法。

新型通导一体化信号由传统的定位参考信号(PRS)和功率极低且连续的精细测距信号(Fine Ranging Signal,FRS)组成,如图 6-15 所示。与共频带信号类似,将功率极低的 FRS 叠加在通信信号上,以减少其对通信的干扰。将伪随机序列调制在 FRS 上以实现扩频增益和载波相位整周模糊度的消除。依据 3GPP TS 38.211 标准文档,可根据具体的定位需求配置出 PRS 和 FRS 波形。

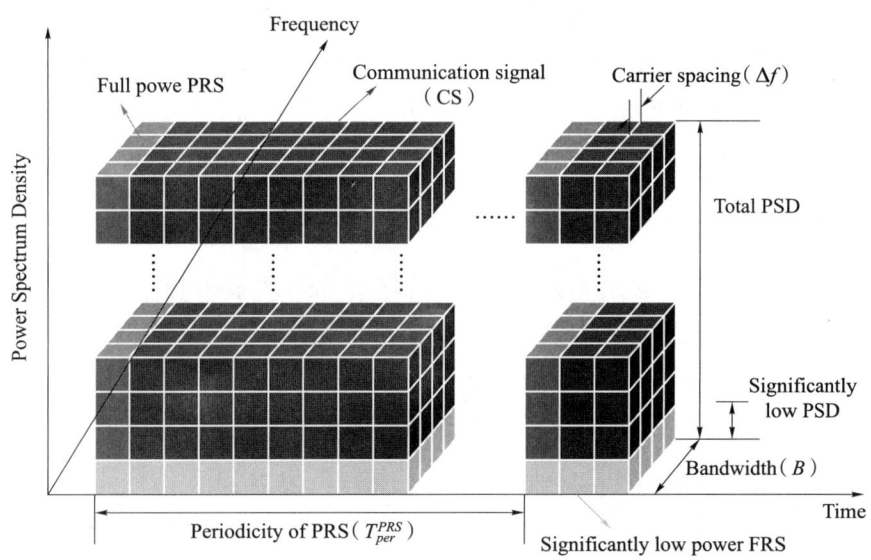

图 6-15 新型通信-定位集成信号结构

定义 P 和 B 分别为功率和带宽。不失一般性,我们假设:① PRS、FRS 和通信信号(CS)的带宽相同,即 $B_{PRS}=B_{FRS}=B_{CS}=B$;② PRS 和 FRS 的子载波频率相同,即 $\Delta f_{PRS}=\Delta f_{FRS}=\Delta f$;③ PRS 和 CS 的功率相同,即 $P_{PRS}=P_{CS}$。此外,为了确保 FRS 的连续传输,其配置参数需要满足以下条件:

(1) 时域中 FRS 的资源长度为:$L_{FRS}=12$。

(2) 重复因子和时间间隔的组合 $\{T_{rep}^{FRS}, T_{gap}^{FRS}\}$ 需要时以下配置之一:$\{4,4\}$,$\{8,8\}$,$\{16,16\}$ 或 $\{32,32\}$。

从 FRS 的配置参数可以看出,FRS 与 PRS 具有相似的参数定义,因此只需要将更高层次的协议进行很小的调整,如 LTE 定位协议(LPP)和无线资源控制(RRC),就可以将上述通导一体化信号在 5G/6G 系统中实现。

由于 FRS 是连续的,接收机不仅可以跟踪载波相位以实现厘米级的测距精度,还可以在其计算能力范围内的任何时间进行测距,这对高速列车的实时定位至关重要。需要注意的是,在实际应用中,一些时隙会被分配给上行通信或被预留。因此,分配给下行信号的实际时隙数量与实际通信配置有关,这可能会导致 FRS 不连续。然而,只要下行占用的时隙数量多于上行和预留的时隙,仍然可以通过使用间歇性信号跟踪方法得到准确的测量结果。

尽管 FRS 具有高精度测距和频繁测量的能力,传统的 PRS 在 LCX 定位方法中仍然是必要的,原因如下:FRS 的跟踪需要粗略位置信息来消除相邻时隙之间的信号干扰并解决载波相位整周模糊度问题;在 MSD 算法中利用低功率的 FRS 难以得到有效的粗略位置。

相较于非正交多址(NOMA)通信信号,FRS 对所有用户都是公开的,因此在捕获该信号后就可以通过连续干扰消除技术(SIC)将其减掉,从而使其不再对 PRS 和 CS 产生干扰(在理想 SIC 的假设下)。另外,如果通信用户(C-User)因执行 SIC 要消耗大量功耗和计算资源而不愿恢复 FRS 的话,FRS 对 CS 的干扰将导致误码率(BER)的增加:

$$\Delta \text{BER} = \Gamma \left[\text{erfc}\left(\frac{\gamma P_{\text{CS}}}{P_{\text{FRS}} + 2N_0 B} \right) - \text{erfc}\left(\frac{\gamma P_{\text{CS}}}{2N_0 B} \right) \right] \tag{6-48}$$

式中,Γ 和 γ 由调制和编码方案决定。N_0 是环境噪声的单边功率谱密度(PSD)。与 NOMA 通信系统相比,通信系统叠加的通信信号远强于通导一体化系统中叠加的用于定位的 FRS,因此通导一体化系统中的 FRS 对全功率 CS 的干扰要小得多。

1. LCX 定位的第一阶段——用 MSD 方法估计最近的开孔

第一阶段是估计接收机距 LCX 最近的开孔编号。由于 LCX 的开孔数量有限(M 个开孔),因此可将伪谱搜索步长 Δp 设置为 d。此时,伪谱峰值所对应的开孔编号(记为 η_l)就是对接收机所处最近开孔的估计。这样,就可以通过以下方式获得天线 l 的粗略位置:

$$\widehat{p}_l = (\eta_l - 1)d \tag{6-49}$$

2. LCX 定位的第二阶段——用 FRS 信号进行厘米级定位

第二阶段通过跟踪连续 FRS 的载波相位,实现厘米级的测距与定位。由于不同开孔辐射出的 FRS 高度耦合在一起,这将导致接收天线处定位信号的相位剧烈波动,从而导致无法精确测量载波相位。得益于第一阶段获得的最近开孔的估计值 η_l,可以用如下方法降低其他开孔对接收信号的干扰:

$$\widehat{y}_{\text{FRS}}^{(\eta_l)}[n] = \boldsymbol{q}(l)\{\boldsymbol{y}_{\text{FRS}}[n] - \Xi[n]\Gamma[n]\boldsymbol{U}(\eta_l)\Psi[n]\boldsymbol{x}_{\text{FRS}}[n]\} \tag{6-50}$$

式中,$\widehat{y}_{\text{FRS}}^{(\eta_l)}[n]$ 是消除干扰后天线 l 接收到的子载波 n 的 FRS。$\boldsymbol{x}_{\text{FRS}}[n]$ 和 $\boldsymbol{y}_{\text{FRS}}[n] \in \mathbb{C}^{2\times 1}$ 分别是发送和接收的 FRS 的子载波 n。将 $\boldsymbol{q}(l) \in \mathbb{C}^{1\times 2}$ 和 $\boldsymbol{U}(\eta_l) \in \mathbb{C}^{M\times M}$ 分别定义为天线选择向量和开孔选择矩阵,它们满足:

$$\boldsymbol{q}(l) = \begin{cases} [1,0], & l=1 \\ [0,1], & l=2 \end{cases} \tag{6-51}$$

$$U(n_l) = \text{diag}\left\{\underbrace{1,\cdots,1}_{1\sim(\eta_l-1)}, 0, \underbrace{1,\cdots,1}_{(\eta_l+1)\sim M}\right\} \tag{6-52}$$

这样，天线 l 处接收到的所有子载波的 FRS 估计值 $\hat{\boldsymbol{y}}_{\text{FRS}}^{(\eta_l)} \in \mathbb{C}^{N\times 1}$ 可以表示为

$$\hat{\boldsymbol{y}}_{\text{FRS}}^{(\eta_l)} = [\hat{\boldsymbol{y}}_{\text{FRS}}^{(\eta_l)}[0], \hat{\boldsymbol{y}}_{\text{FRS}}^{(\eta_l)}[1], \cdots, \hat{\boldsymbol{y}}_{\text{FRS}}^{(\eta_l)}[N-1]]^{\text{T}} \tag{6-53}$$

从上面分析可以看出，很明显只有经开孔 η_l 辐射出来的信号被保留了下来，其他开孔辐射的信号都被消除掉了。虽然最近开孔的估计值可能存在误差，但只要这个误差不是太大，被保留下来的信号仍然足够大以提供精确的载波相位测量。

定位接收机可以通过锁相环（Phase Locked Loop，PLL）测量载波相位 ϕ（以米为单位），同时也可以通过延迟锁定环（Delay Locked Loop，DLL）测量码相位 C（以米为单位）。载波相位测量值比码相位测量值具有更高的精度，但接收机无法直接确定完整载波的个数，它只能测量出相对于参考点的相位累积值，这导致载波相位测量值中存在整周模糊度 k。

因此，高精度定位的关键在于找到载波相位的整周模糊度。在 LCX 定位中，由于需要使用来自不同开孔的信号来降低开孔间的干扰，因此更容易发生周跳，导致传统整周模糊度消除方法无法正常工作，这是因为在传统方法中，随着列车的运行，每次与接收机最近开孔发生变化时都需要重新估计载波模糊度，使得模糊度估计值没有足够的时间收敛。为了解决该问题，可通过使用最近开孔的估计值来补偿周跳，并实时计算整周模糊度，具体思路如下：

观测方程建立在观测到的相位测量值与图 6-14 中的几何模型之间的关系上。信号的相移不仅与传播路径有关，还与信号传播的介质有关，因此可将有线和无线部分的相移分别表示为 $\sqrt{\varepsilon_r}d(\eta_l-1)\lambda$ 和 $\sqrt{(p-(\eta_l-1)d)^2+h^2}\lambda$。此外，由于基站和接收机之间的时间并不同步，因此接收机的钟差 d_{ts} 也会影响载波相位的测量。

通过以上分析，可以建立载波相位和码相位的观测方程如下：

$$\sqrt{h^2+(p_l-(\eta_l-1)d)^2}+\sqrt{\varepsilon_r}d(\eta_l-1)-k_l\lambda+d_{\text{ts}}=\phi_l \tag{6-54}$$

$$\sqrt{h^2+(p_l-(\eta_l-1)d)^2}+\sqrt{\varepsilon_r}d(\eta_l-1)+d_{\text{ts}}=C_l \tag{6-55}$$

由于 PRS 是周期性传输的，可使用线性插值来预测两个 PRS 间隔内与接收机最接近的开孔。注意到如果仅有一个天线的测量值时，式(6-54)和式(6-55)是欠定的，因此需要双天线来获得额外的观测值。双天线的另一个功能是消除几何模糊度，当只使用一个天线进行定位时，存在两个可能的位置解，如图 6-16 所示。

然而，通过另一个天线提供的额外观测值和式(6-56)所示的几何关系，就可以消除上述几何模糊度。

$$p_2 = p_1 + d_a \tag{6-56}$$

将式(6-56)带入式(6-54)和式(6-55)中，两个天线的所有观测方程可写成如下形式：

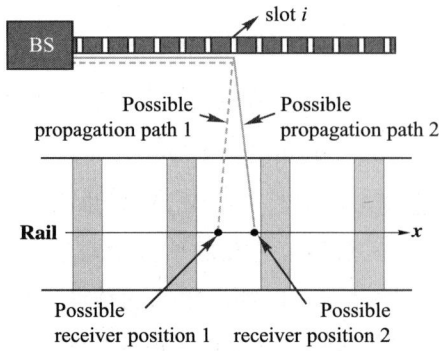

图 6-16 单天线时的几何模糊度示意

$$\sqrt{h^2+(p-(\eta_1-1)d)^2}+\sqrt{\varepsilon_r}\,d(\eta_1-1)+d_{ts}=C_1$$
$$\sqrt{h^2+(p+d_a-(\eta_2-1)d)^2}+\sqrt{\varepsilon_r}\,d(\eta_2-1)+d_{ts}=C_2$$
$$\sqrt{h^2+(p-(\eta_1-1)d)^2}+\sqrt{\varepsilon_r}\,d(\eta_1-1)-k_1\lambda+d_{ts}=\phi_1 \quad (6\text{-}57)$$
$$\sqrt{h^2+(p+d_a-(\eta_2-1)d)^2}+\sqrt{\varepsilon_r}\,d(\eta_2-1)-k_2\lambda+d_{ts}=\phi_2$$

将 $f(p,d_{ts},k_1,k_2)=z$ 记为式(6-57)的函数形式,其中 $z=[C_1,C_2,\phi_1,\phi_2]^T$ 是测量向量,这样式(6-57)就可以通过改进的扩展卡尔曼滤波器(Extended Kalman Filter,EKF)解出未知数。EKF 的滤波过程如下:

$$\hat{\zeta}_t^- = \hat{\zeta}_{t-1} + \boldsymbol{u}_t \quad (6\text{-}58)$$

$$\boldsymbol{V}_t^- = \boldsymbol{V}_{t-1} + \boldsymbol{Q} \quad (6\text{-}59)$$

$$\boldsymbol{K}_t = \boldsymbol{V}_t^- \boldsymbol{G}_t^T (\boldsymbol{G}_t \boldsymbol{V}_t^- \boldsymbol{G}_t^T + \boldsymbol{R})^{-1} \quad (6\text{-}60)$$

$$\hat{\zeta}_t = \hat{\zeta}_t^- + \boldsymbol{K}_t(\boldsymbol{z}_t^T - \boldsymbol{G}_t \hat{\zeta}_t^-) \quad (6\text{-}61)$$

$$\boldsymbol{V}_t = \boldsymbol{I} - \boldsymbol{K}_t \boldsymbol{G}_t \quad (6\text{-}62)$$

式中,脚标 t 表示时间。将式(6-57)和开孔估计值带入滤波器中,并将滤波器中的其他参数按照如下进行设置。

将 $\zeta_t=[p_t,d_{ts},k_{1,t}\lambda,k_{2,t}\lambda]^T$ 设置为时刻 t 的状态向量,$\boldsymbol{u}_t$ 是由 t 到 $t-1$ 时刻与接收机最近的开孔编号计算出的控制向量:

$$\boldsymbol{u}_t = \begin{bmatrix} [d(\eta_{1,t}-\eta_{1,t-1})+d(\eta_{2,t}-\eta_{2,t-1})]^2 \\ 0 \\ <d(\eta_{1,t}-\eta_{1,t-1})/\lambda>\lambda \\ <d(\eta_{2,t}-\eta_{2,t-1})/\lambda>\lambda \end{bmatrix} \quad (6\text{-}63)$$

$\langle \cdot \rangle$ 表示取整,$\boldsymbol{Q}$、$\boldsymbol{R}$ 和 $\boldsymbol{V}_t$ 分别是 t 时刻过程噪声、观测噪声和位置估计的协方差矩阵,$\boldsymbol{G}_t$ 是 $f(p_t,d_{ts},k_{1,t},k_{2,t})$ 在 t 时刻的雅可比矩阵:

$$G_t = \begin{bmatrix} \dfrac{p_t-(\eta_{1,t}-1)d}{\sqrt{h^2+(p_t-(\eta_{1,t}-1)d)^2}} & 1 & 0 & 0 \\ \dfrac{p_t+d_a-(\eta_{2,t}-1)d}{\sqrt{h^2+(p_t+d_a-(\eta_{2,t}-1)d)^2}} & 1 & 0 & 0 \\ \dfrac{p_t-(\eta_{1,t}-1)d}{\sqrt{h^2+(p_t-(\eta_{1,t}-1)d)^2}} & 1 & -1 & 0 \\ \dfrac{p_t+d_a-(n_{2,t}-1)d}{\sqrt{h^2+(p_t+d_a-(\eta_{2,t}-1)d)^2}} & 1 & 0 & -1 \end{bmatrix} \quad (6\text{-}64)$$

K_t 是 t 时刻的卡尔曼增益，I 是单位矩阵。

在得到模糊度的浮点解 $\hat{k}_{1,t}$ 和 $\hat{k}_{2,t}$ 之后，下一步是计算整周模糊度。首先，记 $\hat{a}_t = [\hat{p}_t, \hat{d}_{ts}]^T$ 和 $\hat{b}_t = [\hat{k}_{1,t}, \hat{k}_{2,t}]^T$ 分别为非整数和整数状态元素。这样就可以得到：

$$\hat{\zeta}_t = [\hat{a}_t, \hat{b}_t]^T \quad (6\text{-}65)$$

$$V_t = \begin{bmatrix} \text{cov}(\hat{a}_t, \hat{a}_t) & \text{cov}(\hat{a}_t, \hat{b}_t) \\ \text{cov}(\hat{b}_t, \hat{a}_t) & \text{cov}(\hat{b}_t, \hat{b}_t) \end{bmatrix} = \begin{bmatrix} S_{\hat{a}_t} & S_{\hat{a}_t \hat{b}_t} \\ S_{\hat{b}_t \hat{a}_t} & S_{\hat{b}_t} \end{bmatrix} \quad (6\text{-}66)$$

整周模糊度可以通过式(6-67)计算：

$$\hat{b}_t = \min_{b_t}(\hat{b}_t - b_t)^T S_{\hat{b}_t}^{-1}(\hat{b}_t - b_t), b_t \in \mathbb{Z} \quad (6\text{-}67)$$

为了解出式(6-67)，需要构建一个椭圆形的搜索空间，其形状和大小由协方差 $Q_{\hat{b}_t}$ 和一个常数 χ^2 确定：

$$(\hat{b}_t - b_t)^T S_{\hat{b}_t}^{-1}(\hat{b}_t - b_t) \leqslant \chi^2 \quad (6\text{-}68)$$

由于两个天线的距离很近，浮点模糊度解之间的强相关性使得椭圆形搜索空间非常狭长，从而导致搜索失败。因此采用整数高斯变换来将模糊度去相关。将 b_t、$\hat{b}_t$ 和 $Q_{\hat{b}_t}$ 经矩阵 W 变换后得到：

$$w_t = W b_t \quad (6\text{-}69)$$

$$\hat{w}_t = W \hat{b}_t \quad (6\text{-}70)$$

$$S_w = W S_{\hat{b}_t} W \quad (6\text{-}71)$$

把式(6-69)~式(6-71)代入式(6-67)和式(6-68)，得到：

$$\hat{w}_t = \min_{z_t}(\hat{w}_t - w_t)^T S_w^{-1}(\hat{w}_t - w_t) \quad (6\text{-}72)$$

$$(\hat{w}_t - w_t)^T S_w^{-1}(\hat{w}_t - w_t) \leqslant \chi^2 \quad (6\text{-}73)$$

接下来是确定搜索空间的大小（即 χ^2 的值）。通过对开孔估计值进行理论计算，可以缩小整周模糊度的可能值的搜索范围。根据图 6-14，当天线 l 接近 η_l 时，接收信号的模糊度应在以下范围内：

$$k \subseteq \left(\left\langle \left(\sqrt{\varepsilon_r} d(\eta_l - 1) + h \right)/\lambda \right\rangle, \left\langle \sqrt{\varepsilon_r} d(\eta_l - 1) + \sqrt{h^2 + \left(\xi \frac{d}{2}\right)^2}/\lambda \right\rangle \right) \quad (6\text{-}74)$$

式中,$\xi \in \mathbb{Z}^+$ 是一个与范围有关的系数,其值由与接收机最近的开孔估计值的精度决定:开孔估计值越准确,ξ 应该越小,从而可以排除更多不必要的整周模糊度的候选。为了计算 χ^2,可以将上述可能范围的中点替换(6-73)中的 χ^2:

$$\boldsymbol{k}_{\text{upper}} = \left\langle \left(\sqrt{\varepsilon_r} d \left(\begin{bmatrix} \eta_{1,t} \\ \eta_{2,t} \end{bmatrix} - 1 \right) + \sqrt{h^2 + \left(\xi \frac{d}{2}\right)^2} \right)/\lambda \right\rangle \quad (6\text{-}75)$$

$$\boldsymbol{k}_{\text{lower}} = \left\langle \left(\sqrt{\varepsilon_r} d \left(\begin{bmatrix} \eta_{1,t} \\ \eta_{2,t} \end{bmatrix} - 1 \right) + h \right)/\lambda \right\rangle \quad (6\text{-}76)$$

$$\boldsymbol{k}_{\text{mid}} = (\boldsymbol{k}_{\text{upper}} + \boldsymbol{k}_{\text{lower}})/2 \quad (6\text{-}77)$$

$$\chi^2 = (\widehat{\boldsymbol{w}}_t - \boldsymbol{W}\boldsymbol{k}_{\text{mid}})^{\text{T}} \boldsymbol{S}_{\boldsymbol{w}}^{-1} (\widehat{\boldsymbol{w}}_t - \boldsymbol{W}\boldsymbol{k}_{\text{mid}}) \quad (6\text{-}78)$$

这样,变换后的整周模糊度 $\widehat{\boldsymbol{w}}_t$ 可以通过搜索式(6-73)的搜索空间来计算。然后,载波相位的整周模糊度就可以通过逆变换 $\widehat{\boldsymbol{b}}_t = \boldsymbol{W}^{-1} \widehat{\boldsymbol{w}}_t$ 得到。同时,利用解得的整周模糊度,可以进一步提高非整数状态元素的估计精度:

$$\widehat{\boldsymbol{a}}_t = \widehat{\boldsymbol{a}}_t - \boldsymbol{S}_{\widehat{\boldsymbol{a}}_t \widehat{\boldsymbol{b}}_t} \boldsymbol{S}_{\widehat{\boldsymbol{b}}_t}^{-1} (\widehat{\boldsymbol{b}}_t - \widehat{\boldsymbol{b}}_t) \quad (6\text{-}79)$$

$$\boldsymbol{S}_{\widehat{\boldsymbol{a}}_t} = \boldsymbol{S}_{\widehat{\boldsymbol{a}}_t} - \boldsymbol{S}_{\widehat{\boldsymbol{a}}_t \widehat{\boldsymbol{b}}_t} \boldsymbol{S}_{\widehat{\boldsymbol{b}}_t}^{-1} \boldsymbol{S}_{\widehat{\boldsymbol{b}}_t \widehat{\boldsymbol{a}}_t} \quad (6\text{-}80)$$

然后,将 $\widehat{\boldsymbol{\zeta}}_t$ 和 $\boldsymbol{V}_t$ 用 $\widehat{\boldsymbol{a}}_t$ 和 $\boldsymbol{S}_{\widehat{\boldsymbol{a}}_t}$ 中的元素进行更新,以进行后续的 EKF 滤波。为了避免由于初始滤波迭代中浮点模糊度解不准确导致的搜索失败,整周模糊度必须通过多次迭代才能求解。

上述两阶段 LCX 定位方法的流程如图 6-17 所示。

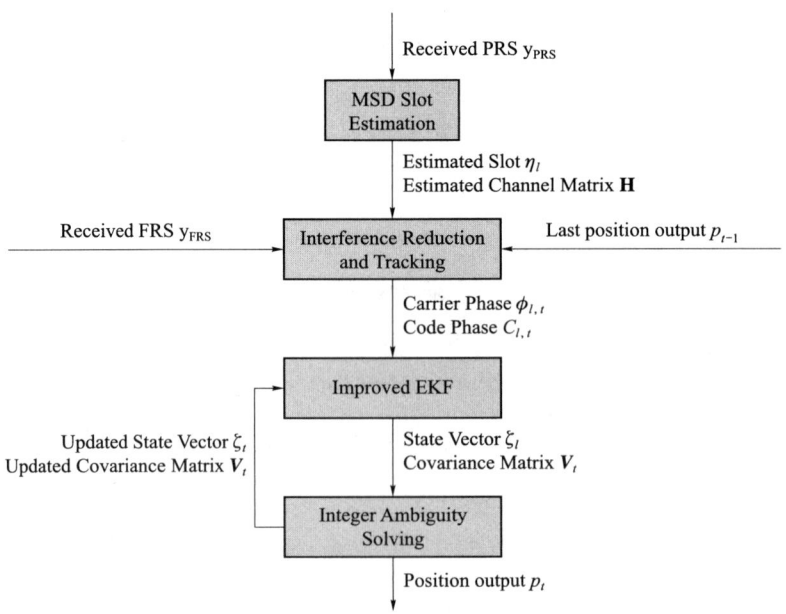

图 6-17 两阶段 LCX 定位方法流程图

6.2.4 LCX定位算法性能评估

在本小节中,将通过仿真来评估 MSD 算法、两阶段 LCX 定位方法以及 FRS 对通信信号干扰的性能。按照表 6-1 中的参数设置仿真参数,使用集群延迟线(Clustered Delay Line,CDL)模型模拟隧道中的 LCX 信道,每种场景进行 100 次蒙特卡洛仿真。定义 $\text{SNR}=\dfrac{P_{\text{CS}}}{N_0 B}$ 为通信噪声比,$\text{FCR}=\dfrac{P_{\text{FRS}}}{P_{\text{CS}}}$ 为通信信号与 FRS 的功率比,$\text{EFNR}=\dfrac{P_{\text{FRS}}}{P_{\text{CS}}+N_0 B}=\dfrac{\text{FCR}}{1+\text{SNR}^{-1}}$ 为等效 FRS 信噪比。将传统的多重信号分类(MUSIC)定位方法与上述方法进行性能对比。

表 6-1 仿真参数设置

参数	值
列车速度 v	60 km/s
LCX 的相对介电常数 ε_r	1.26
LCX 的传输衰减系数 α_0	90 dB/100 m
LCX 与轨道之间的距离 h	1 m
载波频率 f_c	3500 MHz
子载波间隔 Δf	30 kHz
PRS 的梳状大小 $K_{\text{comb}}^{\text{PRS}}$	4
PRS 连续 OFDM 符号数 L_{PRS}	4
PRS 的周期性 $T_{\text{per}}^{\text{PRS}}$	640
PRS 资源重复因子 $T_{\text{rep}}^{\text{PRS}}$	1
PRS 的时间间隔 $T_{\text{gap}}^{\text{PRS}}$	1
FRS 梳状大小 $K_{\text{comb}}^{\text{FRS}}$	2
FRS 连续 OFDM 符号数 L_{FRS}	12
FRS 的周期性 $T_{\text{per}}^{\text{FRS}}$	16
FRS 资源重复因子 $T_{\text{rep}}^{\text{FRS}}$	16
FRS 的时间间隔 $T_{\text{gap}}^{\text{FRS}}$	1

分别以 10 MHz、25 MHz 和 50 MHz 带宽为代表评估上述算法的性能,子载波间隔 $\Delta f=30$ kHz,带宽与用于定位的物理资源块(Physical Resource Block,PRB)数量之间的对应关系如下:10 MHz 带宽对应 24 PRBs,25 MHz 带宽对应 65 PRBs,50 MHz 带宽对应 133 PRBs。

图 6-18 给出了当 $d=4$ 时,不同带宽下 MSD 和基于 MUSIC 的定位方法比较。显然,MSD 算法在相同带宽下比基于 MUSIC 的方法具有更高的定位精度。从图中还可以看出,随着带宽的增加,MSD 算法的性能逐渐提高,这是因为在更大的带宽下,可用的频点更多,使其具有更高的时间分辨率。此外,当 SNR 增加时,MSD 算法的精度几乎不再

提高,这是因为信号分辨率成为制约精度提升的主要因素,而不再是噪声。因此,MSD算法可以在相对较高的 SNR 下提供相对稳定的定位性能。

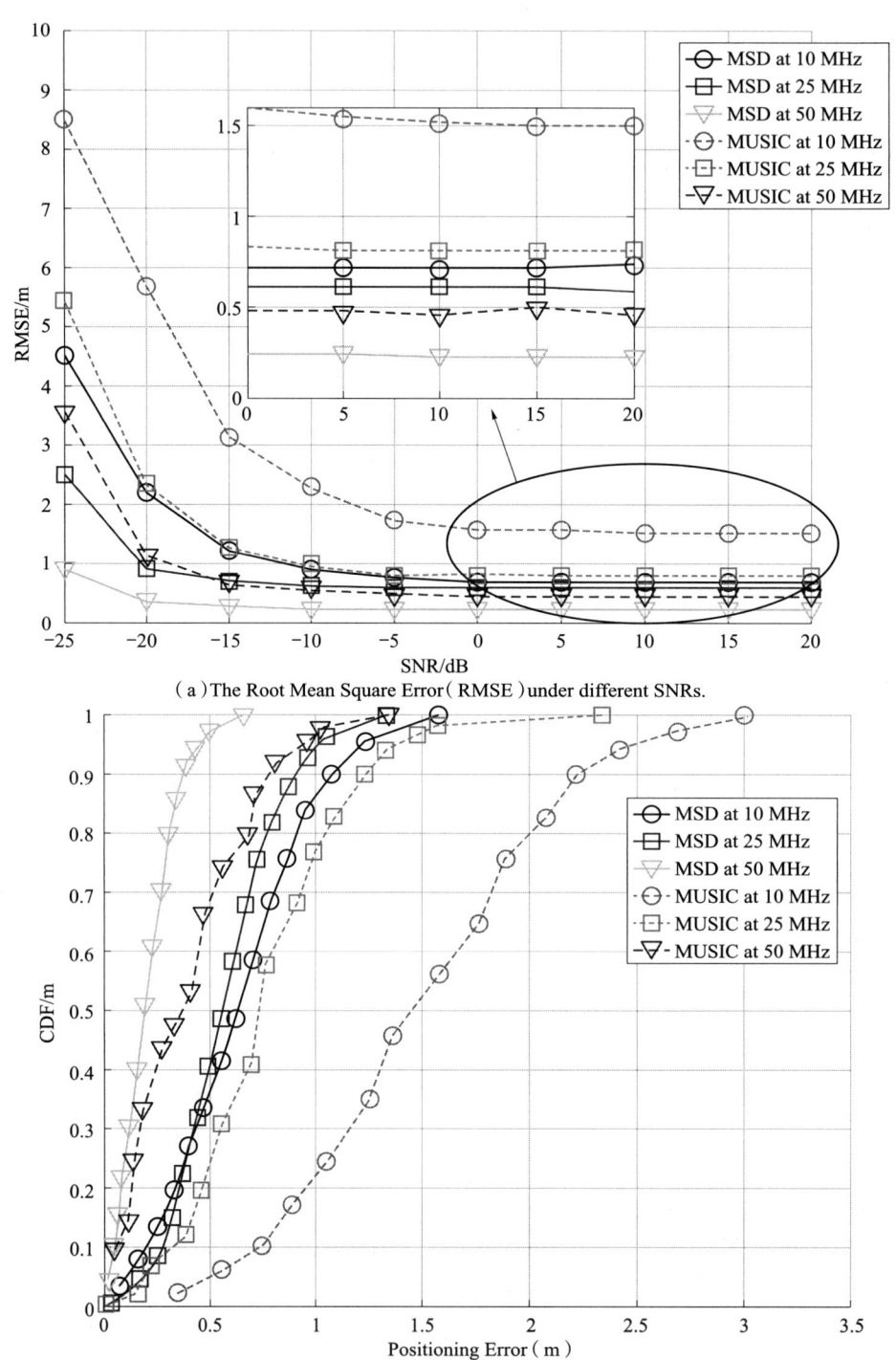

图 6-18　MSD 和基于 MUSIC 的定位方法比较

另一方面,从图 6-19 中还可以看出,当 SNR 很低时,MSD 算法的精度迅速下降,这是因为随着 SNR 的下降,噪声污染过的伪谱峰值位置将不再准确,从而导致较大的误差。因此,在上述 LCX 定位通导一体化信号中,PRS 是必要的,因为低功率的 FRS 难以通过 MSD 算法得到所需精度的粗略位置,从而影响对孔间干扰和载波相位整周模糊度的消除。特别地,PRS 还可用于对精度不敏感或对功耗敏感的应用场景,例如乘客引导,这是因为 MSD 算法的计算量比跟踪载波相位要低得多。

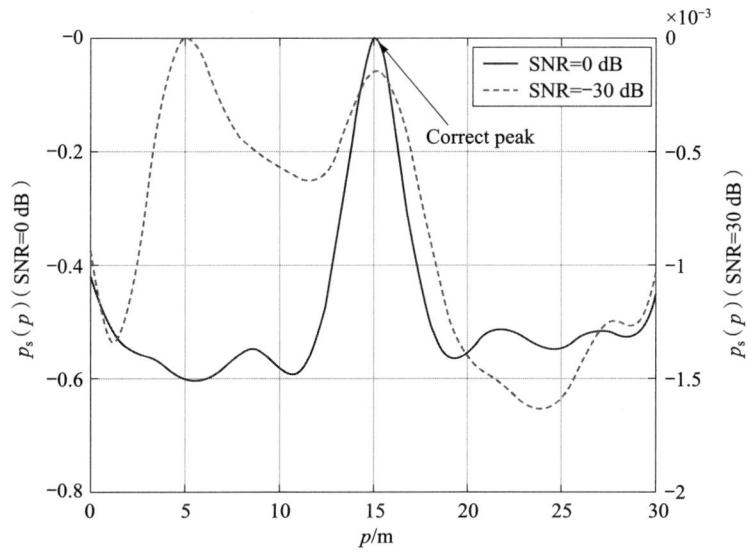

图 6-19 低 SNR 下 MSD 的性能严重下降

图 6-20 所示为在带宽为 25 MHz 时,不同 LCX 开孔间距下 MSD 算法的性能比较。显然,LCX 开孔间距对 MSD 算法的性能没有明显影响。这是因为 LCX 开孔间距对伪谱的影响已经在式(6-45)中得到了体现,因此可以认为 MSD 算法性能对 LCX 的结构不敏感。

下面进行对上述两阶段 LCX 定位的性能评估。对第一阶段,定义孔估计误差为

$$\Delta\eta = |\eta_c - \eta_e| \tag{6-81}$$

式中,η_c 和 η_e 分别表示与接收机最近开孔的真实和估计的编号。将蒙特卡洛仿真得到的平均孔估计误差来评估第一阶段的性能。图 6-21 所示为当 SNR=0 dB 时,不同带宽和 LCX 开孔间距下 MSD 算法的平均孔估计误差。显然,较大带宽下的开孔估计更准确,这是因为此时的定位精度更高。然而,随着 LCX 开孔间距的变小,与接收机最近开孔的估计误差逐渐增大,这是因为开孔间距越小,最近开孔周围就有越多的开孔,此时虽然 MSD 在不同 LCX 开孔间距下的定位精度相似,但找到真实最近开孔编号的可能性将会降低。另外,虽然最近开孔编号的估计值可能不完全准确,但由于其误差很小,并不会显著影响其在 FRS 定位中消除孔间干扰的性能。

对第二阶段,图 6-22(a)所示为在带宽 $B=25$ MHz 和开孔间距 $d=4$ cm 时,不同通

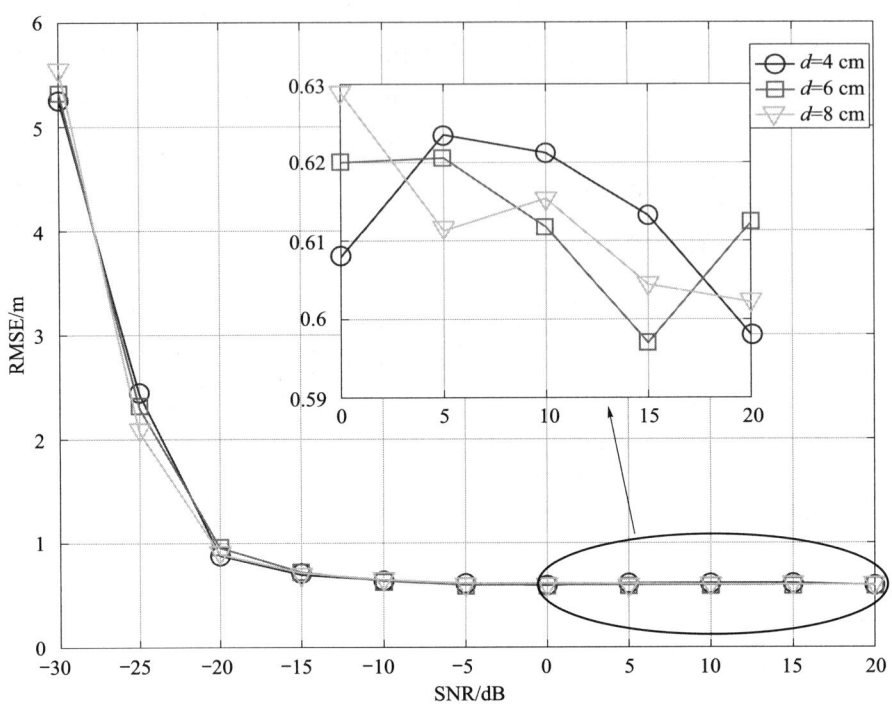

图 6-20　不同 LCX 开孔间距下 RMSE

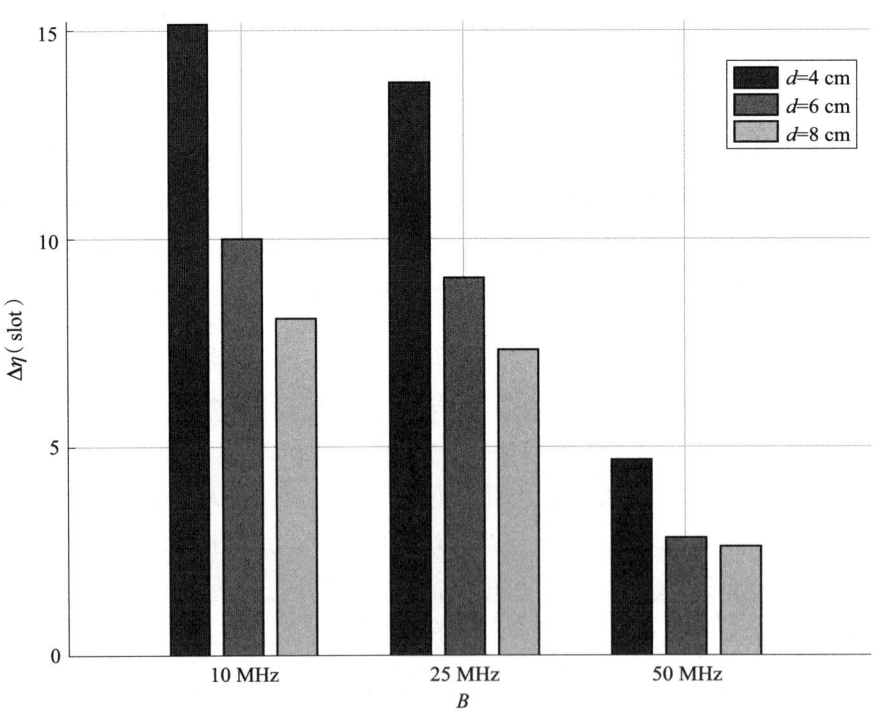

图 6-21　MSD 算法的孔估计误差

信 SNR 和 FCR 条件下两阶段 LCX 定位方法的 RMSE。显然，LCX 定位精度可达厘米级，并且随着 SNR 和 FCR 的同时增加而更加精确，因为它们同时增加会得到更高的 EFNR，如图 6-22（b）所示。

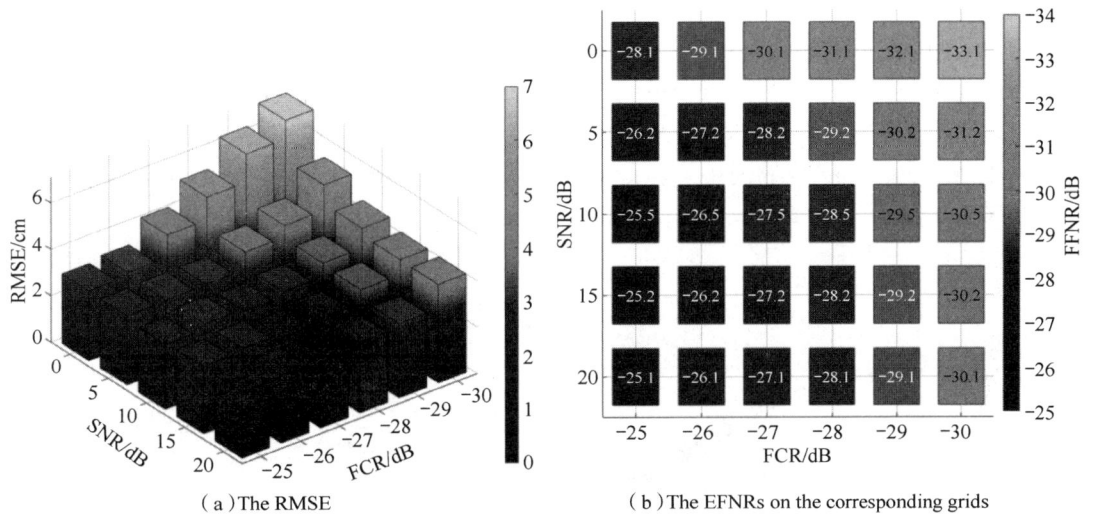

（a）The RMSE　　　　　　　　　（b）The EFNRs on the corresponding grids

图 6-22　两阶段 LCX 定位方法的 RMSE

图 6-23 所示为在 SNR＝0 dB 和 FCR＝－25 dB 条件下，不同带宽和开孔间距下两阶段 LCX 定位方法的定位精度。从图中可以出，较小的 LCX 开孔间距拥有更好的定位性能，这是

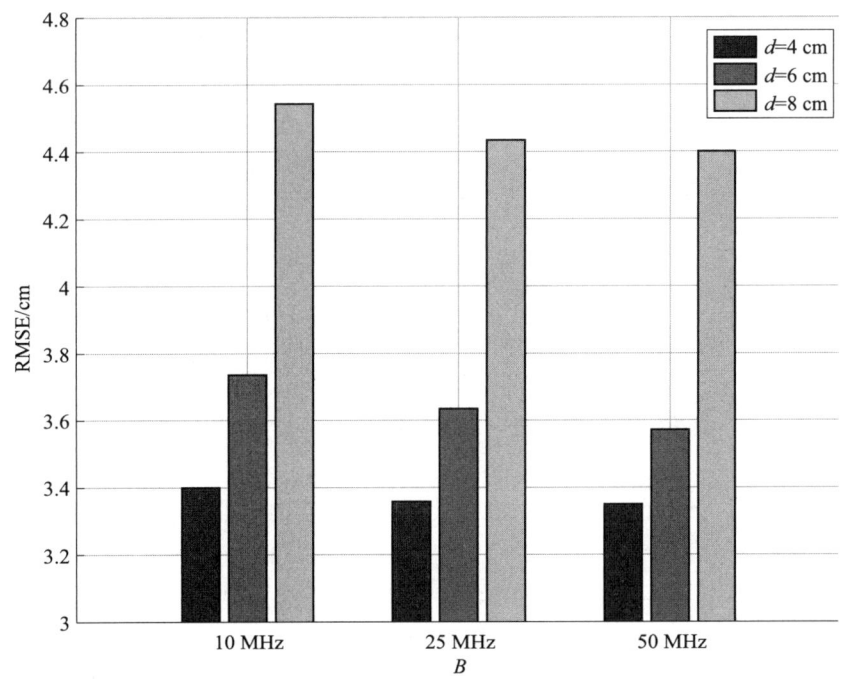

图 6-23　LCX 定位方法的定位精度

因为定位性能受系统几何结构的影响。由于观测方程是基于与开孔间距相关的几何关系建立的,所以 LCX 开孔间距越小,对测距误差的放大程度就越小,而间距越大则放大程度越大。此外,随着带宽的增大,两阶段 LCX 定位方法的定位精度也会提高,这是因为更高的带宽会带来更精确的孔估计和更精确的相位测量。需要注意的是,增大带宽所带来的性能提升相对较小(尤其是在开孔间距较小时),这是因为较小的 LCX 开孔间距对测量误差放大也较小,由于载波相位测量本身已经非常精确,测距精度的增加并不会对定位精度产生很大影响。

图 6-24 利用误码率(BER)评估 FRS 对通信信号的干扰。很明显,在不同 FCR 条件下的曲线与 FCR=-∞ dB(即没有 FRS)时的曲线非常接近,这意味着 FRS 对通信信号的干扰很小。

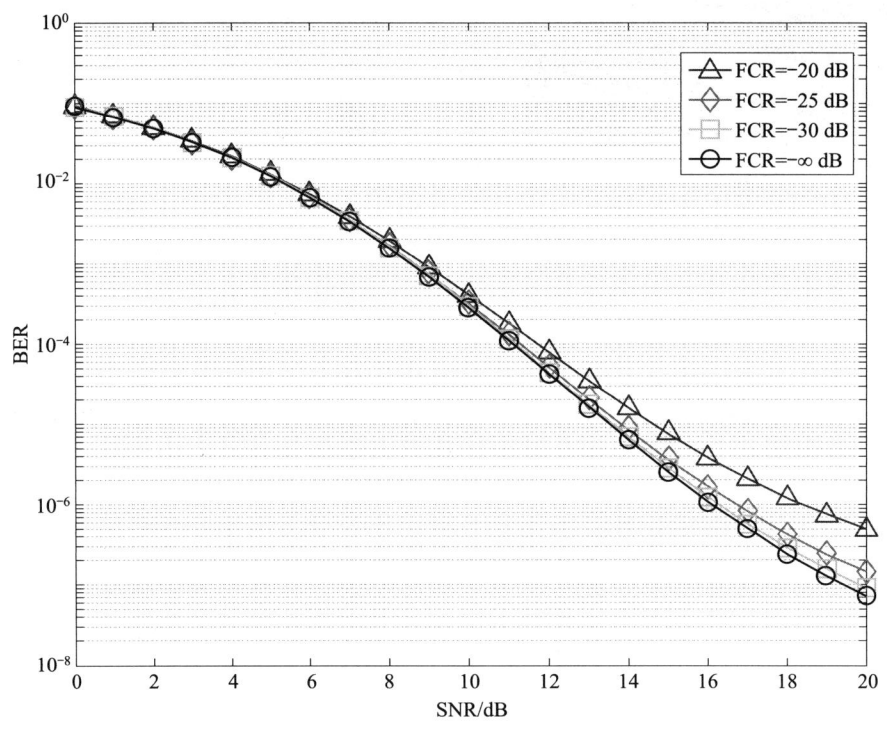

图 6-24 FRS 对通信信号的干扰

6.2.5 利用多根 LCX 进行定位

在某些场景中,可能会部署多根 LCX 以提高隧道内通信的可靠性和覆盖范围,因此,有必要讨论存在多根 LCX 情况下的定位性能。图 6-25 所示为双 LCX 通导一体化系统的结构示意图,隧道另一侧还放置了一根平行的 LCX,将 $s=1,2$ 作为 LCX 的标号,$\eta_l^{(s)}$ 是接收机天线 l 距 LCX s 最近的开孔估计编号。$h^{(s)}$ 是 LCX s 与天线之间的垂直距离。不失一般性,假设两个 LCX 完全相同(具有相同的开孔间距 d 和介电常数 $\sqrt{\varepsilon_r}$),并定义 LCX 1 的第一个槽在轨道上的投影为原点。

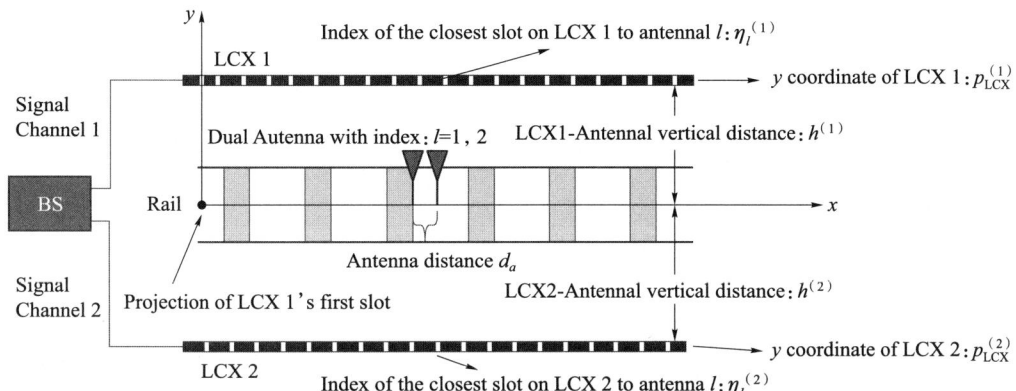

图 6-25 双 LCX 通导一体化系统结构示意图

为了将原始算法扩展到 2 根 LCX，需要在式（6-57）中添加与另一个 LCX 相关的 4 个附加方程，这样可将方程组重写为

$$\sqrt{(h^{(s)})^2+(p-(\eta_1^{(s)}-1)d)^2}+\sqrt{\varepsilon_r}\,d(\eta_1^{(s)}-1)+d_{ts}^{(s)}=C_1^{(s)}$$

$$\sqrt{(h^{(s)})^2+(p+d_a-(\eta_2^{(s)}-1)d)^2}+\sqrt{\varepsilon_r}\,d(\eta_2^{(s)}-1)+d_{ts}^{(s)}=C_2^{(s)}$$

$$\sqrt{(h^{(s)})^2+(p-(\eta_1^{(s)}-1)d)^2}+\sqrt{\varepsilon_r}\,d(\eta_1^{(s)}-1)-k_1^{(s)}\lambda+d_{ts}^{(s)}=\phi_1^{(s)}$$

$$\sqrt{(h^{(s)})^2+(p+d_a-(\eta_2^{(s)}-1)d)^2}+\sqrt{\varepsilon_r}\,d(\eta_2^{(s)}-1)-k_2^{(s)}\lambda+d_{ts}^{(s)}=\phi_2^{(s)} \quad (6\text{-}82)$$

式中，$d_{ts}^{(s)}$ 是接收机与 LCX s 之间的时钟偏移，$k_l^{(s)}$ 是天线 l 接收到的来自 LCX s 的信号载波相位模糊度。需要注意的是，式（6-82）共包含 8 个方程（每根漏缆各 4 个方程），且每根漏缆的测量值均是不相关的。

当两根漏缆同时播发通导一体化信号时，可以利用上节所介绍的 EKF 来求解式（6-82），从而得到列车的位置估计，但前提是需要把式（6-59）~式（6-78）中的部分变量作如下变化：

将式（6-58）改为

$$\boldsymbol{\zeta}_t=[p_t,d_{ts}^{(1)},d_{ts}^{(2)},k_{1,t}^{(1)}\lambda,k_{2,t}^{(1)}\lambda,k_{1,t}^{(2)}\lambda,k_{2,t}^{(2)}\lambda]^T \quad (6\text{-}83)$$

将式（6-63）改为

$$\boldsymbol{u}_t = \begin{bmatrix} \dfrac{1}{4}\sum_{l=1}^{2}\sum_{s=1}^{2}(\eta_{l,t}^{(s)}-\eta_{l,t-1}^{(s)})d \\ 0 \\ 0 \\ \langle d(\eta_{1,t}^{(1)}-\eta_{1,t-1}^{(1)})/\lambda\rangle\lambda \\ \langle d(\eta_{2,t}^{(1)}-\eta_{2,t-1}^{(1)})/\lambda\rangle\lambda \\ \langle d(\eta_{1,t}^{(2)}-\eta_{1,t-1}^{(2)})/\lambda\rangle\lambda \\ \langle d(\eta_{2,t}^{(2)}-\eta_{2,t-1}^{(2)})/\lambda\rangle\lambda \end{bmatrix} \quad (6\text{-}84)$$

将式(6-64)改为

$$\rho_t(l,s) = \frac{p_t - (\eta_{l,t}^{(s)} - 1)d}{\sqrt{(h^{(s)})^2 + (p_t - (\eta_{l,t}^{(s)} - 1)d)^2}} \tag{6-85}$$

$$\boldsymbol{G}_t = \begin{bmatrix} \rho_t(1,1) & 1 & 0 & 0 & 0 & 0 & 0 \\ \rho_t(2,1) & 1 & 0 & 0 & 0 & 0 & 0 \\ \rho_t(1,1) & 1 & 0 & -1 & 0 & 0 & 0 \\ \rho_t(2,1) & 1 & 0 & 0 & -1 & 0 & 0 \\ \rho_t(1,2) & 0 & 1 & 0 & 0 & 0 & 0 \\ \rho_t(2,2) & 0 & 1 & 0 & 0 & 0 & 0 \\ \rho_t(1,2) & 0 & 1 & 0 & 0 & -1 & 0 \\ \rho_t(2,2) & 0 & 1 & 0 & 0 & 0 & -1 \end{bmatrix} \tag{6-86}$$

将式(6-65)改为

$$\widehat{\boldsymbol{a}}_t = [\widehat{p}_t, \widehat{d_{ts}^{(1)}}, \widehat{d_{ts}^{(2)}}]^T \tag{6-87}$$

$$\widehat{\boldsymbol{b}}_t = [\widehat{k_{1,t}^{(1)}}, \widehat{k_{2,t}^{(1)}}, \widehat{k_{1,t}^{(2)}}, \widehat{k_{2,t}^{(2)}}]^T \tag{6-88}$$

将式(6-75)和式(6-76)分别改为

$$\boldsymbol{\sigma}_\eta = \begin{bmatrix} \eta_{1,t}^{(1)} \\ \eta_{2,t}^{(1)} \\ \eta_{1,t}^{(2)} \\ \eta_{2,t}^{(2)} \end{bmatrix} \tag{6-89}$$

$$\boldsymbol{\sigma}_h = \begin{bmatrix} h^{(1)} \\ h^{(1)} \\ h^{(2)} \\ h^{(2)} \end{bmatrix} \tag{6-90}$$

$$\boldsymbol{k}_{\text{upper}} = \left\langle \left(\sqrt{\varepsilon_r} d(\boldsymbol{\sigma}_\eta - 1) + \sqrt{\boldsymbol{\sigma}_h^2 + \left(\xi \frac{d}{2} \right)^2} \right) / \lambda \right\rangle \tag{6-91}$$

$$\boldsymbol{k}_{\text{lower}} = \langle (\sqrt{\varepsilon_r} d(\boldsymbol{\sigma}_\eta - 1) + \boldsymbol{\sigma}_h) / \lambda \rangle \tag{6-92}$$

图 6-26 所示为两根 LCX 情况下的定位性能,不出意外地,此时拥有比单根 LCX 更高的定位精度(RMSE 提高了 14.5%)。除了提高精度外,双 LCX 还可以提高系统的鲁棒性。例如,当两列列车相遇时,如果只有一根 LCX,对面列车可能会因信号遮挡而导致无法定位,而两根 LCX 时就不会存在这种情况。

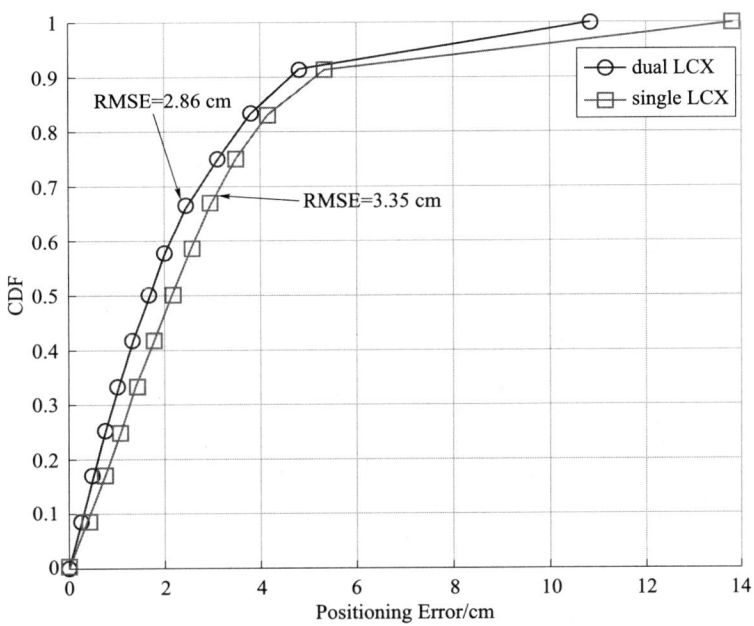

图 6-26 双 LCX 下的定位误差和 CDF

6.3 通信导航一体化在航空中的应用

6.3.1 航空中通信导航一体的需求

航空业正处于创新和转型的关键路口,即将到来的"航空 4.0"时代预示着一个由数字技术融合、数据驱动决策以及无缝连接为特征的新时代的开启。自动飞行、先进的空中交通管理(Air Traffic Management,ATM)系统以及为飞行员提供辅助的增强现实(Augmented Reality,AR)等技术将在未来航空领域中发挥重要作用,而准确和可靠的定位在提升这些新兴技术的安全性、效率和运营性能方面起着不容忽视的关键作用。

目前,根据国际民航组织(International Civil Aviation Organization,ICAO)的建议,GNSS 被广泛用于航路飞行阶段,并计划在未来应用于进近、着陆和起飞阶段。然而,如果一颗或多颗卫星失效,定位精度会受到较大影响。在没有完好性信息的情况下,可能会产生重大且不易察觉的错误。此外,由于 GNSS 的信号传播范围广,易受到有意或无意的无线电干扰,从而导致服务中断。

在 GNSS 失效的情况下,备用定位、导航和授时(Alternative Positioning, Navigation and Timing,APNT)系统的需求应运而生。常见的用于航路导航的 APNT 候选系统包括 DME(Distance Measuring Equipment,测距仪)、WAM(Wide Area Multilateration,广域多点定位系统)、伪卫星网络、L 波段数字航空通信系统(L-band Digital Aeronautical Communication System,L-DACS)等。然而,由于 DME 使用脉冲对进行距离测量,其信号易受丢失且多路径效应严重,导致定位精度和可靠性较低。对于 WAM,因为其使用的 1090 MHz 频段已经被各种飞机和系统占用,所以也存在信号接收问题。此外,像 DME 和 WAM 这样的技术包含前向和后向通信链路,系统必须处于主动模式才能工作。因为其容量有限,导致其在流量快速增长的未来航空背景下的应用并不理想。伪卫星网络相比 DME 和 WAM 具有更高的精度,但存在近远效应的问题,即当接收器接近伪卫星时,伪卫星信号会盖过卫星信号。因此,伪卫星信号需要以短暂的高功率脉冲形式传输,占空比较低,导致伪卫星网络无法提供连续的定位结果。L-DACS 是一种通信系统,旨在支持未来空对地通信所需的更高带宽。经过一些必要的调整,L-DACS1 也可以利用其同步符号用于导航。然而,由于 L-DACS1 信号在设计时并未考虑定位,其测量频率较低,分配给定位的带宽也有限。

当前的航空定位方法在精度、可靠性或未来空中交通发展的容量方面存在不足,原因在于其信号设计已过时或不适合定位。为满足未来航空领域的发展需求,需要一种专用于定位的信号,能够高效利用频率资源,提供连续且精确的测距结果,同时将对其他系统的干扰降至最低。为此,在航空导航中,需要一种新型的通信导航一体化信号,来满足未来航空技术对高精度定位的需求。

6.3.2 航空通信导航一体信号体制

L-DACS1 是一种基于地面站网络的蜂窝系统,用于在飞机和空中交通管制员之间提供通信服务。该系统采用正交频分复用(OFDM)进行通信,具有两种模式:正向链路(Forward Link,FL),用于地面站到飞机的传输;反向链路(Reverse Link,RL),用于相反方向的传输。正向链路和反向链路通过频分双工(FDD)进行分离。由于正向链路的广播特性,它能够为接收的飞机提供连续的时间传输。历史上,为了将 L-DACS1 集成到已经拥挤的 L 波段中,它被作为一种嵌入系统应用于相邻的两个 DME 信道之间,频谱上相隔 1 MHz。这一设计允许利用已经分配给其他 L 波段系统〔如 DME 或军用战术空中导航(Tactical Air Navigation System,TACAN)系统〕的相邻信道之间的频率间隙。

如前所述,通过一些必要的调整,L-DACS1 可以利用其同步符号提供测距功能。现有方法是采用 OFDM 同步算法,并通过对传输信号的广播帧进行相关性分析。然而,由于 L-DACS1 的嵌入系统特性,每个信道的带宽限制在 500 kHz。此外,由于测距过程仅使用 BC 帧中的同步符号,分配给定位的带宽更少,测量只能每隔几秒进行一次,这进一步限制了基于 L-DACS1 的定位方法的性能。为了解决这些问题,需要设计一种新型的定位专用信号,并将其与 L-DACS1 信号进行通导一体融合,以实现更高的测距精度。

新型的定位信号主要由伪随机码和导航信息两部分组成。然而,由于 L-DACS1 作为通信系统可以处理信息的传输,因此导航信息并非必需。伪随机码则用于实现扩频增益和距离测量。为确保定位信号与现有航空系统的兼容性,该信号完全与 L-DACS1 集成,共享相同的频率资源。

如图 6-27 所示,定位信号以极低功率叠加在每个 L-DACS1 信道之上,并采用 NOMA 技术以减小其对通信的干扰。此外,为提高兼容性,定位信号采用与 L-DACS1 相似的 OFDM 调制配置并共享相同的资源网格。

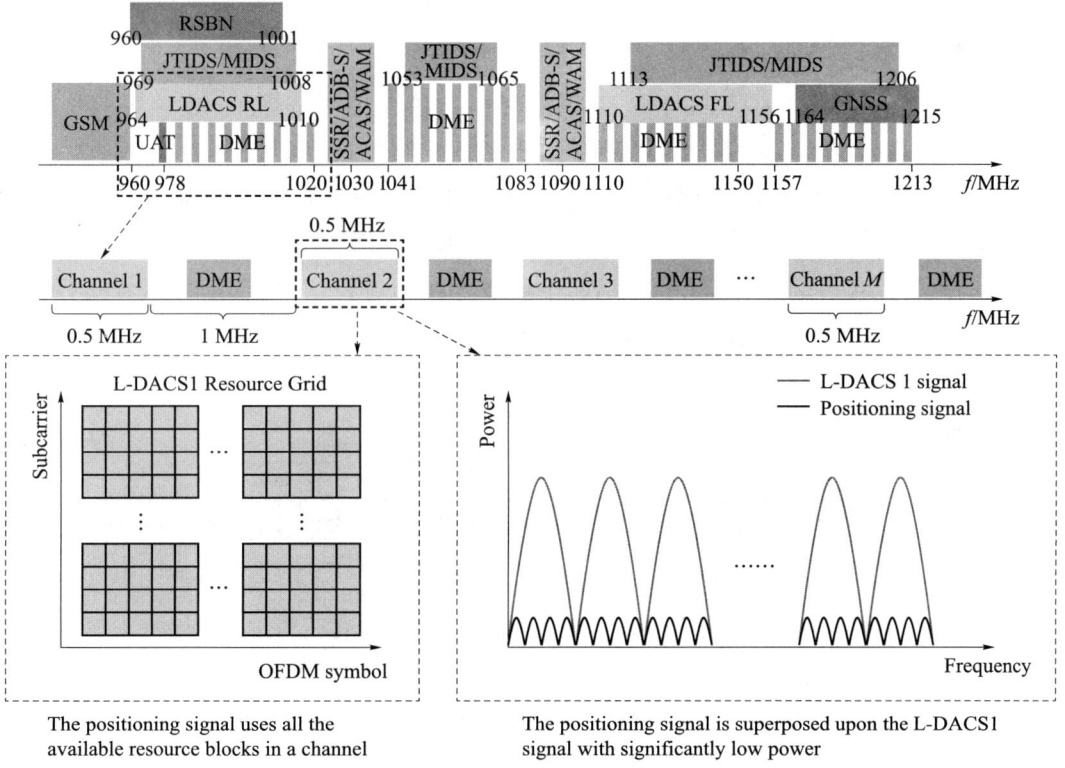

图 6-27 航空通导一体信号结构

定义 P_{com} 和 P_{pos} 分别为 L-DACS1 通信信号和定位信号的功率。为了在后续分析中更好地表示两者之间的功率关系,定义定位-通信功率比(Positioning Communication-Ratio,PCR)为

$$\text{PCR} = \frac{P_{pos}}{P_{com}} \quad (6-93)$$

由于定位信号采用伪随机码调制,其互相关值极低的特性使得它对 L-DACS1 而言

表现出类似噪声的特性。设环境噪声的单边功率谱密度(PSD)为 N_0,每个 L-DACS1 信道的带宽为 B_0,则 L-DACS1 的等效信噪比可表示为

$$\text{ESNR} = \frac{P_{\text{com}}}{P_{\text{pos}} + 2N_0 B_0} = \frac{\text{SNR}}{\text{SNR} \times \text{PCR} + 1} \qquad (6\text{-}94)$$

L-DACS1 具有 3 种调制方案:QPSK、16-QAM 和 64-QAM。定义由调制和编码方案确定的 Γ 和 γ,则 L-DACS1 的误码率增加量可以表示为

$$\begin{aligned}\Delta\text{BER} &= \Gamma[\text{erfc}(\sqrt{\gamma\text{ESNR}}) - \text{erfc}(\sqrt{\gamma\text{SNR}})] \\ &= \Gamma\left[\text{erfc}\left(\sqrt{\frac{\gamma\text{SNR}}{\text{SNR} \times \text{PCR} + 1}}\right) - \text{erfc}(\sqrt{\gamma\text{SNR}})\right]\end{aligned} \qquad (6\text{-}95)$$

由于定位信号功率极低,PCR 非常小。因此,在常见的 SNR 条件下,BER 的增加是极小的。此外,如有必要,可以采用串行干扰抵消(SIC)方法[46]来消除定位信号的干扰,从而完全消除定位信号对 L-DACS1 的 BER 的影响。

由于定位信号使用了与 L-DACS1 相同的频段且不携带任何信息,它能够利用 L-DACS1 资源映射网格上的所有可用资源块,从而使定位信号具有更大的带宽并实现连续的测距能力。因为可用的频谱资源被频率间隔隔开,每个信道的带宽是有限的。然而,由于定位信号具有广播特性,它可以利用多个 L-DACS1 信道以获得更大的带宽,从而提高其测距性能。为了在多个 L-DACS1 信道上使用定位信号,伪随机码将被分割并映射到不同信道的资源网格中,映射方式如图 6-28 所示。然后,不同信道将以不同的中心频率独立传输。

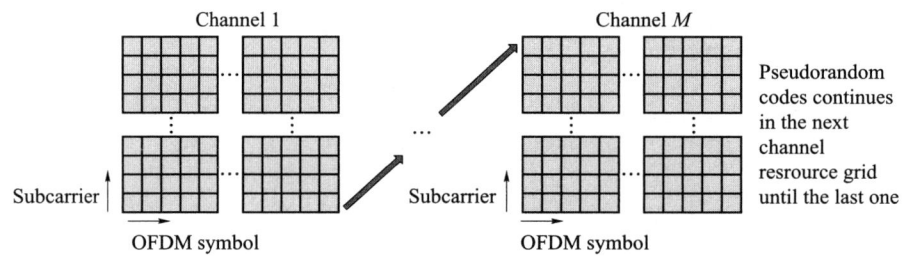

图 6-28 跨频段资源映射

6.3.3 跨频道测量算法

为了利用新型一体化信号准确测量基站与接收机之间的距离,基于一体化信号跨频道分布的特点,本小节将介绍一种跨频道测量算法(Cross Channel Measuring,CCM),以及基于 CCM 的测量环路。基于 CCM 的测量环路结构如图 6-29 所示。

图中浅色部分表示了 CCM 算法在环路中的应用实现。假设定位信号使用了 M 个

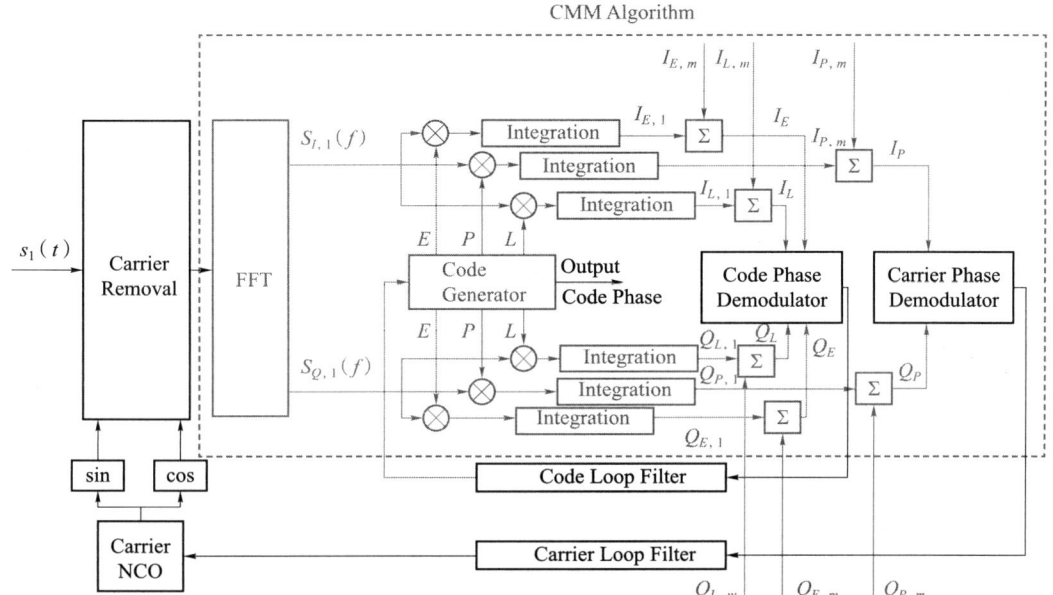

图 6-29　CCM 算法结构

频道。由于不同的 L-DACS1 频道已经使用独立的中心频率进行传输,接收机能够独立处理不同的信号信道。因此,伪随机码可以根据调制参数相位划分为 M 部分:

$$R(\phi) = [R_1(\phi), R_2(\phi), \cdots, R_M(\phi)] \tag{6-96}$$

则中频信号输入可表示为

$$s_m(t) = A_{\mathrm{IF}} \mathrm{e}^{\mathrm{j}\theta(t)} \sum_{n=0}^{N-1} R_m\left(n\frac{\Phi}{MN}\right) \mathrm{e}^{\mathrm{j}2\pi n \Delta f t} \tag{6-97}$$

式中,A_{IF} 为中频幅度,$\theta(t)$ 为时刻 t 的载波相位,N 为单信道中使用的子载波总数,Δf 为子载波间隔。设 τ 为传播延迟,则在去除载波和 OFDM 解调之后变为

$$S_m(f) = A_{\mathrm{IF}} \mathrm{e}^{\mathrm{j}\Delta\theta} \sum_{n=0}^{N-1} R_m\left(n\frac{\Phi}{MN}\right) \mathrm{e}^{-\mathrm{j}2\pi n \Delta f \tau} \delta(f - n\Delta f) \tag{6-98}$$

$$= A_{\mathrm{IF}} \mathrm{e}^{\mathrm{j}\Delta\theta} \widetilde{R}_m(f,\tau) = S_{I,m}(f,\tau) + \mathrm{j} S_{Q,m}(f,\tau)$$

式中,$\Delta\theta$ 为残余载波相位,$S_{I,m}(f,\tau)$ 表示 I 通道输入,$S_{Q,m}(f,\tau)$ 表示 Q 通道输入。

通过将码生成器产生的本地伪随机码与 $S_{I,m}(f,\tau)$ 和 $S_{Q,m}(f,\tau)$ 进行相关计算,可以测得接收信号的码相位。注意,E 码、P 码和 L 码表达式类似,但具有不同的本地码相位。为了便于分析,以下讨论中使用 P 码。定义 ς 为时域上的本地码相位,则码生成器产生的本地 P 码可表示为

$$C_{P,m}(f,\varsigma) = \sum_{n=0}^{N-1} R_m\left(n\frac{\Phi}{MN}\right) \mathrm{e}^{-\mathrm{j}2\pi n \Delta f \varsigma} \delta(f - n\Delta f) \tag{6-99}$$

因此,本地 P 码的积分过程表示为

$$I_{P,m} = A_{IF}\sin\Delta\theta \int_0^{(N-1)\Delta f} \widetilde{R}_m(f,\tau) C_{P,m}^*(f,\varsigma) df$$

$$Q_{P,m} = A_{IF}\cos\Delta\theta \int_0^{(N-1)\Delta f} \widetilde{R}_m(f,\tau) C_{P,m}^*(f,\varsigma) df \tag{6-100}$$

当仅使用一个频率信道时,由于伪随机码的特性,接收码与本地码的相关结果在 $\varsigma = \tau$ 时达到峰值。相关结果 $V_P(\varsigma)$ 可表示为

$$V_P(\varsigma) = \int_0^{M(N-1)\Delta} \widetilde{R}(f,\tau) C_P^*(f,\varsigma) df \tag{6-101}$$

式中,$C_P(f,\varsigma)$ 为未按图 6-28 的方式分割码时的码生成器输出。基于图 6-28 中的映射过程,可进一步推导得到:

$$V_P(\varsigma) = \int_0^{(-1)\Delta f} \widetilde{R}(f,\tau) C_P^*(f,\varsigma) df + \cdots + \int_{(M-1)(N-1)\Delta f}^{M(N-1)\Delta f} \widetilde{R}(f,\tau) C_P^*(f,\varsigma) df$$

$$= \sum_{m=1}^M \int_{(m-1)(N-1)\Delta f}^{m(N-1)\Delta f} \widetilde{R}(f,\tau) C_P^*(f,\varsigma) df$$

$$= \sum_{m=1}^M \int_0^{(N-1)\Delta f} \widetilde{R}_m(f,\tau) C_{P,m}^*(f,\varsigma) df$$

$$\tag{6-102}$$

这意味着伪随机码的相关特性在映射后仍然得以保持。因此,对于多个分离的定位信道,可以对每个信道分别进行积分并相加:

$$I_P = \sum_{m=1}^M I_{P,m}$$

$$Q_P = \sum_{m=1}^M Q_{P,m} \tag{6-103}$$

并且 $V_P(\varsigma)$ 可通过式(6-104)计算:

$$V_P(\varsigma) = \frac{1}{A_{IF}} \sqrt{I_P^2 + Q_P^2} \tag{6-104}$$

在计算早、准和迟码的相关结果后,使用传统的码/载波相位解调器和环路滤波器来计算和调整本地相位,从而更好地跟踪信号。码生成器输出的码相位可作为进一步定位计算的测距结果。

航空通导一体化信号的最佳测距精度可通过 Cramer-Rao 下限(Cramér-Rao Lower Bound,CRLB)来评估。目标是从接收信号中估计传播延迟 τ。因此,费舍(Fisher)信息 $F(\tau)$ 可表示为

$$F(\tau) = -E\left[\frac{\partial^2}{\partial \tau^2} \ln \prod_f \frac{1}{\pi N_0} \exp\left(-\frac{|S_m(f) - n(f)|^2}{N_0}\right)\right] = \sum_f \frac{2}{N_0} \left|\frac{\partial S_m(f)}{\partial \tau}\right|^2 \tag{6-105}$$

式中,$E(\cdot)$ 表示期望值,N_0 为高斯噪声。设 c 为光速,则测距误差的 CRLB 由 Fisher 信息的倒数得到:

$$CRLB = c \cdot VAR\{\hat{\tau}\} \geqslant \frac{1}{F(\tau)} \tag{6-106}$$

6.3.4 仿真结果及分析

本小节中通过仿真评估航空通导一体化信号及CCM算法的性能。L-DACS1的信号参数基于文献[46]进行设置,使用QPSK调制。为更好评估所提方法的稳健性,仿真采用了基于文献[47,48]的空对地多径信道模型(瑞利因子$K=10$)。每种情境下,均使用蒙特卡罗方法进行50次仿真。需要注意的是,DME和WAM的测距精度通常处于数十米的范围内,而所提方法旨在实现接近米级的精度。因此,采用了L-DACS1测距方法作为性能分析的基准。

图6-30所示为所提方法、占据连续频率资源的定位信号与L-DACS1方法的CDF对比。所提方法的均方根误差(RMSE)仅为3.71 m,相比现有L-DACS1方法精度提升了75%。这表明所提方法通过利用多个频率信道,能够显著提高测距精度。此外,观察到连续频率使用的曲线与所提方法非常接近,两者的RMSE差距也非常小。在图中,占据连续频率资源的定位信号指的是定位信号频率使用不受离散航空频谱限制的理论场景。这表明在所提的CCM算法下,跨信道定位信号能够保持与相同带宽的常规定位信号相当的性能。此外,还需要注意图6-30中的PCR仅为-20 dB,PCR可以进一步增加以获得更好的测距精度。

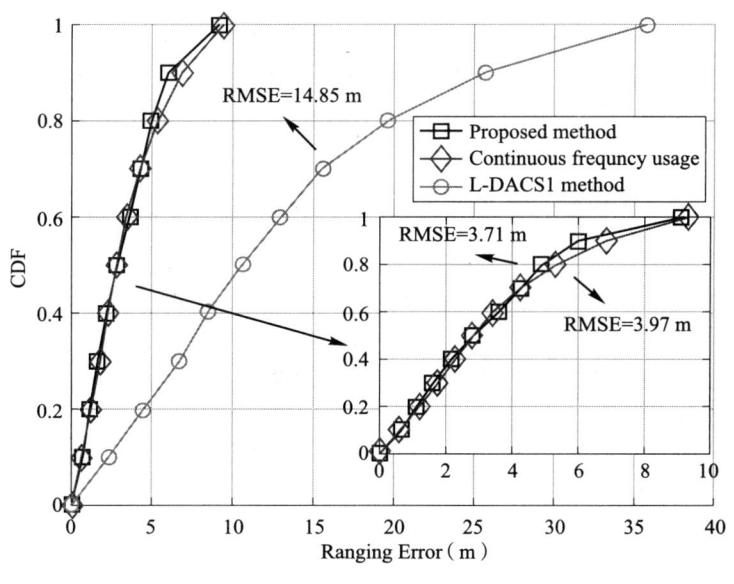

图6-30 测距精度CDF

图6-31所示为不同PCR和带宽下所提方法的测距RMSE。显然,测距精度随着更高PCR和带宽的增加而提高。需要注意的是,即使在仅使用0.5 MHz带宽进行定位时,所提方法的测距精度几乎达到米级(10.15 m),而无须使用多个信道,精度已比现有L-DACS1

测距方法提升了 31.6%。此外,注意到额外带宽带来的精度提升在较低 PCR 下更加显著。这是因为更大带宽的定位信号(即更多信道的利用)使用更长的伪随机码,具有更好的相关特性,从而增强了测距能力。图 6-31 中还显示,在适当的带宽和 PCR 下,所提方法几乎可以实现亚米级测距精度。

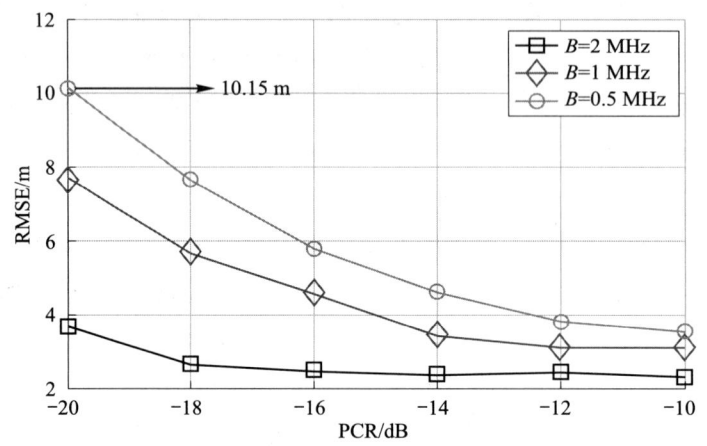

图 6-31　测距精度 RMSE 随 PCR 变化

图 6-32 通过误码率(BER)评估定位信号对 L-DACS1 通信信号的干扰。结果显示在飞机常见的信噪比(SNR)范围内(即 0 dB 到 10 dB),不同 PCR 的曲线与 PCR=$-\infty$ dB (即无定位信号)情况下非常接近。这意味着在适当的 PCR 下,定位信号对 L-DACS1 通信信号的干扰较小。还可以观察到,随着 SNR 的增加,BER 的退化变得更加严重。这是因为在通信条件更理想的情况下,定位信号引起的干扰相对于环境噪声将更为显著。

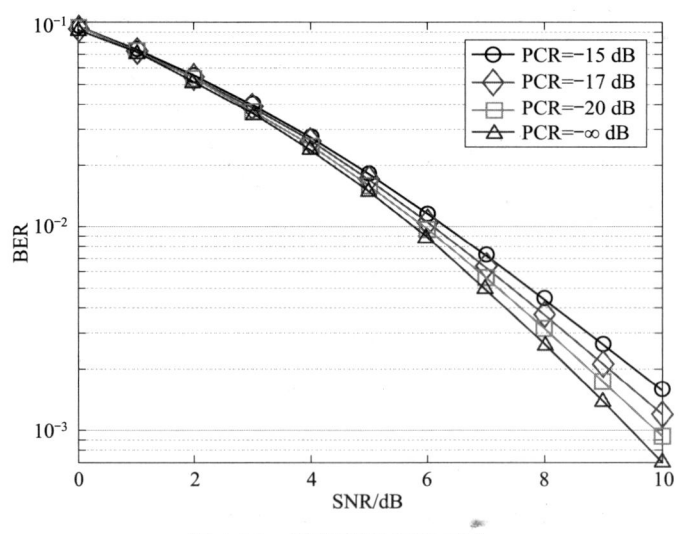

图 6-32　误码率随 PCR 变化

图 6-33 所示为 L-DACS1 在集成定位信号时使用 QPSK、16-QAM 和 64-QAM 调制的 BER 性能。未叠加定位信号的 L-DACS1 BER 性能作为参考。可以看到，对于所有 3 种调制方式，BER 退化都很小。还可以看到，尽管 64-QAM 调制理论上对外部干扰最为敏感，但 BER 退化最不显著。这是因为叠加信号的功率非常低，BER 退化的主要因素仍然是环境噪声和多径效应，而非定位信号。这进一步证明了定位信号引起的干扰是微小的。

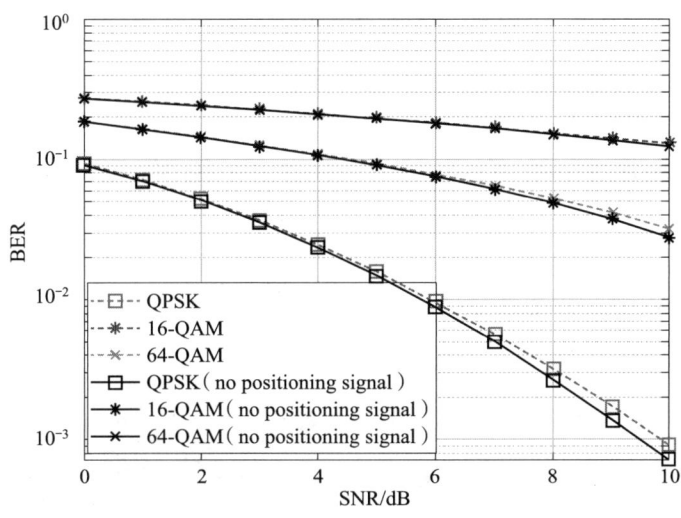

图 6-33 不同调制方式对误码率的影响

6.4 通信导航一体化在低轨卫星定位中的应用

随着科学技术的不断发展，信息行业产生的变革越来越深入，催生了一大批信息技术应用的新场景和需求，工业互联网、铁路、自动驾驶和精准农业等应用场景对卫星通信和卫星定位性能提出了更高的要求。近年来，低轨卫星（Low Earth Orbit，LEO）增强和通信导航融合成为研究热点。低轨卫星有以下的特点和优势。

（1）低轨卫星可以搭载 GNSS 接收机提供观测数据，实现天基监测信息增强

低轨卫星星座是理想的全球监测平台，与地面监测站相比，监测范围更大，能够突破国土疆域的限制，实现天基全球监测。低轨监测的效率高，12 颗低轨卫星相当于全球 100 多个监测站。而且，由于低轨卫星轨道高度通常在 1000 km 左右，信号测量误差受电离层影响小，监测精度高，有利于轨道、钟差等误差的分离。

(2) 低轨卫星几何变化快,为加速收敛和多径抑制提供了新的解决思路

低轨卫星运动速度快,几何变化相比 GNSS MEO 卫星快 40 倍左右,同等时间段内划过的弧段更长,能够产生高动态空间和偏移观测量,减弱历元之间观测方程的相关性,从而大幅提高载波相位模糊度的收敛和固定速度,从而大幅缩短精密单点定位(Precise Point Positioning,PPP)的收敛时间,实现高精度定位;

(3) 卫星数量多,有利于提升高仰角下的卫星可见性,增强城市复杂环境下的服务性能

GNSS 面向开阔环境设计,在城市复杂环境下,由于高楼、高架桥、树荫等的遮挡,导致 GNSS 卫星可见性降低,特别是城市峡谷环境,平均仰角更高。低轨互联网星座卫星数量多,能够增加高仰角下的卫星可见性,从而可以提高在复杂环境中的定位精度。

6.4.1 基于低轨卫星通信导航一体化框架

低轨卫星通信导航一体化的基本框架由 3 个部分组成:空间段、地面段和用户段,如图 6-34 所示。空间段用于搭载通信导航一体化系统的载荷及在轨资源,地面段实现对在轨资源的管理、监控和修正,用户段实现与卫星之间的通信,接收导航信息并实现定位解算。

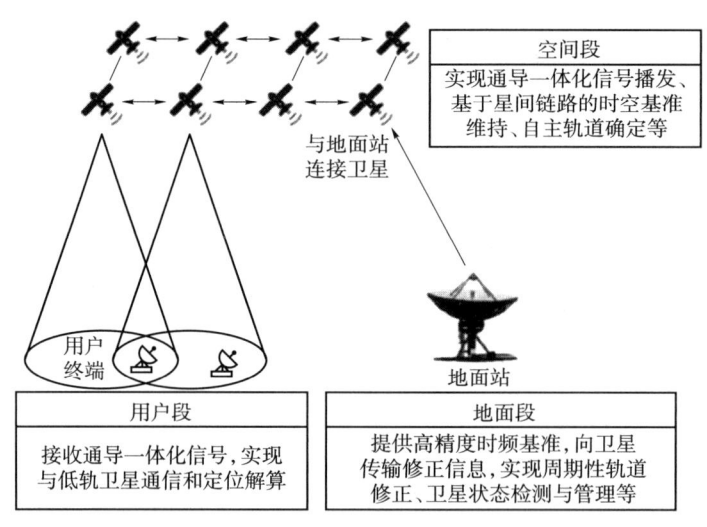

图 6-34 低轨星座通导一体化基本框架

1. 空间段

空间段涉及的要素包括低轨星座、卫星平台、星上载荷等,构建通导一体化系统需要对这些资源进行重新考虑,基于低轨卫星的可用功耗、成本等因素进行设计。

低轨星座由部署在不同轨道平面上的多颗卫星组成。低轨星座达到独立导航能力时,需要 4 重以上的连续覆盖,考虑覆盖性、路径损失、大气阻力等因素,500~1000 km 的高度是 LEO 卫星部署的合理区域。除了覆盖性,星座设计的另一个重要因素就是拓扑选择,其主要目标是最大化效率,同时最小化总体系统成本。

低轨导航建设方式分为低轨通信星座和低轨导航专用星座两种。低轨通信星座采用低轨通信卫星搭载导航载荷,播发导航信号;低轨导航专用星座采用专用导航卫星平台以及轨道设计,播发类似GNSS卫星导航信号。处于建设成本考虑,目前的低轨卫星系统基本都是以通信为主要业务建设的,为了在低轨通信系统上实现定位功能,低轨卫星的通导一体化是十分重要的。但低轨卫星通导一体化面临的困难是定位与通信业务的资源协调,一方面需要考虑低轨卫星信号设计,能够兼顾高精度测距以及大容量通信需求,另一方面卫星功率资源有限,涉及导航信号与通信信号的协调发射。当然基于通信星座建设低轨导航系统也存在一些特殊的优势,一是在频率选择方面,除了可以选择L频率,还可以选择Ka、Ku、V等通信频率;二是通信信号落地功率高于现有L频段导航信号。因此,基于通信星座建设方式值得优先考虑[49,50]。

低轨星座要达到和GNSS系统一样的覆盖效果,需要的卫星数量达到数百颗,如此规模的星座需要系统性的管理措施,例如地面测定轨管理、星历参数修正、时频同步等。针对通导一体化系统星座的地面运行管理和维护,可将其拆解为资源协调层、网络组织层和数据存储层。资源协调层主要面向用户和低轨卫星任务,完成通导资源调度、链路管理、通导一体化星座信息化管理;网络组织层将地面时钟、地面站等资源组成资源共享,提高资源使用效能,避免资源的重复建设,有效降低管控网络的运营成本;数据存储层主要面向数据存储,通过虚拟化技术,将物理底层的资源以服务的方式提供给用户。

高精度时间基准是高精度导航定位的基本前提,因此,时钟设备是面向低轨卫星通导一体化系统的核心载荷。低轨卫星导航依靠稳定的时钟定义时空参考系,受限于低轨卫星体积、功耗、成本等因素,低轨卫星通导一体化系统可采用星载原子钟和高稳晶体振荡器作为低轨卫星时频基准构建的基础,并通过接收GNSS信号进行时频修正。

2. 地面段

地面部分负责低轨卫星系统的日常管理与系统维护等任务,具体包括卫星精确定轨、星历表计算。

在GNSS中,地面部分由位于全球战略位置的地面站组成,用于跟踪、监视以及与卫星系统通信。综合考虑几何精度因子(GDOP)、载噪比、雨衰、连接中断概率等因素,确定最佳建站位置。由于低轨卫星的特点,通导一体化星座在布站规划时,将主要围绕几何构型、信噪比、成本、覆盖性等指标进行优化选择,除采用通信卫星信关站外,也可以在地面增加锚固站。

地面段的重要任务之一是进行星座定轨。低轨卫星目前的两种主要定轨方式为地面测控和星载GNSS接收机,这两种方式都可以为低轨卫星定轨实现较高的精度。然而,低轨卫星的数量多,面对如此巨型星座,仅仅依靠地面测控会导致工作量大且复杂,如何高效快速地实现定轨,还需要进一步探索。

地面段还需要为用户计算并提供定位所需的广播星历。目前广播星历的计算与播发模型主要是为 GNSS 系统设计的,但与 GNSS 不同,由于低轨卫星轨道高度更低,其所处环境中的空间作用力也更加复杂,如重力、大气阻力、电离层等影响。目前,适用于低轨卫星通导一体化系统的星历计算和播发形式仍在研究中。

3. 用户段

用户段由接收低轨卫星信号、处理测量并解算的射频接收机和天线组成,目前的通信导航一体化终端一般需要高度计、惯导等辅助,通过测量多普勒漂移、伪距、载波相位、到达角等信息,实现定位解算。目前全球还没有专门的低轨卫星通导一体化用户终端,但其设计可参考地面移动通信系统的终端。

6.4.2 基于低轨卫星通信导航共生系统的资源分配

如前所述,低轨卫星通信导航一体化系统的资源分配是使其实用化的重要研究内容之一。典型低轨卫星通信导航一体化资源分配场景示意图如图 6-35 所示,由于低轨卫星通信导航一体化系统仍在设计与建设中,本小节仅以单卫星覆盖为例,简单介绍低轨卫星的通信导航一体化资源分配思路。

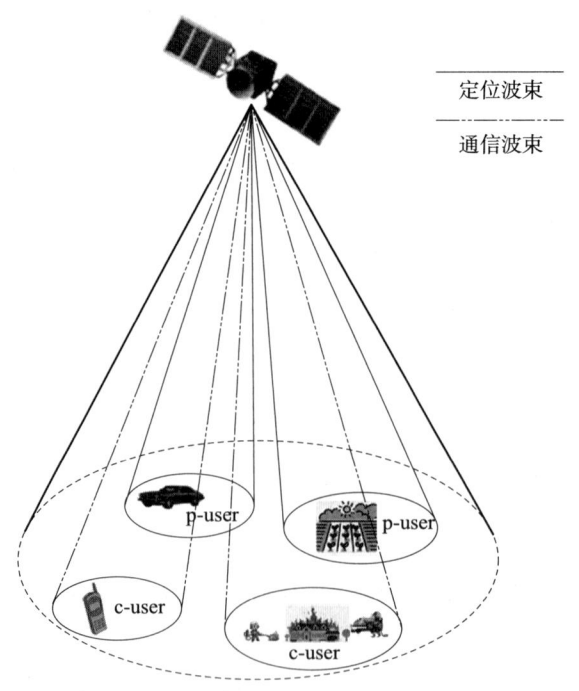

图 6-35 低轨卫星通导一体化系统场景示意图

通信与导航一方面分享有限的物理资源,另一方面在特定的服务模式和用户需求下可实现相互增强。低轨卫星通导一体化系统中通信信号和导航信号深度耦合,基于通导信号的互干扰机理,需要建立通信与导航的联合资源分配模型。由于通导信号耦合度较高,联合资源优化问题往往是高度非凸的,故需要从用户需求入手,将通导资源分配分为时频资源、功率资源和波束资源3个方面,通过分析通导共生体制中异构信号的性能下界,确定时空资源与功率资源的解耦方法,从而得到通信和定位性能与各类资源间的最优组合关系,使通导共生系统的整体性能符合定位精度及通信速率需求。

考虑到通信用户面临的业务场景更多样,通话、视频、网页浏览等分组业务对于服务质量需求不同,尤其是在紧急救援的场景中,对于通信服务质量要求很高,且不同的小区之间存在待解决的干扰问题,故需要对通信用户分配不同的资源。设为不同的通信用户 n 分配不同的功率 $P_c^{k,n}$,而对于定位用户统一分配功率 P_p。根据共频带理论,P_p 应设置为远小于 $P_c^{k,n}$,以保证不对通信业务产生过多干扰。

在图 6-35 所示的场景中,存在多个通信和定位用户,为了提高某个通信用户的数据传输速率,需对其分配更高的传输功率,但这样会加剧对其他同频用户的干扰,同时,也会影响到定位用户的测距性能。因此进行资源分配时需要在提高自身传输质量和对其他通导用户干扰之间寻找一个最佳平衡,使得整个通导一体化系统的性能达到最优。为此,可以利用势博弈理论将通信用户的功率分配问题映射为势博弈模型,其思路如下:

(1)通过元素映射将资源分配映射为势博弈模型;
(2)设计引入定价机制的个体效用函数;
(3)确立目标优化问题;
(4)确定势函数并证明纳什均衡的存在;
(5)求解纳什均衡。

第一步为博弈模型与资源分配之间的元素映射。考虑到通信用户之间的竞争关系恰好符合博弈论中非合作博弈的特性,故可通过元素之间的映射把资源分配过程转换成博弈模型 $G=[N,S,U]$,其中 N 表示被分配资源的通信用户的数目,S 表示每个卫星的功率分配策略集合,$U^{k,n}$ 表示每个博弈个体的效用函数。势博弈中的基本元素同资源分配策略之间的具体映射关系由表 6-2 所示。

表 6-2 博弈和资源分配之间的元素映射

博弈中元素	资源分配元素
博弈	功率资源分配过程
参与者	通信用户
策略	功率分配策略
效用函数	带定价函数的通信用户个体效用
决策偏好	效用函数最大化

第二步和第三步相互承接,通过第二步引入定价机制的效用函数,确立第三步的目标优化问题,以便建立通导资源分配的博弈模型。首先考虑只存在通信用户的情况,连接到卫星 k 的通信用户 n 的信噪比(SNR)可表示为式(6-107):

$$\text{SNR}^{k,n} = \frac{P_c^{k,n} \left| h_c^{k,n} \right|^2}{I^{k,n} + \sum_{j=1,j\neq n}^{N} P_c^{j,n} \left| h_c^{j,n} \right|^2} \tag{6-107}$$

式中,$\left| h_c^{k,n} \right|^2$ 代表连接到卫星 k 的通信用户 n 的瞬时信道增益,$P_c^{k,n}$ 是卫星 k 为通信用户 n 分配的功率,$I^{k,n}$ 是相应的噪声功率。

系统吞吐量被计算为在网络中所有设备或终端上成功发送的数据率的总和,以 bit/s 为单位。定义 B 为系统总带宽,则通信用户 n 在采用 MQAM 调制情况下所能达到的瞬时数据速率为

$$\mathcal{R}^{k,n} = \frac{B}{N} \log_2 \left(1 + \frac{\text{SNR}^{k,n}}{\varGamma}\right) \tag{6-108}$$

在实际的调制方案中,有效信噪比必须根据调制方案来调整,以达到理想的误码率。实现一定数据传输率所需的信噪比与理论极限之间的功率损失被称为信噪比差距 $\varGamma$,其表达如式(6-109)所示:

$$\varGamma = -\frac{\ln(5\text{BER})}{1.5} \tag{6-109}$$

将连接到卫星 k 的通信用户 n 的效用函数设计为

$$U^{k,n} = \frac{B}{N}\left(1 + \frac{\text{SINR}^{k,n}}{\varGamma}\right) = \frac{B}{N}\log_2\left(1 + \frac{P_c^{k,n}\left|h_c^{k,n}\right|^2}{\varGamma\left(I^{k,n} + \sum_{j=1,j\neq k}^{K} P_c^{j,n}\left|h_c^{j,n}\right|^2\right)}\right) \tag{6-110}$$

于是,目标优化问题变为实现所有通信用户的效用最大化:

$$\max \sum_{k=1}^{K} \sum_{n=1}^{N} (U^{k,n}) \tag{6-111}$$

在低轨卫星通导一体化资源分配问题中,还需要特别考虑以下问题:

(1) 对于通导一体化系统中的通信用户,为了提高自身的瞬时数据传输速率,每一个通信用户都期望能被分配到更高的功率,因此通信用户之间的关系符合博弈模型中的竞争关系。但卫星对某一通信用户传输功率的增加也会提高对其他相邻小区的同频用户的干扰,甚至这种干扰更大以至于导致其他用户效用的降低,进而可能导致通信系统整体效用的降低。所以如果在功率分配过程中只追求式(6-111)所示的效用函数最大化无法获得网络整体性能最佳结果。因此,需要修改目标函数的设计以寻找一个最佳平衡。

(2) 对于通导一体化系统中的定位用户,定位用户的定位精度与 CPR 相关,故在分配通信用户的功率时必须考虑到定位用户的定位性能。

针对第一点问题，可以在通信用户效用函数的设计中引入定价机制，通过在效用函数后减去定价因子与分配功率的乘积作为一个合理的权衡与折中；针对第二点问题，在目标最大化模型中引入定位精度条件约束，再考虑到每颗卫星存在最大传输功率限制，以及每颗卫星的最小发射功率是非负的，故可将该目标优化问题确立为

$$\max U = \sum_{k=1}^{K} \sum_{n=1}^{N} \left(\frac{B}{N} \log_2 \left(1 + \frac{P_c^{k,n} \left| h_c^{k,n} \right|^2}{\Gamma \left(I^{k,n} + \sum_{j=1,j\neq k}^{K} P_c^{j,n} \left| h_c^{j,n} \right|^2 \right)} \right) - \mu^{k,n} P_c^{k,n} \right) \tag{6-112}$$

并使得

$$\varphi^m \leqslant \varphi_{\mathrm{th}} \tag{6-113}$$

$$\sum_{n=1}^{N} P_c^{k,n} + M \cdot P_P = P_{\max}, \forall k \tag{6-114}$$

$$P_c^{k,n} \geqslant 0, \forall k, \forall n \tag{6-115}$$

式中，$\mu^{k,n} P_c^{k,n}$ 是定价函数，该定价函数的形式已在多种存在类似权衡性问题的无线资源分配方案中得到运用。$\mu^{k,n}$ 为与所选用户相关的定价因子，其与连接到各卫星的用户编号有关，如式（6-116）所示：

$$\mu^{k,n} = \omega_{pf} \frac{B \left| h_c^{k,n} \right|^2}{N \ln 2} \tag{6-116}$$

式中，ω_{pf} 为可调节的定价参数。

第四步为对应势函数的设计。只有寻找到势博弈问题对应的势函数才能进而推断出纳什均衡的存在性和唯一性。故在设计目标优化问题的势函数时，需要满足以下条件：

$$\frac{\partial U^{k,n}}{\partial_c^{k,n}} = \frac{\partial \Phi}{\partial P_c^{k,n}} \tag{6-117}$$

故可将对应的势函数设计如下：

$$\Phi = \sum_{k=1}^{K} \sum_{n=1}^{N} \left\{ \frac{B}{N} \log_2 \left[P_c^{k,n} \left| H_c^{k,n} \right|^2 + \Gamma \left(I^{k,n} + \sum_{j=1,j\neq k}^{K} P_c^{j,n} \left| h_c^{j,n} \right|^2 \right) \right] - \mu^{k,n} P_c^{k,n} \right\} \tag{6-118}$$

于是，目标优化问题可以转化为

$$\min(\Phi) = \min\left\{ -\sum_{k=1}^{K} \sum_{n=1}^{N} \left\{ \frac{B}{N} \log_2 \left[P_c^{k,n} \left| H_c^{k,n} \right|^2 + \Gamma \left(I^{k,n} + \sum_{j=1,j\neq k}^{K} P_c^{j,n} \left| h_c^{j,n} \right|^2 \right) \right] - \mu^{k,n} P_c^{k,n} \right\} \right\} \tag{6-119}$$

并使得

$$\varphi^m \leqslant \varphi_{\mathrm{th}} \tag{6-120}$$

$$\sum_{n=1}^{N} P_c^{k,n} + M \cdot P_P \leqslant P_{\max}, \forall k \tag{6-121}$$

$$P_c^{k,n} \geqslant 0, \forall k, \forall n \tag{6-122}$$

根据式(6-117)和式(6-118)可知,博弈模型 $G=[N,S,U]$ 是一个有限的精确势博弈。该精确势博弈至少存在一个纳什均衡状态。此外,通过对势函数 Φ 进行求导可以证明势函数 Φ 是严格凸的,则 $-\Phi$ 是严格凹的,故该势博弈存在唯一的纳什均衡。在纳什均衡状态下,当势函数 $-\Phi$ 取得最小值时,原目标势函数 Φ 取得最大值,即达到系统效用的最大化。

为完成模型分析的最后一步(第五步),可基于KKT条件的迭代注水功率算法找到该纳什均衡状态下分配功率的最优解。因求解时需要构造关于式(6-119)中优化问题的拉格朗日函数,故先将原博弈问题转化为式(6-123)所示的形式:

$$\min(\Phi) = \min\left\{ -\sum_{k=1}^{K}\sum_{n=1}^{N}\left\{ \frac{B}{N}\log_2\left[P_c^{k,n}\left|h_c^{k,n}\right|^2 + \Gamma\left(I^{k,n} + \sum_{j=1,j\neq k}^{K} P_c^{j,n}\left|h_c^{j,n}\right|^2\right)\right] - \mu^{k,n} P_c^{k,n}\right\}\right\} \tag{6-123}$$

并使得

$$\varphi^m - \varphi_{\text{th}} \leqslant 0 \tag{6-124}$$

$$\sum_{n=1}^{N} P_c^{k,n} + M \cdot P_P - P_{\max} = 0, \forall k \tag{6-125}$$

$$-P_c^{k,n} \leqslant 0, \forall k, \forall n \tag{6-126}$$

那么,式(6-123)中优化问题的拉格朗日函数如式(6-127)所示:

$$L(\boldsymbol{P},\lambda,v,\beta) = -\sum_{k=1}^{K}\sum_{n=1}^{N}\left\{ \frac{B}{N}\log_2\left[P_c^{k,n}\left|h_c^{k,n}\right|^2 + \Gamma\left(I^{k,n} + \sum_{j=1,j\neq k}^{K} P_c^{j,n}\left|h_c^{j,n}\right|^2\right)\right] - \mu^{k,n} P_c^{k,n}\right\} + \sum_{k=1}^{K}\lambda_k(\varphi^m - \varphi_{\text{th}}) + \sum_{k=1}^{K} v_k\left(\sum_{n=1}^{N} P_c^{k,n} + M \cdot P_P - P_{\max}\right) + \sum_{k=1}^{K}\beta_k(-P_c^{k,n})$$

$$\tag{6-127}$$

根据KKT条件,若想求解上述优化问题,其目标函数和约束函数必须为可导函数,且需满足以下5个KKT条件:

$$\begin{cases} \frac{B}{N\ln 2}\left(\dfrac{\left|h_c^{k,n}\right|^2}{P_c^{k,n}\left|h_c^{k,n}\right|^2 + \Gamma\left(I^{k,n} + \sum\limits_{j=1,j\neq k}^{K} P_c^{j,n}\left|h_c^{j,n}\right|^2\right)}\right) + \mu^{k,n} - \lambda_k - v_k + \beta_k \\ \sum\limits_{n=1}^{N} P_c^{k,n} + M \cdot P_P - P_{\max} = 0, \forall k \\ -P_c^{k,n} \leqslant 0, \forall k, \forall n \\ \beta_k \geqslant 0 \\ \beta_k \times P_c^{k_c,n} = 0, \forall k, \forall n \end{cases}$$

$$\tag{6-128}$$

式中，λ_k、υ_k 和 β_k 分别表示拉格朗日函数 $L(\boldsymbol{P},\lambda,\upsilon,\beta)$ 的拉格朗日乘子。$\boldsymbol{P}$ 是待求解的功率分配矩阵，$\boldsymbol{P},\lambda,\upsilon,\beta$ 可以通过求解式(6-128)得到。β_k 是控制最后一个方程的松弛变量，当 $\beta_k > 0$ 时，可以得到 $P_c^{k,n} = 0$；当 $\beta_k = 0$ 时，可以得到 $P_c^{k,n} > 0$ 和式(6-129)：

$$P_c^{k,n} = \frac{B}{N\ln 2(\mu^{k,n} - \lambda_k - \upsilon_k)} - \frac{\Gamma\left(I^{k,n} + \sum_{j=1,j \neq k}^{K} P_c^{j,n} \left|h_c^{j,n}\right|^2\right)}{\left|h_c^{k,n}\right|^2} \quad (6\text{-}129)$$

因此，目标功率对应的注水功率解为

$$P_c^{k,n} = \max\left(0, \frac{B}{N\ln 2(\mu^{k,n} - \lambda_k - \upsilon_k)} - \frac{\Gamma\left(I^{k,n} + \sum_{j=1,j \neq k}^{K} P_c^{j,n} \left|h_c^{j,n}\right|^2\right)}{\left|h_c^{k,n}\right|^2}\right) \quad (6\text{-}130)$$

根据迭代注水算法的原理，注水线为 $P_c^{k,n} = \dfrac{B}{N\ln 2(\mu^{k,n} - \lambda_k - \upsilon_k)}$。迭代更新功率值直至结果收敛。

根据上述分析进行仿真可得如下结果。图 6-36 和图 6-37 所示为采用所介绍的功率分配算法(PACB_PG)与平均功率分配算法下系统总吞吐量的对比。分析结果可知，无论是在 50M 带宽还是 20M 带宽下，PACB_PG 算法的总吞吐量均高于平均分配算法。

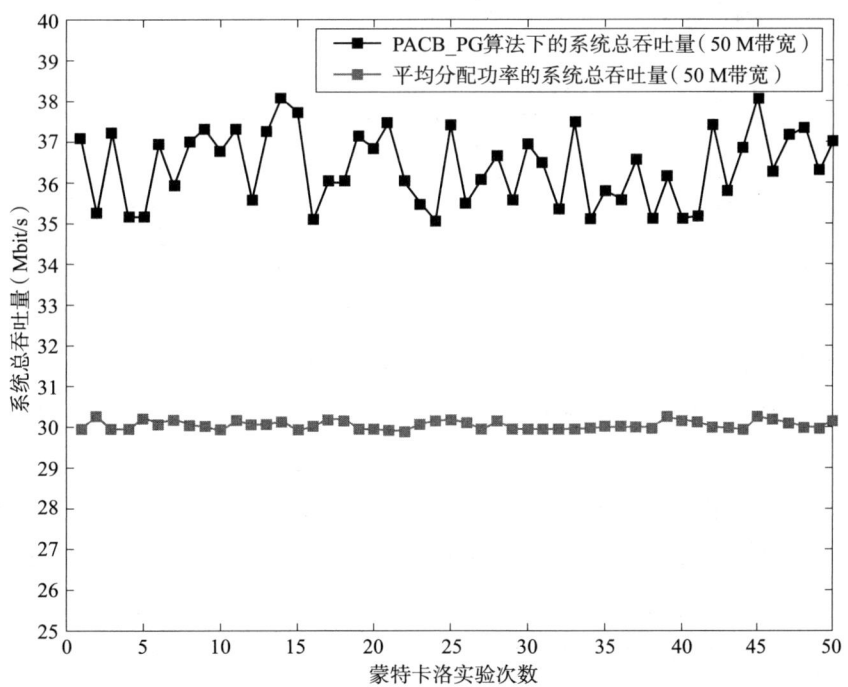

图 6-36　不同功率分配方法下的系统总吞吐量对比(50 M 带宽下)

表 6-3 数据显示,在 50 M 带宽下进行 50 次蒙特卡洛实验,PACB_PG 算法下的平均系统吞吐量可达 36.33 Mbit/s,相比平均分配算法提高了 20.70%。在 20 M 带宽下的平均系统吞吐量可达 13.82 Mbit/s,相比平均分配算法提高了 14.78%。

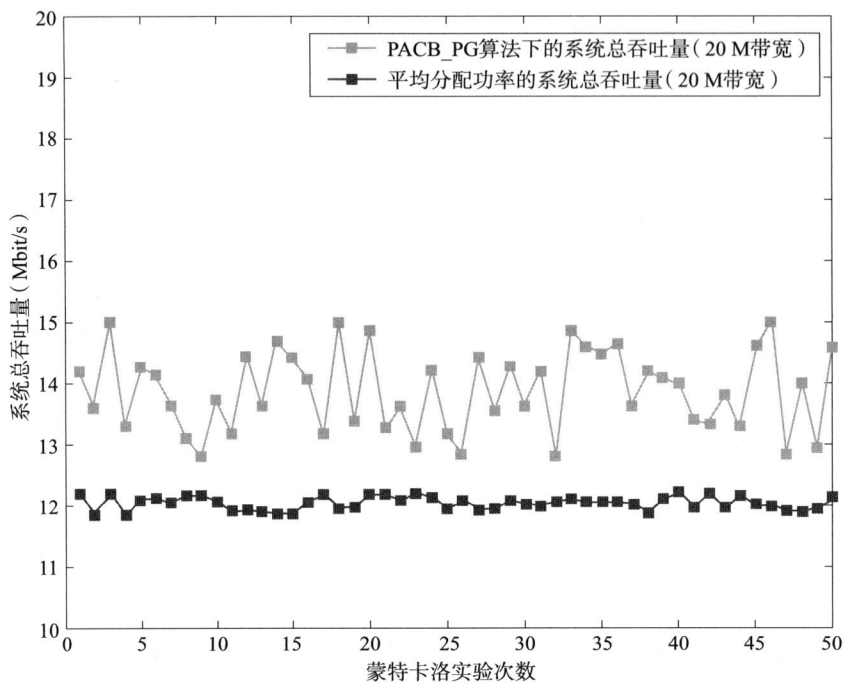

图 6-37　不同功率分配方法下的系统总吞吐量对比(20 M 带宽下)

表 6-3　不同功率分配下总吞吐量对比

	PACB_PG 功率分配	平均功率分配	总吞吐量提升率
50 MHz	36.33 Mbit/s	30.10 Mbit/s	20.70%
20 MHz	13.82 Mbit/s	12.04 Mbit/s	14.78%

此外,还对不同通信用户数的情况下对两种功率分配算法的效果进行了仿真对比,结果如图 6-38 所示。可以看出系统总吞吐量随着用户数量的增加而增加,但是无论用户数目多少,PACB_PG 算法的系统总吞吐量均高于平均功率分配策略。

在定位性能方面,每次仿真中 20 个定位用户的平均定位精度如图 6-39 和图 6-40 所示。在 50 M 带宽下,PACB_PG 算法的平均定位精度为 0.11 m;而在 20 M 带宽下,平均定位精度为 0.37 m。也就是说 PACB_PG 算法由于引入了定位精度作为目标优化问题的条件约束,可在提高系统总吞吐量的同时,使定位精度保持在亚米级。

第 6 章 通信导航一体化的应用

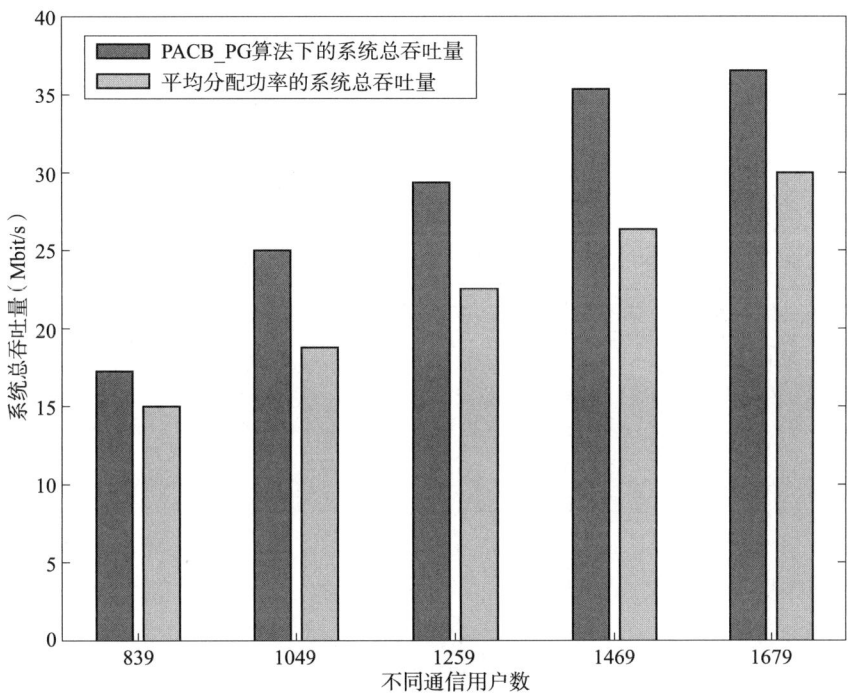

图 6-38 不同通信用户数下的系统总吞吐量

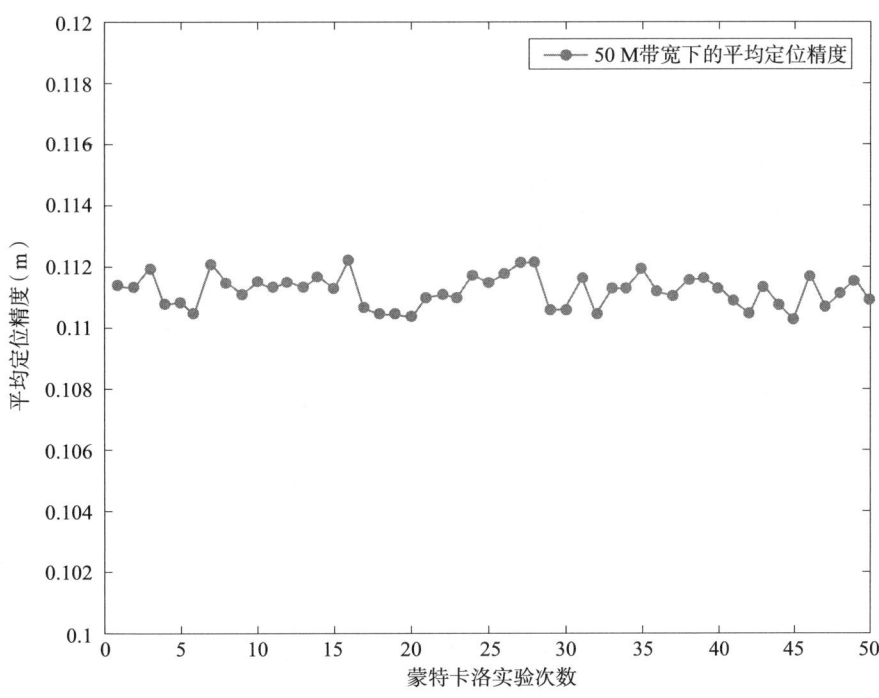

图 6-39 PACB_PG 算法的平均定位精度（50 M 带宽下）

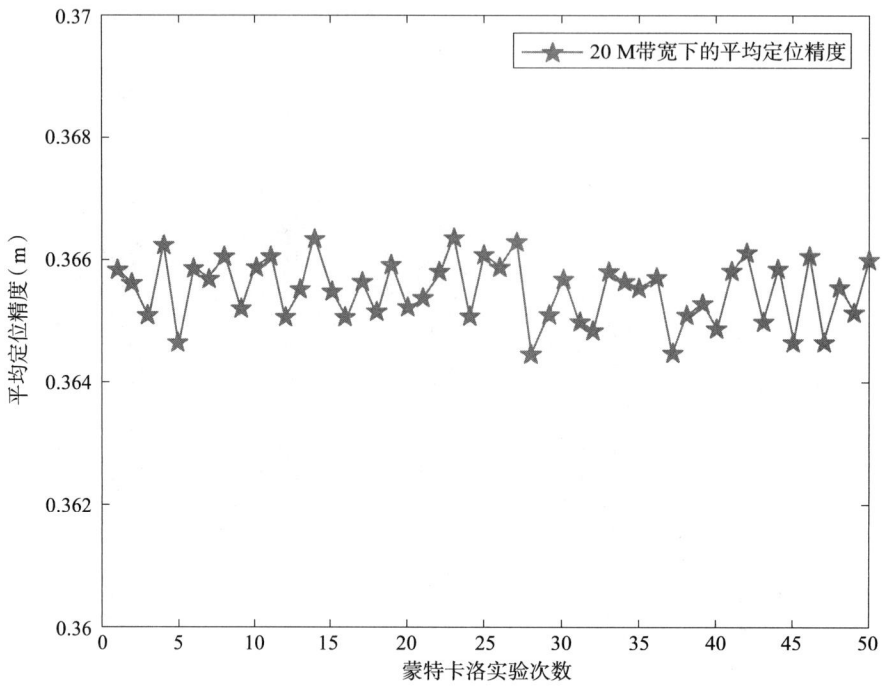

图 6-40 PACB_PG 算法的平均定位精度(20 M 带宽下)

参 考 文 献

[1] 徐珉.面向5G-Advanced的天地一体化网络定位增强技术研究[J].移动通信,2023,47(7):33-41.

[2] Ott G D.Vehicle location in cellular mobile radio systems[J].IEEE Transactions on Vehicular Technology,1977,26(1):43-46.

[3] Federal Communications Commission.Third report and order on E-911 phase II requirements[R].Washington,DC:Federal Communications Commission,1999.

[4] GeeksforGeeks.Advanced Mobile Phone System[EB/OL].(2022-7-20)[2025-1-23].https://www.geeksforgeeks.org/advanced-mobile-phone-system/.

[5] White R,O'Brien M.Time Difference of Arrival(TDOA)Positioning for Wireless Systems[J].IEEE Transactions on Vehicular Technology,2000,49(4):1201-1210.

[6] 具有定位功能的GSM网络结构及部分信令[EB/OL].(2011-11-28)[2025-1-23].https://wenku.baidu.com/view/72c21335b90d6c85ec3ac6dd.html?_wkts_=1737627150071.

[7] 3GPP.3GPP TS 22.261:Technical Specification Group Services and System Aspects;Service requirements for the 5G system[S].(2018-6-15)[2025-1-23].https://www.3gpp.org/ftp/Specs/archive/22_series/22.261/.

[8] 3GPP.3GPP TS 38.305:NR;Stage 2 functional specification of User Equipment (UE) positioning in NR[S].(2018-12-15)[2025-1-23].https://www.3gpp.org/ftp/Specs/archive/38_series/38.305/.

[9] 3GPP.3GPP TS 38.211:NR;Physical channels and modulation[S].(2018-12-15)[2025-1-23].https://www.3gpp.org/ftp/Specs/archive/38_series/38.211/.

[10] Dammann A,Giórnova S.5G NR Positioning:Current Status and Future Trends[J].IEEE Communications Standards Magazine,2020.

[11] 焦慧颖,王志勤,杜滢,等.5G无线定位技术标准化及发展趋势[J].移动通信,2021,45(3):52-56.

[12] Rappaport T S,Xing Y,MacCartney G R.Overview of Millimeter Wave Communications for Fifth-Generation(5G)Wireless Networks—With a Focus on Propagation Models[J].IEEE Transactions on Antennas and Propagation,2017.

[13] 3GPP.3GPP TR 38.855:Study on NR positioning enhancements[S].(2018-12-15)[2025-1-23].https://www.3gpp.org/ftp/Specs/archive/38_series/38.855/.

[14] 张光普,梁国龙,王燕,等.分布式水下导航、定位、通信一体化系统设计[J].兵工学报,2007,28(12):1455-1462.

[15] Wei T,Liu S,Du X.Visible Light Integrated Positioning and Communication:A Multi-Task Federated Learning Framework[J].IEEE Transactions on Mobile Computing,2023,22(12):7086-7103.

[16] MA S,et al.Robust Power Allocation for Integrated Visible Light Positioning and Communication Networks[J].IEEE Transactions on Communications,2023,71(8):4764-4777.

[17] 丹妮.音频定位,自主室内定位技术的弯道超车——访武汉大学测绘遥感信息工程国家重点实验室主任陈锐志[J].中国测绘,2022,(2):12-15.

[18] 张立川,许少峰,刘明雍,等.多无人水下航行器协同导航定位研究进展[J].高技术通讯,2016,26(5):475-482.

[19] 宋诗斌.X射线导航通信一体化技术研究[D].西安电子科技大学,2016.

[20] 尹露,马玉峥,李国伟,等.通信导航一体化技术研究进展[J].导航定位与授时,2020,7(4):64-76.

[21] Borenovic M N,Simic M I,Neskovic A M,et al.Enhanced Cell-ID + TA GSM Positioning Technique[C]// Eurocon-the International Conference on computer as A Tool.IEEE,2005:1176-1179.

[22] Borkowski J,Niemela J,Lempiainen J.Enhanced performance of cell ID+RTT by implementing forced soft handover algorithm[C]// Proc. IEEE VTC-Fall, Los Angeles,CA,USA,Sep.2004:3545-3549.

[23] Wang H M,Ma S,Hong Z K,et al.Design and implementation of cell-ID location system based on signal monitoring.In 2013 International Conference on Mechatronic Sciences,Electric Engineering and Computer (MEC).IEEE,2014:2260-2264.

[24] Mader M C,et al.WAAS System Performance and Implementation[J].Journal of Navigation,2003,56(2):211-226.

[25] Schmidt R.Multiple emitter location and signal parameter estimation[J].IEEE Transactions on Antennas and Propagation,1986,34(3):276-280.

[26] 陈静,刘盛典,刘金山.一种基于MUSIC算法的DOA估计方法设计实现[C]// 第十三届中国卫星导航年会论文集——S07卫星导航信号处理.航天恒星科技有限公司导航事业部;天津航天中为数据系统科技有限公司,2022:5.

[27] 尹露,邓中亮,席岳.基于可信度的多源定位数据融合方法[J].北京邮电大学学报,2014,37(4):34-38.

[28] Yin L,Ni Q,Deng Z.A GNSS/5G Integrated Positioning Methodology in D2D Communication Networks[J].IEEE Journal on Selected Areas in Communications,2018,36(2):351-362.

[29] Yin L,Ni Q,Deng Z.Intelligent Multisensor Cooperative Localization Under Cooperative Redundancy Validation[J].IEEE Transactions on Cybernetics,2021,51(4):2188-2200.

[30] Zhongliang D,Wei S,Gan W,et al.Research on Time Synchronization Algorithm Based on Co-band Signal[C]// 2023 9th International Conference on Computer and Communications (ICCC),Chengdu,China,2023:1486-1490.

[31] 艾明,侯云静,周润泽,等.5G-Advanced 网络的位置服务与关键技术[J].电信科学,2022,38(6):120-130.

[32] 李延斌,马瑞涛,肖卫东.5G 核心网增强位置业务技术研究[J].邮电设计技术,2021,(9):987-992.

[33] Caceres M A,Penna F,Wymeersch H,et al.Hybrid cooperative positioning based on distributed belief propagation[J].IEEE J.Sel.Areas Commun,2011,29(10):1948-1958.

[34] De Angelis G,Baruffa G,Cacopardi S.GNSS/cellular hybrid positioning system for mobile users in urban scenarios[J].IEEE Trans.Intell.Transp.Syst.,2013,14(1):313-321.

[35] Yin L,Cao J,Lin K,et al.A Novel Positioning-Communication Integrated Signal in Wireless Communication Systems[J].IEEE Wireless Communications Letters,2019,8(5):1353-1356.

[36] Yin L,Cao J,Ni Q,et al.Design and Performance Analysis of Multi-Scale NOMA for Future Communication-Positioning Integration System[J].IEEE Journal on Selected Areas in Communications,2022,40(4):1333-1345.

[37] Zhongliang Deng,Yanpei Yu,Xie Yuan,et al.Situation and development tendency of indoor positioning.China Communications,2013,10(3):42-55.

[38] 刘晓峰,沈祖康,王欣晖,等.5G 无线增强设计与国际标准[M].北京:人民邮电出版社,2020.

[39] Betz J W,Kolodziejski K R.Generalized theory of code tracking with an early-late discriminator part I:Lower bound and coherent processing[J].IEEE Trans.Aerosp.Electron.Syst.,2009,45(4):1538-1556.

[40] 曹佳盟.面向 5G 的通导融合信号体制设计研究[D].北京邮电大学,2020.

[41] 蒋天润.面向灾后环境的通导一体化信号资源分配方法研究[D].北京邮电大学,2021.

[42] 马玉峥.面向 3GPP 的增强型 5G 室内定位技术研究[D].北京邮电大学,2022.

[43] 戴石胜.面向 D2D 的 MS-NOMA 通导一体化信号功率分配方法研究[D].北京邮电大学,2023.

[44] COSTELLO D J.Fundamentals of wireless communication[J].IEEE Transactions on Information Theory,2009,55(2):919-920.

[45] Yin L,Song T,Ni Q,et al.New Signal and Algorithms for 5G/6G High Precision Train Positioning in Tunnel With Leaky Coaxial Cable[J].IEEE Journal on Selected Areas in Communications,2024,42(1):223-238.

[46] Huafu Li,Wei He,Qiqi He,et al.The application and development of sic technology in wireless communication system.In 2017 *IEEE 9th International Conference on Communication Software and Networks*(ICCSN),2017:567-570.

[47] Schneckenburger N,Shutin D,Schnell M.Precise aeronautical ground based navigation using LDACS1[C]// 2012 Integrated Communications,Navigation and Surveillance Conference.IEEE,2012:B1-1.

[48] Shutin D,Schneckenburger N,Walter M,et al.LDACS1 ranging performance-an analysis of flight measurement results[C]// 2013 IEEE/AIAA 32nd Digital Avionics Systems Conference (DASC).IEEE,2013:3C6-1.

[49] 刘炳宏,赵亚飞,彭木根,等.低轨卫星通导一体化信号设计及处理[J].天地一体化信息网络,2023,4(3):40-47.

[50] 赵亚飞,闫冰,孙耀华,等.低轨星座通导一体化:现状、机遇和挑战[J].电信科学,2023,39(5):90-100.